LEHRBUCH DER FUNKTIONENTHEORIE

VON

DR. PHIL. HANS HORNICH

ORD. PROFESSOR DER MATHEMATIK AN DER
TECHNISCHEN HOCHSCHULE GRAZ

MIT 54 TEXTABBILDUNGEN

WIEN

SPRINGER-VERLAG

1950

ISBN-13: 978-3-7091-7740-2   e-ISBN-13: 978-3-7091-7739-6
DOI: 10.1007/978-3-7091-7739-6

Dem Andenken an

Hofrat Wilhelm Wirtinger

Vorwort.

Das vorliegende Buch soll eine Darstellung der Funktionentheorie in dem Ausmaß geben, wie es jeder, der mit Mathematik irgendwie zu tun ·hat, unbedingt benötigt; wer heutzutage etwa die stürmische Entwicklung von Physik und Technik verfolgt, stößt ja immer wieder auf funktionentheoretische Probleme. Vorausgesetzt werden an Kenntnissen nur die Anfangsgründe der Differential- und Integralrechnung. In der ersten Hälfte des Buches werden die auf einem Gebiet der Ebene eindeutigen Funktionen behandelt und erst mit der analytischen Fortsetzung auch die mehrdeutigen Funktionen einbezogen. Ausführlich wird stets auf die konforme Abbildung eingegangen, einiges wird über Randwertprobleme der Potentialtheorie gesagt, die Eulerschen Integrale werden näher untersucht und einen breiten Raum nehmen die algebraischen Funktionen ein. Wieviel bei der Darstellung eigenständig ist, wird der Kenner ersehen. In den Übungsbeispielen, die jedem Abschnitt beigefügt sind, wird mitunter auf weitergehende Sätze hingewiesen.

Das Lehrbuch ist in einer 15jährigen Lehrtätigkeit an der Wiener Universität entstanden, in deren Verlauf ich mehrfach über dieses Thema vorgetragen habe. Den Herren Priv.-Doz. Dr. *L. Schmetterer* und Dr. *K. Prachar* danke ich für ihre sehr mühevolle Mitarbeit beim Lesen der Korrekturen, dem Verlage für die große Sorgfalt, die er bei der Herstellung des Werkes bewies.

Graz-Wien, Weihnachten 1949. **H. Hornich.**

Inhaltsverzeichnis.

Seite

I. Die komplexen Zahlen.

Daß eine quadratische Gleichung nicht stets eine Lösung in reellen Zahlen hat, ist schon sehr lange bekannt. Die ersten schüchternen Versuche mit Quadratwurzeln aus negativen Zahlen zu rechnen, beginnen mit *H. Cardano* vor etwa 400 Jahren. Erst allmählich schwindet die Scheu vor dem „Imaginären" und klären sich paradoxe Erscheinungen, die bei naiver Übertragung des Formelapparates vom Reellen ins Komplexe auftreten. *Euler* rechnet schon ganz selbstverständlich und sicher mit komplexen Zahlen; er führt die Bezeichnung $i = \sqrt{-1}$ ein. Die systematische Entwicklung der Theorie erfolgt endgültig durch *Hamilton* in rein arithmetischer, durch *Gauß* in geometrischer Darstellung.

§ 1. Arithmetische Einführung der komplexen Zahlen.

Wir betrachten *geordnete Paare von reellen Zahlen*, die wir mit (a, b) bezeichnen, wo a, b irgendwelche reelle Zahlen seien. Zwei solche Zahlenpaare (a, b) und (a', b') sollen dann und nur dann *gleich* sein, in Zeichen

$$(a, b) = (a', b'), \text{ wenn } a' = a \text{ und } b' = b \text{ gilt.}$$

Für die Zahlenpaare definieren wir zwei Operationen, welche je zwei Zahlenpaaren ein weiteres Zahlenpaar zuordnen: eine *Addition*

$$(a, b) + (a', b') = (a + a', b + b')$$

und eine *Multiplikation*

$$(a, b) \cdot (a', b') = (a\,a' - b\,b', a\,b' + a'\,b).$$

Der Punkt zwischen den Faktoren bei der Multiplikation kann auch weggelassen werden.

Diese Rechenvorschriften genügen denselben Gesetzen, wie das Rechnen mit reellen Zahlen; für Addition und Multiplikation gilt das kommutative Gesetz:

$$(a, b) + (a', b') = (a', b') + (a, b) \text{ und } (a, b) \cdot (a', b') = (a', b') \cdot (a, b),$$

das assoziative Gesetz:

$$(a, b) + [(a', b') + (a'', b'')] = [(a, b) + (a', b')] + (a'', b'') \text{ und}$$

$$(a, b) \; . \; [(a', b') \; . \; (a'', b'')] = [(a, b) \; . \; (a', b')] \; . \; (a'', b'')$$

und schließlich das distributive Gesetz:

$$(a, b) \, [(a', b') + (a'', b'')] = (a, b) \, (a', b') + (a, b) \, (a'', b''),$$

welche Gesetze durch einfaches Nachrechnen sofort bestätigt werden können.

Die zu Addition und Multiplikation inversen Operationen sind mit einer Ausnahme genau wie im Reellen unbeschränkt ausführbar: für gegebene Zahlenpaare (a, b) und (a', b') gilt

$$(a, b) + (x, y) = (a', b')$$

dann und nur dann, wenn $x = a' - a$, $y = b' - b$ ist. Für das Zahlenpaar $(0, 0)$ und nur für dieses gilt mit jedem (a, b) die Gleichung

$$(a, b) + (0, 0) = (a, b);$$

man nennt $(0, 0)$ das *Nullelement* oder die Null.

Für gegebene (a, b) und (a', b') ist ferner

$$(a, b) \, (x, y) = (a', b')$$

gleichbedeutend mit $a\,x - b\,y = a'$, $b\,x + a\,y = b'$, welches Gleichungssystem genau dann eindeutig auflösbar ist, wenn $a^2 + b^2 \neq 0$, also (a, b) nicht das Nullelement ist. Für das Zahlenpaar $(1, 0)$ und nur für dieses gilt mit jedem (a, b) die Gleichung

$$(a, b) \, . \, (1, 0) = (a, b);$$

man nennt $(1, 0)$ das *Einselement*.

Das Produkt zweier Zahlenpaare ist dann und nur dann Null, wenn mindestens eines der Zahlenpaare Null ist.

Wir betrachten nun die speziellen Zahlenpaare $(a, 0)$. Bei Addition und Multiplikation zweier solcher Zahlenpaare ergeben sich wieder solche:

$$(a, 0) + (a', 0) = (a + a', 0)$$
$$(a, 0) \; . \; (a', 0) = (a\,a', 0).$$

Wir können nun die Zahlenpaare $(a, 0)$ eineindeutig den reellen Zahlen a zuordnen:

$$(a, 0) \leftrightarrow a;$$

dabei entspricht die Summe und das Produkt der Zahlenpaare $(a, 0)$ und $(a', 0)$, also $(a + a', 0)$ und $(a\,a', 0)$ genau der Summe und dem Produkt der entsprechenden Zahlen a und a'. Wir können daher die Zahlenpaare $(a, 0)$ und die reellen Zahlen a *identifizieren*

$$(a, 0) \equiv a.$$

Schreiben wir für das Zahlenpaar $(0, 1)$ wie üblich i und bilden das Quadrat:

$$i^2 = (0, 1) \cdot (0, 1) = (-1, 0) = -1,$$

so ist $i^2 = -1$ oder $i = \sqrt{-1}$ und

$$(a, b) = (a, 0) + (0, b) = a + (0, 1) \cdot (b, 0) = a + i\,b.$$

Man bezeichnet nun unsere Zahlenpaare $(a, b) = a + i\,b$ als *komplexe Zahlen*; setzt man $a + i\,b = A$, so heißt a der *Real-* und b *der Imaginärteil* der komplexen Zahl A: $a = \Re(A)$, $b = \Im(A)$.

Mit den komplexen Zahlen in der üblichen Schreibart $a + i\,b$ rechnet man also genau wie mit reellen Zahlen, wobei nur immer $i^2 = -1$ zu setzen ist. Es ist z. B.

$$i^2 = -1,\ i^3 = -i,\ i^4 = 1,\ i^5 = i \text{ usw.}$$

Die Zahlen $a + i\,b$ und $a - i\,b$ heißen *konjugiert komplex*; den Übergang von einer Zahl zu ihrer konjugiert komplexen deutet man durch Überstreichen an:

$$\overline{a + i\,b} = a - i\,b,\ \overline{a - i\,b} = a + i\,b.$$

Ist für eine Zahl $A = \overline{A}$, so ist $\Im(A) = 0$ und A rein reell; ist $A = -\overline{A}$, so ist $\Re(A) = 0$ und A rein imaginär. Das Produkt zweier konjugiert komplexer Zahlen

$$A\,\overline{A} = (a + i\,b)\,(a - i\,b) = a^2 + b^2$$

ist stets reell.

Wir führen als Anwendung die Division als Umkehrung der Multiplikation durch. Um die Gleichung $A \cdot Z = A'$ bei gegebenem $A = a + i\,b \neq 0$ und $A' = a' + i\,b'$ zu lösen, multiplizieren wir beiderseits mit $\overline{A}$ und erhalten $A\,\overline{A}\,Z = \overline{A}\,A'$ und

$$Z = \frac{\overline{A}\,A'}{A\,\overline{A}} = \frac{(a - i\,b)\,(a' + i\,b')}{a^2 + b^2} = \frac{a\,a' + b\,b'}{a^2 + b^2} + i\,\frac{a\,b' - a'\,b}{a^2 + b^2},$$

welche Zahl wir als Bruch $\dfrac{A'}{A}$ anschreiben und damit wie im Reellen rechnen können.

Für zwei komplexe Zahlen A und B ist schließlich

$$\overline{A + B} = \overline{A} + \overline{B} \text{ und } \overline{A\,B} = \overline{A}\,\overline{B}.$$

§ 2. Geometrische Darstellung der komplexen Zahlen.

In einem rechtwinkligen ebenen Koordinatensystem wird jeder Punkt P der Ebene durch zwei Koordinaten x und y festgelegt. Wir ordnen dem Punkt P die komplexe Zahl $z = x + iy$ zu und umgekehrt der Zahl z den Punkt P mit den Koordinaten x und y. Dadurch wird eine eineindeutige Beziehung der komplexen Zahlen zu den Punkten einer Ebene, der *Gaußschen Zahlenebene* hergestellt. Die x-Achse, auf welcher die Bilder der reellen Zahlen liegen, wird als reelle, die y-Achse mit den Bildern der rein imaginären Zahlen wird als imaginäre Achse bezeichnet. Der Koordinatenursprung O entspricht der Null.

Wir führen in der *Gauß*schen Ebene Polarkoordinaten ein: die Länge der Strecke OP ist $r = \sqrt{x^2 + y^2} = \sqrt{z\,\bar{z}}$ (die Quadratwurzel stets nichtnegativ genommen); sie wird als *absoluter Betrag* der Zahl z bezeichnet und wie im Reellen $|z|$ geschrieben; es ist $|z| = 0$ nur für $z = 0$. Für reelle z stimmt $|z|$ mit der im Reellen üblichen Definition überein. Für das Produkt zweier Zahlen $z_1 z_2$ ist $(z_1 z_2)\,\overline{(z_1 z_2)} = z_1 \bar{z}_1 \cdot z_2 \bar{z}_2$, also der absolute Betrag des Produktes gleich dem Produkt der absoluten Beträge.

Wir wählen den positiven Drehungssinn in unserer Ebene so, daß die reelle positive Achse durch eine positive Drehung um $\dfrac{\pi}{2}$ in die Richtung der positiven imaginären Achse übergeht. Dann bezeichnen wir für einen von O verschiedenen Punkt P den Winkel φ, um den man die positive reelle Achse um O in positivem Sinn drehen muß, bis sie mit der Richtung der Strecke OP zusammenfällt, als das *Argument* der dem Punkt P entsprechenden Zahl z, in Zeichen $\varphi = \arg z$. Das Argument ist natürlich nur bis auf Vielfache von 2π bestimmt. Für $z = 0$ ist $\arg z$ sinnlos. Die Zahl z ist reell, wenn das Argument 0 oder π, und rein imaginär, wenn das Argument $\dfrac{\pi}{2}$ oder $\dfrac{3\pi}{2}$ ist, immer bis auf Vielfache von 2π. (Abb. 1.)

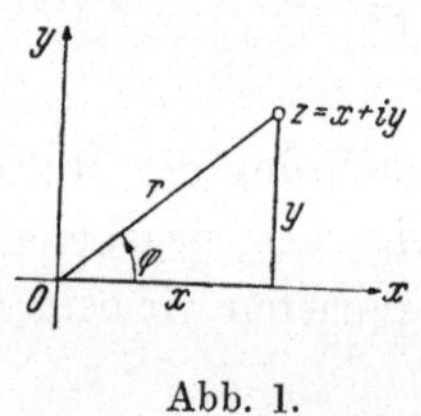

Abb. 1.

Die zu $z = x + iy$ konjugiert komplexe Zahl $\bar{z} = x - iy$ hat denselben absoluten Betrag, aber das negative Argument wie z; z und $\bar{z}$ liegen spiegelbildlich zur reellen Achse.

Wegen $x = r \cos \varphi$, $y = r \sin \varphi$ ist

$$z = r\,(\cos \varphi + i \sin \varphi),$$

die trigonometrische Darstellung der komplexen Zahlen.

Wir betrachten die Rechenregeln für komplexe Zahlen in geometrischer Darstellung. Setzen wir für die Punkte der Ebene gleich die entsprechenden Zahlen, so sind $0, z_1, z_2, z_1 + z_2$ die Eckpunkte eines Parallelogramms mit den Seitenlängen $|z_1|$, $|z_2|$ und den Diagonallängen $|z_1 + z_2|$, $|z_1 - z_2|$. Aus dem Dreieck $0, z_1, z_1 + z_2$ mit den Seitenlängen $|z_1|$, $|z_2|$, $|z_1 + z_2|$ liest man die *Dreiecksungleichung* ab: (Abb. 2.)

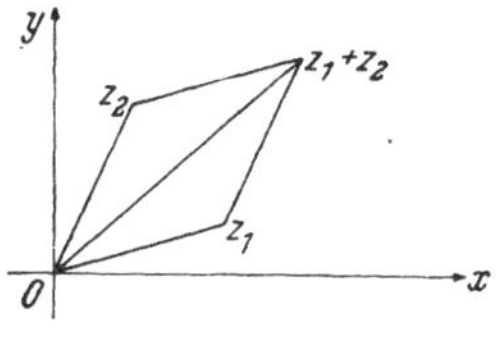

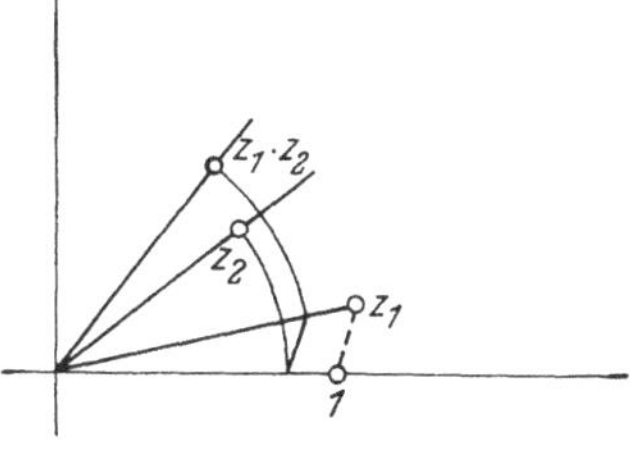

Abb. 2.

$$|z_1| + |z_2| \geqq |z_1 + z_2|.$$

Wegen ihrer Bedeutung für die ganze Funktionentheorie soll für sie auch ein rein analytischer Beweis gegeben werden: wir können $z_1 + z_2 \neq 0$ annehmen, da ja sonst nichts zu beweisen ist. Wir setzen

$$c = \frac{z_1}{z_1 + z_2} = c_1 + i\, c_2;$$ für das reelle c_1 ist $|c_1| + |1 - c_1| \geqq 1$ und wegen $|c| \geqq |c_1|$ und $|1 - c| \geqq |1 - c_1|$ ist stets $|c| + |1 - c| \geqq 1$ oder $\left|\dfrac{z_1}{z_1 + z_2}\right| + \left|\dfrac{z_2}{z_1 + z_2}\right| \geqq 1$, woraus sofort die obige Ungleichung folgt.

Aus der Dreiecksungleichung in der Form $|z_1 + z_2| - |z_2| \leqq |z_1|$ folgt, wenn man statt $z_1 + z_2$ und $-z_2$ wieder z_1 und z_2 schreibt, die weitere geometrisch evidente Ungleichung

$$|z_1| - |z_2| \leqq |z_1 + z_2|.$$

Für die Multiplikation zweier komplexer Zahlen liefert ihre trigonometrische Darstellung eine sehr einfache Formel; es gibt

$$z_1 z_2 = r_1 r_2 \left[(\cos \varphi_1 \cos \varphi_2 - \sin \varphi_1 \sin \varphi_2) + i\,(\sin\varphi_1 \cos\varphi_2 + \sin\varphi_2 \cos\varphi_1)\right]$$
$$= r_1 r_2 \left[\cos (\varphi_1 + \varphi_2) + i \sin (\varphi_1 + \varphi_2)\right]$$

gleich die trigonometrische Darstellung des Produktes: bei der *Multiplikation zweier Zahlen werden ihre absoluten Beträge multipliziert, ihre Argumente addiert.* (Abb. 3.)

Für die Division zweier Zahlen gilt wegen

Abb. 3.

$$(\cos \varphi + i \sin \varphi) \left[\cos (-\varphi) + i \sin (-\varphi)\right] = 1$$

mit $z_2 \neq 0$

$$\frac{z_1}{z_2} = \frac{r_1}{r_2} \, (\cos \varphi_1 + i \sin \varphi_1) \, [\cos(-\varphi_2) + i \sin(-\varphi_2)] =$$

$$= \frac{r_1}{r_2} \, [\cos(\varphi_1 - \varphi_2) + i \sin(\varphi_1 - \varphi_2)]$$

Bei der *Division zweier Zahlen werden ihre absoluten Beträge dividiert, ihre Argumente subtrahiert.*

Durch wiederholte Multiplikation ergibt sich die *Moivresche Formel:*

$$(\cos \varphi + i \sin \varphi)^n = \cos n\,\varphi + i \sin n\,\varphi$$

(n positive ganze Zahl). Entwickelt man links nach dem binomischen Satz, und trennt Real- und Imaginärteil, so ergeben sich die Formeln

$$\cos n\,\varphi = \cos^n \varphi - \tbinom{n}{2} \cos^{n-2} \varphi \, \sin^2 \varphi + \tbinom{n}{4} \cos^{n-4} \varphi \, \sin^4 \varphi - \cdots$$

$$\sin n\,\varphi = \tbinom{n}{1} \cos^{n-1} \varphi \, \sin \varphi - \tbinom{n}{3} \cos^{n-3} \varphi \, \sin^3 \varphi + \cdots$$

Die *Moivre*sche Formel gilt auch für negative ganze n, indem man wie im Reellen $z^{-n} = \dfrac{1}{z^n}$ setzt und die Divisionsformel anwendet.

Um die n-te Wurzel (n ganz positiv) einer gegebenen Zahl $R\,(\cos \Phi + i \sin \Phi)$ mit $R > 0$ zu erhalten, haben wir den Ansatz

$$[r\,(\cos \varphi + i \sin \varphi)]^n = R\,(\cos \Phi + i \sin \Phi).$$

Daraus folgt $r^n = R$ oder $r = \sqrt[n]{R}$, wo die reelle nichtnegative Wurzel aus R zu nehmen ist; nach der *Moivre*schen Formel ist ferner $\cos n\,\varphi = \cos \Phi$ und $\sin n\,\varphi = \sin \Phi$, also $n\,\varphi = \Phi + 2\,\pi\,k$ (k ganze Zahl) oder $\varphi = \dfrac{\Phi + 2\,\pi\,k}{n}$. Für $k = 0, 1, \ldots n-1$ erhalten wir n verschiedene Wurzeln $r\,(\cos \varphi + i \sin \varphi)$; für alle andern ganzzahligen k ist das Argument φ von einer dieser n Werte φ nur um Vielfache von $2\,\pi$ verschieden. Wir erhalten also für $R > 0$ genau n verschiedene Wurzeln:

$$\sqrt[n]{R\,(\cos \Phi + i \sin \Phi)} = \sqrt[n]{R} \left[\cos \frac{\Phi + 2\,\pi\,k}{n} + i \sin \frac{\Phi + 2\,\pi\,k}{n} \right]$$

$$(k = 0, 1, \ldots n-1)$$

die absoluten Beträge der Wurzeln sind alle gleich, die Argumente unterscheiden sich um Vielfache von $\dfrac{2\,\pi}{n}$. Die n-te Wurzel der Null ist nur die Null.

Auf der *Gauß*schen Zahlenebene sind die n Wurzeln einer Zahl $\neq 0$ die Eckpunkte eines regelmäßigen n-Ecks mit dem Nullpunkt als Mittelpunkt. (Abb. 4. mit $\sqrt[6]{-1}$)

§ 3. Folgen und Reihen im Komplexen.

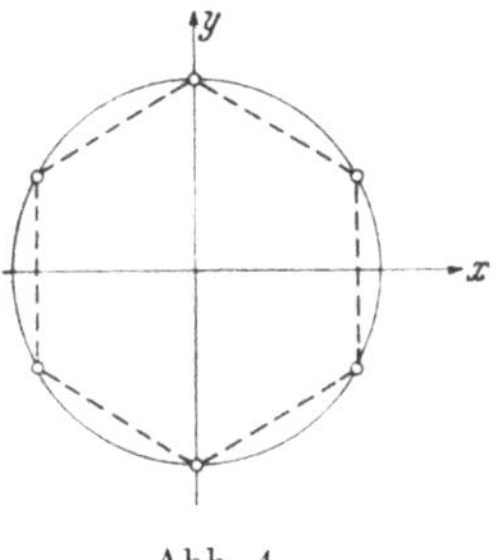

Abb. 4.

Der *Abstand* zweier Punkte $p = p_1 + i\,p_2$ und $q = q_1 + i\,q_2$ der *Gauß*schen Zahlenebene ist $\sqrt{(p_1 - q_1)^2 + (p_2 - q_2)^2} = |\,p - q\,|$. Ein Kreis vom Radius $r > 0$ um den Punkt p hat daher die Gleichung $|\,z - p\,| = r$, für die Punkte innerhalb des Kreises ist $|\,z - p\,| < r$, für die Punkte außerhalb des Kreises ist $|\,z - p\,| > r$.

Die Konvergenzsätze im Komplexen, die denen im Reellen analog sind, beruhen auf dem grundlegenden Prinzip, nach dem eine konvergente Folge reeller Zahlen eine reelle Zahl bestimmt.

Eine Folge $z_1, z_2, \ldots$ kurz (z_n) von komplexen Zahlen heißt *konvergent*, wenn für jedes $\varepsilon > 0$ ein Index $N(\varepsilon)$ existiert, so daß für alle $n > N(\varepsilon)$, $m > N(\varepsilon)$ gilt $|\,z_n - z_m\,| < \varepsilon$.

Sei die Folge (z_n) konvergent. Setzen wir $z_n = x_n + i\,y_n$, so ist $|\,x_n - x_m\,| \leq |\,z_n - z_m\,|$, es konvergiert also die Folge der reellen Zahlen (x_n) und ebenso die Folge der Zahlen (y_n); es gibt daher eine reelle Zahl x_0 und ebenso eine Zahl y_0, so daß $(x_n - x_0) \longrightarrow 0$ und $(y_n - y_0) \longrightarrow 0$; daraus folgt $\sqrt{(x_n - x_0)^2 + (y_n - y_0)^2} \longrightarrow 0$ oder, wenn wir $z_0 = x_0 + i\,y_0$ setzen, $|\,z_n - z_0\,| \longrightarrow 0$.

Gibt es umgekehrt zu einer Folge (z_n) eine Zahl z_0, so daß $|\,z_n - z_0\,| \longrightarrow 0$ strebt, so gibt es zu jedem $\varepsilon > 0$ einen Index $N(\varepsilon)$, so daß für $n > N(\varepsilon)$ stets $|\,z_n - z_0\,| < \dfrac{\varepsilon}{2}$ ist; dann ist für alle $n > N(\varepsilon)$, $m > N(\varepsilon)$:

$$|\,z_n - z_m\,| = |\,(z_n - z_0) + (z_0 - z_m)\,| \leq |\,z_n - z_0\,| + |\,z_m - z_0\,| < \varepsilon.$$

Wir können daher auch so definieren: Eine Folge (z_n) heißt konvergent, wenn es eine Zahl z_0 gibt, so daß $|\,z_n - z_0\,| \longrightarrow 0$ strebt. Man schreibt dann auch $z_n \longrightarrow z_0$ oder $\lim_n z_n = z_0$, und nennt z_0 den *Grenzwert* oder *Limes* der Folge (z_n).

Nun noch der Begriff des *Häufungspunktes:* ein Punkt p heißt Häufungspunkt der Folge (z_n), wenn für jedes $\varepsilon > 0$ für unendlich viele

n gilt $\left| z_n - p \right| < \varepsilon$ (wenn also innerhalb jedes Kreises um p unendlichviele z_n liegen).

Eine Folge (z_n) heißt *beschränkt*, wenn es eine Zahl $K > 0$ gibt, so daß für alle n gilt $\left| z_n \right| < K$. Dann gilt:

Eine beschränkte Folge (z_n) hat stets einen Häufungspunkt. Das folgt wie im Reellen aus dem Halbierungsverfahren: die Punkte z_n liegen innerhalb eines Rechtecks R der Zahlenebene. Teilt man durch die beiden Seitensymmetralen das Rechteck in vier kongruente Rechtecke, so liegen in wenigstens einem dieser Teilrechtecke (den Rand stets mitgerechnet) unendlich viele Punkte z_n; teilt man dieses Rechteck R_1 in derselben Weise und iteriert dieses Verfahren, so erhält man eine Folge von ineinander geschachtelten Rechtecken R_1, R_2, ...; die Mittelpunkte dieser Rechtecke R_n bilden eine konvergente Folge und bestimmen einen Punkt p; jeder Kreis um p enthält aber fast alle Rechtecke R_n, also unendlich viele Punkte z_k; p ist also Häufungspunkt der Folge (z_n).

Unmittelbar aus den Definitionen folgt:

Eine konvergente Folge ist beschränkt und hat genau einen Häufungspunkt. Ebenso gilt umgekehrt: Ist eine Folge beschränkt und hat genau einen Häufungspunkt, so ist sie konvergent; denn dann liegen außerhalb jedes Kreises um diesen Häufungspunkt sicher nur endlichviele Punkte der Folge.

Nun die *Reihen*. Man definiert genau wie im Reellen: eine Reihe $a_1 + a_2 + \ldots = \sum_{n=1}^{\infty} a_n$ mit komplexen a_n heißt konvergent, wenn die Folge der Partialsummen (s_n) konvergiert: $s_n = a_1 + a_2 + \ldots + a_n$; der Limes der Partialsummen $s = \lim_n s_n$ heißt dann die Summe der Reihe. Eine nicht konvergente Reihe heißt *divergent*.

Eine Reihe $\sum_{n=1}^{\infty} a_n$ heißt *absolut konvergent*, wenn die Reihe der absoluten Beträge ihrer Glieder $\sum_{n=1}^{\infty} \left| a_n \right|$ konvergiert.

Eine absolut konvergente Reihe $\sum_{n=1}^{\infty} a_n$ ist dann auch im gewöhnlichen Sinn konvergent: aus der Dreiecksungleichung folgt zunächst:

$$\left| a_{n+1} + a_{n+2} + \ldots + a_{n+m} \right| \leqq \left| a_{n+1} \right| + \left| a_{n+2} \right| + \ldots + \left| a_{n+m} \right|;$$

die rechtsstehende Größe ist bei absolut konvergenter Reihe $\sum_{n=1}^{\infty} a_n$

beliebig klein für hinreichend großes n, und zwar für jedes m; also gilt dies auch von der linksstehenden Größe, woraus sofort die Konvergenz von $\sum\limits_{n=1}^{\infty} a_n$ folgt.

Eine absolut konvergente Reihe $\sum\limits_{n=1}^{\infty} a_n$ kann man beliebig umordnen, ohne die Konvergenz und die Summe der Reihe zu ändern.

Auch dies ergibt sich wie im Reellen und soll hier nicht ausgeführt werden; daß bei nicht absolut konvergenten Reihen $\sum\limits_{n=1}^{\infty} a_n$ durch Umordnung sowohl Konvergenz als Summe der Reihe geändert werden kann, folgt schon daraus, daß wegen $|a_n| \leqq |\Re(a_n)| + |\Im(a_n)|$ und wegen der Divergenz von $\sum\limits_{n=1}^{\infty} |a_n|$ mindestens eine der Reihen $\sum\limits_{n=1}^{\infty} \Re(a_n)$ und $\sum\limits_{n=1}^{\infty} \Im(a_n)$ nicht absolut konvergiert, also durch Umordnung geändert werden kann. Die Gesamtheit der Werte, welche eine nicht absolut konvergente Reihe durch Umordnung annehmen kann, erfüllt in der *Gauß*schen Ebene entweder eine Gerade oder die volle Ebene, wie wir gleichfalls ohne Beweis anführen.

Zwei konvergente Reihen kann man addieren, indem man sie gliedweise addiert und die dann gleichfalls konvergente Reihe der Gliedersummen bildet:

$$\sum_{n=1}^{\infty} a_n + \sum_{n=1}^{\infty} b_n = \sum_{n=1}^{\infty} (a_n + b_n).$$

Zwei absolut konvergente Reihen $\sum\limits_{n=1}^{\infty} a_n$ und $\sum\limits_{n=1}^{\infty} b_n$ werden multipliziert, indem man die sämtlichen Produkte $a_k b_l$ in irgendeiner Anordnung zu einer Reihe zusammenfaßt; diese ist dann wieder absolut konvergent und ihre Summe ist das Produkt der beiden Reihen:

$$\left(\sum_{n=1}^{\infty} a_n\right) \cdot \left(\sum_{n=1}^{\infty} b_n\right) = \sum_{k,\,l=1}^{\infty} a_k b_l.$$

Es ist dabei oft zweckmäßig, die Anordnung der Glieder $a_k b_l$ nach gleicher Summe $k+l$ zu treffen:

$$\left(\sum_{n=1}^{\infty} a_n\right) \cdot \left(\sum_{n=1}^{\infty} b_n\right) = \sum_{n=1}^{\infty} [a_1 b_n + a_2 b_{n-1} + \ldots + a_n b_1]. \quad (Cauchysche$$
Produktreihe).

Für die Konvergenz einer Reihe ist das Hinzufügen, Wegnehmen und das Ändern von endlich vielen Gliedern ohne Bedeutung.

Ist $\sum\limits_{n=1}^{\infty} a_n$ absolut konvergent und gilt für jedes n $\mid b_n \mid \leqq \mid a_n \mid$, so konvergiert auch $\sum\limits_{n=1}^{\infty} b_n$, und zwar absolut (Vergleichskriterium).

Die geometrische Reihe $\sum\limits_{n=1}^{\infty} q^n$ ist danach für $\mid q \mid < 1$ absolut konvergent; ihre Summe ist wie im Reellen $= \dfrac{q}{1-q}$. Für $\mid q \mid \geqq 1$ ist sie divergent.

Man bezeichnet im Reellen den größten Häufungspunkt einer (reellen) Zahlenfolge (x_n) mit $\overline{\lim\limits_{n}}\ x_n$ (dieser kann eventuell auch $\pm \infty$ sein). Mit dieser Bezeichnung gilt das auch im Komplexen oft verwendete *Cauchysche Konvergenzkriterium:*

Ist für eine Reihe $\sum\limits_{n=1}^{\infty} a_n$ der $\overline{\lim\limits_{n}}\ \sqrt[n]{\mid a_n \mid} < 1$, so ist die Reihe absolut konvergent.

Zum Beweis sei q eine reelle Zahl mit $\overline{\lim\limits_{n}}\ \sqrt[n]{\mid a_n \mid} < q < 1$. Dann gibt es einen Index N, so daß für alle $n > N$ gilt $\sqrt[n]{\mid a_n \mid} < q$, oder $\mid a_n \mid < q^n$; also sind von diesem Index an die $\mid a_n \mid$ kleiner als die Glieder einer konvergenten geometrischen Reihe und $\sum\limits_{n=1}^{\infty} a_n$ konvergiert absolut.

Manchmal ist auch das *Quotientenkriterium* nützlich: Ist für eine Reihe $\sum\limits_{n=1}^{\infty} a_n$ von einem Index an stets $a_n \neq 0$ und ist $\overline{\lim}\ \left| \dfrac{a_{n+1}}{a_n} \right| < 1$, so ist die Reihe absolut konvergent. Der Beweis ist analog dem obigen zu führen.

§ 4. Exponentialfunktion und Logarithmus.

Wir betrachten die Reihe

$$1 + \frac{z}{1!} + \frac{z^2}{2!} + \ldots \ = \ \sum_{n=0}^{\infty} \frac{z^n}{n!} = E\,(z).$$

Wir stellen zunächst fest, daß diese für jedes komplexe z absolut konvergiert; das ist klar für $z = 0$ und für $z \neq 0$ strebt der Quotient $\left| \dfrac{z^n}{n!} : \dfrac{z^{n-1}}{(n-1)!} \right| = \dfrac{\mid z \mid}{n}$ für $n \to \infty$ gegen Null. Ferner gilt für beliebige

z_1 und z_2 die Gleichung $E(z_1) \cdot E(z_2) = E(z_1 + z_2)$. Denn es ist nach der Multiplikationsregel für absolut konvergente Reihen:

$$E(z_1) \cdot E(z_2) = \sum_{k,\,l=0}^{\infty} \frac{z_1^k\, z_2^l}{k!\, l!}$$

Ordnen wir nach *Cauchy* nach gleichen Summen $k + l = n$, so ist das n-te Glied:

$$\frac{1}{n!}\left[\frac{z_1^n}{1} + \frac{n!}{1!\,(n{-}1)!}\, z_1^{n-1}\, z_2 + \frac{n!}{2!\,(n{-}2)!}\, z_1^{n-2}\, z_2^2 + \ldots + \frac{z_2^n}{1}\right] =$$

$$= \frac{1}{n!}\,(z_1 + z_2)^n;$$

es ist also $E(z_1) \cdot E(z_2) = \sum_{n=0}^{\infty} \frac{(z_1 + z_2)^n}{n!} = E(z_1 + z_2)$.

Es ist $E(0) = 1$ und $E(1) = e$; für reelle x ist ja $E(x) = e^x$, die Exponentialfunktion im Reellen.

Es ist nun naheliegend, die *Exponentialfunktion für beliebige Exponenten durch die für alle z konvergente Reihe*

$$e^z = 1 + \frac{z}{1!} + \frac{z^2}{2!} +$$

zu definieren, die für reelle z mit der gewöhnlichen reellen Exponentialfunktion übereinstimmt.

Die so erweiterte Exponentialfunktion erfüllt stets die Funktionalgleichung $e^{z_1} \cdot e^{z_2} = e^{z_1 + z_2}$. Daraus folgt sogleich, daß stets $e^z \neq 0$ ist: wäre $e^a = 0$, so wäre ja für beliebige z auch $e^z = e^{z-a} \cdot e^a = 0$, während z. B. $e^0 = 1$ ist.

Sei wieder $z = x + i\,y$, so ist $e^z = e^x \cdot e^{iy}$. Trennt man in der Reihendarstellung von e^{iy} Real- und Imaginärteil und beachtet die aus der reellen Analysis bekannten Reihenentwicklungen von Cosinus und Sinus, so ist

$$e^{iy} = 1 - \frac{y^2}{2!} + \frac{y^4}{4!} - \ldots + i\left(y - \frac{y^3}{3!} + \frac{y^5}{5!} - \ldots\right) = \cos y + i \sin y$$

und $e^z = e^x (\cos y + i \sin y)$. Die Formel $e^{iy} = \cos y + i \sin y$ setzt übrigens wieder die *Moivre*sche Formel in Evidenz, wenn man rechts und links zur n-ten Potenz erhebt. Setzt man $-y$ statt y und addiert, bzw. subtrahiert die entstehenden Gleichungen, so erhält man die *Eulerschen Gleichungen:*

$$\cos y = \frac{1}{2}\left(e^{iy} + e^{-iy}\right), \ \ \sin y = \frac{1}{2\,i}\left(e^{iy} - e^{-iy}\right).$$

Man verwendet sie bei der Rechnung gern, um $\cos^n y$ und $\sin^n y$ durch den Cosinus und Sinus von mehrfachen Winkeln auszudrücken; man braucht die Gleichungen nur zur n-ten Potenz zu erheben, rechts nach dem binomischen Satz zu entwickeln und die Potenzen passend zusammenfassen.

Nun können wir auch die Definition des *Logarithmus im Komplexen* entwickeln. Unter dem Logarithmus einer Zahl $a + i\,b \neq 0$ versteht man eine Zahl $\alpha + i\,\beta = \log(a + i\,b)$, so daß $e^{\alpha + i\,\beta} = a + i\,b$ ist. Man sieht sofort, daß eine Lösung falls sie existiert bis auf willkürliche Vielfache von $2\pi i$ eindeutig sein muß: sind $\alpha + i\,\beta$ und $\alpha' + i\,\beta'$ zwei Lösungen, so muß $e^\alpha(\cos\beta + i\sin\beta) = e^{\alpha'}(\cos\beta' + i\sin\beta')$ sein; daraus folgt für die absoluten Beträge $e^\alpha = e^{\alpha'}$ und $\alpha = \alpha'$, da die reelle Exponentialfunktion jeden Wert nur einmal annimmt; ferner $\beta = \beta' + 2\pi k$ (k ganz). Wir können die Lösung auch sofort anschreiben; es ist in trigonometrischer Darstellung $a + i\,b = r(\cos\varphi + i\sin\varphi) = r\,e^{i\varphi}$, eine Schreibart, die wir noch oft gebrauchen werden. Wir setzen ferner $r = e^{\log r}$, wo $\log r$ der reelle Logarithmus der positiven Zahl r ist. Dann ist $a + i\,b = e^{\log r + i\,\varphi}$, also

$$\log(a + i\,b) = \log\sqrt{a^2 + b^2} + i\arg(a + i\,b),$$

wobei der Imaginärteil tatsächlich nur bis auf Vielfache von 2π bestimmt ist. Der Logarithmus ist also im Komplexen *unendlich vieldeutig*.

Schließlich erklären wir noch den bisher sinnlosen Ausdruck a^b für beliebige komplexe Zahlen a und b, sofern $a \neq 0$. Wir definieren:

$$a^b = e^{b\log a}$$

im allgemeinen also unendlich vieldeutig, weil ja $\log a$ unendlichvieldeutig ist.

Wir stellen noch die Übereinstimmung mit den schon erklärten Potenzen her. Ist $b = n$ reell, ganz, positiv, so ist $a^n = e^{n\log a} = e^{\log a} \ldots e^{\log a}$ eindeutig und die gewöhnliche n-te Potenz; analog für negative ganze n. Ist $b = \dfrac{1}{n}$, n ganz positiv, so ist $a^{\frac{1}{n}} = e^{\frac{1}{n}\log a}$, der

Exponent ist bis auf Vielfache von $\dfrac{2\pi i}{n}$ bestimmt, wir erhalten n

verschiedene Werte, die n verschiedenen n-ten Wurzeln von a. In allen andern Fällen, für irrationale reelle b oder nichtreelle b ist a^b stets unendlichvieldeutig. In gewisser Abweichung (oder Inkonsequenz) davon nimmt man aber für $a = e$ stets den eindeutig durch die Reihe gegebenen Wert für a^b, für a reell positiv meist den Wert $a^b = e^{b \log a}$ mit dem reellen Logarithmus von a.

Wir haben bei der Erweiterung der Exponentialfunktion auf das Komplexe es als naheliegend bezeichnet, in der reellen Reihe einfach statt x nun z zu schreiben und diese Reihe zur Definition von e^z für komplexe z zu verwenden. Ein ähnliches Vorgehen liegt natürlich nahe, um sin x, cos x usw. auch für komplexe z zu definieren: man setzt in den betreffenden Reihen z statt x und gewinnt z. B. für sin z und cos z überall konvergente Reihen.

Indessen ist dieses Verfahren bei näherer Betrachtung keineswegs mehr so zwingend: man könnte ja bei der Exponentialreihe statt x auch $z = x - iy$ oder allgemein $x + icy$ mit konstantem c einführen; sei etwa

$$E_1(z) = 1 + \frac{\bar{z}}{1} + \frac{\bar{z}^2}{2!} + \cdots$$

auch bei diesem Ansatz wäre für reelle $z = x$ $E_1(x) = e^x$, es würde die allgemeine Funktionalgleichung $E_1(z_1) \cdot E_1(z_2) = E_1(z_1 + z_2)$ gelten usw. Aus welchem Grunde wir gerade unsere Definition von e^z wählen, bzw. welche besonderen Eigenschaften diese Funktion gegenüber den andern solchen Funktionen aufweist, das aufzuzeigen soll die Aufgabe der nächsten Kapitel sein.

Übungsbeispiele.

1. Man zerlege $\sqrt{a + ib}$ rein algebraisch in Real- und Imaginärteil.

2. Man zeige für reelle a und b:
$$\frac{1}{\sqrt{2}}(|a| + |b|) \leq |a + ib| \leq |a| + |b|.$$

3. Man zeige, daß für komplexe α und $\beta \neq 0$ das Gleichheitszeichen in $|\alpha + \beta| \leq |\alpha| + |\beta|$ genau dann steht, wenn $\dfrac{\alpha}{\beta}$ reell ≥ 0 ist.

4. Man bestimme den geometrischen Ort der Punkte z, für welche gilt:

a) $|z - a| + |z - b| = c$, $c > |a - b|$

b) $|z-a| \cdot |z-b| = c > 0$

c) $\dfrac{z-\alpha}{z-\beta} = \text{reell} \ (\alpha \neq \beta)$

d) $z = \dfrac{a + \lambda b}{1 + \lambda} \ (\lambda \text{ reell}, \ a \neq b).$

5. Drei Zahlen a, b, c mit $a + b + c = 0$ und $|a| = |b| = |c| = 1$ bilden die Eckpunkte eines dem Einheitskreis $|z| = 1$ einbeschriebenen gleichseitigen Dreiecks.

6. Man zeige, daß die Gleichung $y = |x + y|$ für $x \neq 0$ und $\Re(x) \geqq 0$ unlösbar ist.

7. Man berechne die sämtlichen Wurzeln $\sqrt[5]{\dfrac{-1-i}{\sqrt{2}}}$.

8. Man bestimme sämtliche Werte von i^i.

9. Man bestimme alle z, für welche $1^z = 2$.

10. Man bestimme alle z, für welche $z^{\lg z} = e$.

11. Für beliebige Zahlen a, b, c gilt die Ungleichung:
$$|a| + |b| + |c| + |a + b + c| \geqq |a + b| + |b + c| + |c + a|.$$
H. Hornich, Mathem. Zeitschr. 48 (1942).

II. Die differenzierbaren Funktionen.

§ 1. Stetigkeit und Differenzierbarkeit im Komplexen.

Wir geben zunächst einige grundlegende Begriffe der *Punktmengenlehre*.

Eine Menge U von Punkten der komplexen Zahlenebene E heißt *offen*, wenn zu jedem Punkt p aus U eine Kreisscheibe um p als Mittelpunkt mit positivem Radius existiert, die in U enthalten ist. Eine offene Menge heißt speziell ein *Gebiet G*, wenn zu je zwei Punkten p_1 und p_2 aus G ein p_1 und p_2 verbindender Polygonzug Π existiert, der in G enthalten ist. Unter der *Randmenge B (U)* einer offenen Menge U versteht man die Menge aller Häufungspunkte von U, die nicht in U enthalten sind; ist also p ein Punkt von $B(U)$, so liegen in jeder Kreisscheibe um p

Punkte aus U, während p nicht zu U gehört. Es ist z. B. für $0 < r < R$ die Menge aller Punkte z mit $r < |z| < R$ ein Gebiet, dessen Rand aus den beiden Kreisen $|z| = r$ und $|z| = R$ besteht. (Abb. 5.)

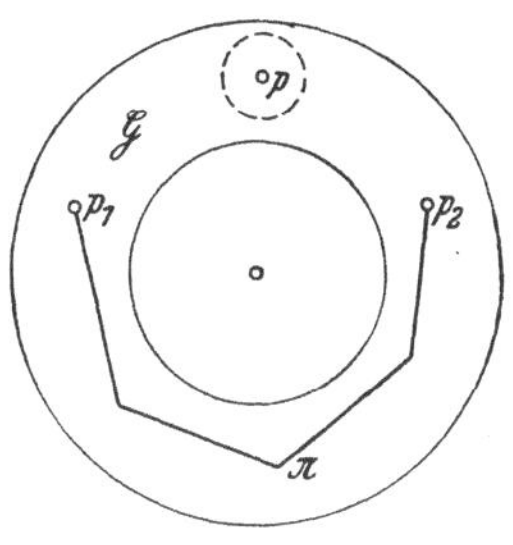

Abb. 5.

Eine Menge F heißt *abgeschlossen*, wenn sie alle ihre Häufungspunkte enthält. Die Randmenge $B(U)$ einer offenen Menge U ist stets abgeschlossen: denn jeder Häufungspunkt von Randpunkten von U ist wieder Häufungspunkt von U, gehört aber nicht zu U; also gehört er zur Menge $B(U)$ und $B(U)$ ist abgeschlossen.

Fügt man zu einer offenen Menge U ihre Randmenge $B(U)$ hinzu, so ist die Vereinigungsmenge von U und $B(U)$, also $U + B(U)$ abgeschlossen: man spricht dann von einem (abgeschlossenen) *Bereich*.

Ist U offen, so ist die Menge $E - U$ aller Punkte, welche nicht zu U gehören, abgeschlossen; ebenso gilt die Umkehrung: ist F abgeschlossen, so ist die Menge $E - F$ offen: *das Komplement einer offenen (abgeschlossenen) Menge ist abgeschlossen (offen).* Den — einfachen — Beweis dieses Satzes übergehen wir.

Wird jedem z einer Menge M von E eine reelle oder komplexe Zahl $f(z)$ zugeordnet, so sprechen wir von einer Funktion $f(z)$ auf M. Wir beschränken uns dabei zunächst auf den Fall, daß jedem z nur ein $f(z)$ zugeordnet wird, also auf *eindeutige* Funktionen. Wir werden Funktionen fast stets nur auf Gebieten oder Bereichen betrachten.

Die Stetigkeit wird wie im Reellen definiert: eine Funktion $f(z)$ heißt *stetig* im Punkt z_0 ihrer Definitionsmenge M, wenn zu jedem $\varepsilon > 0$ ein $\delta(\varepsilon, z_0)$ existiert, so daß für jedes $z_0 + h$ in M mit $|h| < \delta(\varepsilon, z_0)$ gilt $|f(z_0 + h) - f(z_0)| < \varepsilon$; oder auch aequivalent damit: wenn für jede Folge von Punkten (z_n) mit $z_n \longrightarrow z_0$ auch $f(z_n) \longrightarrow f(z_0)$ gilt. Die Funktion $f(z)$ heißt in M stetig, wenn sie in jedem Punkt aus M stetig ist. Die Funktion $f(z)$ heißt *gleichmäßig in M stetig*, wenn das bei der Definition der Stetigkeit auftretende $\delta(\varepsilon, z_0)$ unabhängig von z_0 gewählt werden kann. Dann gilt wie im Reellen, daß *eine auf einer beschränkten abgeschlossenen Menge stetige Funktion von selbst auch gleichmäßig stetig ist.*

Summe, Produkt und Quotient zweier stetiger Funktionen (wobei der Nenner von Null verschieden sein soll) sind natürlich wieder stetig.

Eine Funktion $f(z)$ heißt im Punkt z_0 differenzierbar, wenn

$$\lim \frac{f(z_0 + h) - f(z_0)}{h} \text{ für } h \to 0$$

existiert, und zwar unabhängig von der Art, wie $h \to 0$ *strebt;* der Limes heißt dann Differentialquotient oder Ableitung und wird wieder mit

$$f'(z_0) = \frac{d f(z_0)}{dz} \text{ bezeichnet.}$$

Wir stellen zunächst zusammen, was für das Differenzieren aus dem Reellen übernommen werden kann.

Aus $\quad \dfrac{f(z_0 + h) - f(z_0)}{h} \to f'(z_0)$ für $h \to 0$ folgt fast unmittelbar

$f(z_0 + h) \to f(z_0)$, d. h. eine für z_0 differenzierbare Funktion ist dort auch stetig.

Die Summen-, Produkt- und Quotientenregeln der reellen Differentialrechnung übertragen sich ohneweiters; ebenso die Kettenregel für die Differentiation mittelbarer Funktionen. Die Regel zur Differentiation der inversen Funktion formulieren wir so (indem wir die *Existenz* der Umkehrfunktion ausdrücklich *voraussetzen*): sei $f(z)$ auf einer Kreisscheibe $|z - z_0| < \varrho$ definiert, in z_0 differenzierbar und $f'(z_0) \neq 0$ ferner sei $w_0 = f(z_0)$ und für hinreichend nahe an w_0 gelegene Werte w habe die Gleichung $w = f(z)$ genau eine Lösung $z = \varphi(w)$, die der Kreisscheibe $|z - z_0| < \varrho$ angehöre; $\varphi(w)$ sei für w_0 stetig. Dann ist für hinreichend nahe an z_0 gelegene $z \neq z_0$ das zugehörige $w \neq w_0$ und

$$\frac{f(z) - f(z_0)}{z - z_0} \cdot \frac{\varphi(w) - \varphi(w_0)}{w - w_0} = 1;$$

wegen der Existenz von $f'(z_0)$ und wegen $f'(z_0) \neq 0$ existiert auch

$$\varphi'(w_0) = \frac{1}{f'(z_0)}.$$

Es ist $f(z) = z$ überall differenzierbar; denn es ist $\dfrac{f(z + h) - f(z)}{h} = 1$, also $f'(z) = 1$; daraus folgt nach den angeführten Regeln die Differenzierbarkeit aller rationaler Funktionen von z, und zwar überall mit Ausnahme der Nullstellen des Nenners.

Setzen wir ferner $f(z) = e^z = 1 + \dfrac{z}{1} + \dfrac{z^2}{2!} + \ldots$; es ist

$$\frac{e^{z+h} - e^z}{h} = e^z \frac{e^h - 1}{h} = e^z \left(1 + \frac{h}{2!} + \frac{h^2}{3!} + \ldots\right).$$

Nun ist etwa für $|h| < 1$

$$\left| \frac{h}{2!} + \frac{h^2}{3!} + \cdots \right| \leqq |h| \left| \frac{1}{2!} + \frac{1}{3!} + \cdots \right| \leqq |h|$$

strebt also für $h \to 0$ gegen Null. Also existiert $f'(z) = e^z$.

In der Differenzierbarkeit der Reihe für e^z liegt bereits eine Rechtfertigung, warum wir gerade diese Reihe zur Definition von e^z für komplexe z gewählt haben. Später wird noch gezeigt werden, daß diese Reihe die einzige für alle z differenzierbare Funktion darstellt, welche für reelle $z = x$ mit der reellen Exponentialfunktion e^x übereinstimmt.

Nun der Logarithmus $f(z) = \log z$. Dieser ist nur für $z \neq 0$ sinnvoll und hat stets unendlichviele Werte. Beschränken wir uns für ein $z_0 = = r_0\, e^{i\varphi_0} \neq 0$ auf das Kreisgebiet $|z - z_0| < |z_0|$ (Kreis um z_0 durch den Nullpunkt), so können wir das Argument von z durch $\varphi_0 - \dfrac{\pi}{2} < < \arg z < \varphi_0 + \dfrac{\pi}{2}$ innerhalb dieses Kreises eindeutig und stetig festlegen und dadurch auch den Logarithmus dort eindeutig machen, indem wir haben: $w = \log z = \log|z| + i \arg z$. Nun ist auch die Umkehrungsfunktion $e^w = z$ eindeutig und $\dfrac{d\, e^w}{dw} = e^w \neq 0$; es ist also für $z = z_0$ und $w = w_0 = \log|z_0| + i\varphi_0$ nach der Differentiationsregel für inverse Funktionen

$$\frac{d \log z}{dz}\bigg|_{z=z_0} = \frac{1}{e^{w_0}} = \frac{1}{z_0}.$$

Damit ist schließlich auch die Differentiation von $f(z) = z^\alpha$ für beliebige α und $z \neq 0$ erledigt: es ist ja

$$f(z) = e^{\alpha \log z}, \text{ also } f'(z) = e^{\alpha \log z} \cdot \frac{\alpha}{z} = \alpha\, z^{\alpha-1}.$$

Wir können nun aber auch sehr leicht Funktionen angeben, die nirgends differenzierbar sind. Sei $f(z) = \bar{z} = x - i\,y$; dann ist ($h = = h_1 + i\,h_2$) $\dfrac{\overline{z+h} - \bar{z}}{h} = \dfrac{h_1 - i\,h_2}{h_1 + i\,h_2}$; halten wir $h_1 = 0$ fest und strebe $h_2 \to 0$, so wird $\dfrac{f(z+h) - f(z)}{h} \to -1$; halten wir $h_2 = 0$ fest und strebe $h_1 \to 0$, so wird $\dfrac{f(z+h) - f(z)}{h} \to +1$. Also ist $f(z)$ nirgends differenzierbar, obwohl Real- und Imaginärteil von $f(z)$ partielle

Ableitungen beliebiger Ordnung nach x und y aufweisen. Man kann leicht Funktionen $f(z)$ angeben, die nur in einem Punkt oder nur in den Punkten einer Kurve differenzierbar sind. Vgl. die Übungsbeispiele am Schluß des Abschnittes.

Wir führen noch die folgende Bezeichnungsweise ein:

Ist die Funktion $f(z)$ in einem Gebiete G an jeder Stelle differenzierbar, so heißt $f(z)$ eine in G reguläre oder analytische Funktion.

Wir sprechen also von Regularität einer Funktion nur in Bezug auf ein Gebiet, nicht aber dann, wenn $f(z)$ etwa nur in einem Punkt oder längs einer Kurve differenzierbar ist. Wir sagen, *$f(z)$ sei im Punkt z_0 regulär, nur dann, wenn $f(z)$ auch in einer Kreisscheibe um z_0 differenzierbar ist.* Im weiteren Verlauf unserer Untersuchung werden wir Verfahren kennen lernen — die Potenzreihenentwicklungen —, die in außerordentlich einfacher und vollständiger Weise alle analytischen Funktionen eines Gebietes liefern. Wir werden dabei auch sehen, daß die Differenzierbarkeit im Komplexen eine viel stärkere Eigenschaft ist als die der reellen Funktionen.

§ 2. Die Cauchy-Riemannschen Differentialgleichungen.

Wir untersuchen die Bedingungen, unter denen eine Funktion $f(z)$ differenzierbar ist. Dazu zerlegen wir die zu untersuchende Funktion in Real- und Imaginärteil $f(z) = u(x, y) + i v(x, y)$, wo wir in u und v die Koordinaten x, y in Evidenz setzen. Sei ferner $h = h_1 + i h_2 \neq 0$; dann ist

$$\frac{f(z+h)-f(z)}{h} = \frac{u(x+h_1, y+h_2)+iv(x+h_1, y+h_2)-u(x,y)-iv(x,y)}{h_1 + i h_2}.$$

Ist nun $f(z)$ differenzierbar, so muß der Limes dieser Quotienten für $h \longrightarrow 0$ existieren, unabhängig davon, wie $h \longrightarrow 0$ strebt. Rechnen wir erstens den Grenzwert für $h_2 = 0$, $h_1 \longrightarrow 0$ (Annäherung an z parallel zur x-Achse), so muß nach Trennung in Real- und Imaginärteil der Quotient konvergieren:

$$\frac{u(x + h_1, y) + i v(x + h_1, y) - u(x, y) - i v(x, y)}{h_1} \longrightarrow u_x + i v_x.$$

Soll also der Limes existieren, so müssen die angeschriebenen partiellen Derivierten existieren und der Differentialquotient $f'(z)$ die angeschriebene Gestalt haben. Berechnen wir zweitens den Grenzwert für $h_1 = 0$, $h_2 \longrightarrow 0$ (Annäherung an z parallel zur y-Achse), so strebt der Quotient

$$\frac{u\,(x,\,y + h_2) + i\,v\,(x,\,y + h_2) - u\,(x,\,y) - i\,v\,(x,\,y)}{i\,h_2} \longrightarrow v_y - i\,u_y.$$

Ist also $f\,(z)$ differenzierbar, so muß sein

$$f'\,(z) = u_x + i\,v_x = v_y - i\,u_y$$

und nach Trennung von Real- und Imaginärteil muß gelten:

$$\frac{\partial u}{\partial x} = \frac{\partial v}{\partial y},\quad \frac{\partial u}{\partial y} = -\,\frac{\partial v}{\partial y}.$$

Dies sind die *Cauchy-Riemannschen Differentialgleichungen*, die also *notwendige* Bedingungen dafür angeben, daß $f\,(z)$ an der betreffenden Stelle differenzierbar sei.

Ist $f\,(z)$ in dem Gebiet G regulär, so gelten die Differentialgleichungen überall in G.

Wir geben einfache Folgerungen. Ist Real- oder Imaginärteil einer in G analytischen Funktion $f\,(z)$ konstant, so ist die Funktion $f\,(z)$ in G konstant. Denn aus $u = $ konstant folgt $u_x = u_y = v_x = v_y = 0$ in G.

Ist der Realteil einer analytischen Funktion in G bekannt, so ist daraus der Imaginärteil bis auf eine additive Konstante bestimmt; denn dessen partielle Ableitungen sind ja dann bekannt.

Aus den Gleichungen $u_x = v_y$, $u_y = -\,v_x$ folgt durch Ableitung nach x, bzw. y

$$u_{xx} = v_{yx},\ u_{yy} = -\,v_{xy}$$

und da unter weitgehenden Voraussetzungen (Existenz und Stetigkeit der gemischten Ableitungen) $v_{xy} = v_{yx}$ gilt, so ist

$$u_{xx} + u_{yy} = 0 \text{ und analog}$$
$$v_{xx} + v_{yy} = 0,$$

wobei u und v zweimal stetig differenzierbar vorausgesetzt wurden; diese Voraussetzung ist aber, wie sich später zeigen wird, für eine analytische Funktion $f\,(z) = u + i\,v$ stets von selbst erfüllt. Die angeschriebene partielle Differentialgleichung zweiter Ordnung, der u und v genügen, heißt die *Laplacesche Gleichung* und die ihr genügenden Funktionen heißen *Potentialfunktionen*. *Real- und Imaginärteil einer analytischen Funktion sind also Potentialfunktionen.*

Wir haben gezeigt, daß die *Cauchy-Riemann*schen Gleichungen für die Differenzierbarkeit notwendige Bedingungen darstellen; wir zeigen nun umgekehrt, daß diese in gewissem Sinn auch *hinreichend* sind.

Seien zwei reelle Funktionen $u\,(x,\,y)$ und $v\,(x,\,y)$ in einer Kreisscheibe $|z - z_0| < \varrho$ um den Punkt $z_0 = x_0 + i\,y_0$, so beschaffen, daß sie stetige partielle erste Ableitungen nach x und y haben und in z_0 gilt: $u_x = v_y$, $u_y = -v_x$; dann ist $f(z) = u + i v$ in z_0 differenzierbar.

Wir zeigen, daß $\dfrac{f(z_0 + h) - f(z_0)}{h}$ für $h = h_1 + i h_2 \longrightarrow 0$ konvergiert; es ist nach dem Mittelwertsatz der Differentialrechnung für zwei Variable:

$$\frac{f(z_0+h)-f(z_0)}{h} =$$

$$= \frac{u(x_0+h_1, y_0+h_2) - u(x_0, y_0) + i[v(x_0+h_1, y_0+h_2) - v(x_0, y_0)]}{h_1 + i h_2} =$$

$$\frac{u_x(x_0,y_0)h_1 + u_y(x_0,y_0)h_2 + i[v_x(x_0,y_0)h_1 + v_y(x_0,y_0)h_2] + \varepsilon_1 h_1 + \varepsilon_2 h_2 + i(\varepsilon_1' h_1 + \varepsilon_2' h_2)}{h_1 + i h_2}$$

wo die ε_i, $\varepsilon_i' \longrightarrow 0$ für $h \longrightarrow 0$. Wegen $u_x(x_0, y_0) = v_y(x_0, y_0)$ und $u_y(x_0, y_0) = -v_x(x_0, y_0)$ ist der Quotient weiter gleich:

$$u_x(x_0, y_0) + i v_x(x_0\, y_0) + \varepsilon_1 \frac{h_1}{h} + \varepsilon_2 \frac{h_2}{h} + i\,(\varepsilon_1' \frac{h_1}{h} + \varepsilon_2' \frac{h_2}{h});$$

für $h = h_1 + i h_2 \longrightarrow 0$ strebt das gegen $u_x(x_0, y_0) + i v_x(x_0, y_0)$, weil ja $\left| \dfrac{h_i}{h} \right| \leqq 1$, $i = 1, 2$.

Wir machen noch einige Bemerkungen. Beim Beweis für die Notwendigkeit der *Cauchy-Riemann*schen Gleichungen haben wir $f(z)$ in einem Punkt differenzierbar vorausgesetzt und daraus die Gleichungen abgeleitet. Man könnte als Umkehrung daher zunächst vermuten: haben die reellen Funktionen $u(x, y)$ und $v(x, y)$ in einem Punkt partielle erste Ableitungen und gilt dort $u_x = v_y$, $u_y = -v_x$, so ist $f(z)$ in diesem Punkt differenzierbar. Daß dies nicht der Fall ist, zeigt das folgende Beispiel.

Sei $u(x, y) = v(x, y) = \dfrac{x\,y}{\sqrt{x^2 + y^2}}$ für $(x, y) \neq (0, 0)$ und $u(0, 0) = = v(0, 0) = 0$. Es ist $f(z) = u + i v$ stetig und $u(x, 0) = u(0, y) = 0$, also im Nullpunkt: $u_x = v_x = u_y = v_y = 0$ und die *Cauchy-Riemann*schen Gleichungen sind erfüllt. Aber $f(z)$ ist hier nicht differenzierbar, da $\dfrac{f(h_1+i h_2) - f(0)}{h_1 + i h_2} = \dfrac{h_1 h_2 (1+i)}{(h_1 + i h_2)\sqrt{h_1^2 + h_2^2}}$ nur vom Argument von $h_1 + i h_2$ abhängt und für verschiedene gegen den Nullpunkt gehende Richtungen i. a. verschiedene Werte hat.

Wir müssen also die Voraussetzungen etwas erweitern; das kann geschehen, indem wir für u und v in einem ganzen Gebiet um z_0 stetige partielle Ableitungen nach x und y und für z_0 selbst $u_x = v_y$ und $u_y = -v_x$ voraussetzen; dann ist $f(z) = u + iv$ in z_0 differenzierbar, wie wir oben gezeigt haben. Oder wir setzen in einem Gebiete u und v stetig und die Existenz der partiellen Ableitungen von u und v ohne deren Stetigkeit voraus und nehmen überall im Gebiet das Bestehen der *Cauchy-Riemann*schen Gleichungen an; dann ist $f(z) = u + iv$ im Gebiet eine analytische Funktion. Diesen ziemlich tiefliegenden Satz hat *Looman* bewiesen. (Gött. Nachr. 1923).

§ 3. Abbildung durch analytische Funktionen.

Es sei $\zeta = f(z)$ eine auf einem Gebiet G der z-Ebene reguläre Funktion. Zu jedem z aus G gehört also ein ζ-Wert; wir denken uns alle diese ζ-Werte auf einer zweiten Ebene, der ζ-Ebene markiert, die Menge der so markierten Punkte sei Γ. Wir sagen dann, *die Funktion $f(z)$ bilde das Gebiet G auf Γ ab* und betrachten diese Abbildung.

Da $f(z)$ auf G eine eindeutige und stetige Funktion ist, ist auch die Abbildung $z \longrightarrow \zeta$, bzw. $G \longrightarrow \Gamma$ eine eindeutige und stetige: zu jedem z in G gehört ein und nur ein Bildpunkt ζ und für jede Punktfolge (z_n) mit $z_n \longrightarrow z_0$ in G konvergiert auch die Folge der zugehörigen $\zeta_n = f(z_n)$, und zwar gegen den Bildpunkt $\zeta_0 = f(z_0)$, also $\zeta_n \longrightarrow \zeta_0$. Selbstverständlich braucht umgekehrt einem ζ-Wert in Γ nicht bloß ein z-Wert zu entsprechen, die inverse Funktion also nicht eindeutig zu sein: so ist $\zeta = z^2$ für $|z| < 1$ eine eindeutige reguläre Funktion; für die Bildpunkte ζ gilt $|\zeta| < 1$; aber zu jedem ζ-Wert mit $\zeta \neq 0$ aus diesem Gebiet gehören zwei z-Werte $z = \sqrt{\zeta}$, jeder solche ζ-Wert wird also zweimal in diesem Gebiet angenommen. Wir wollen die Untersuchung dieser wichtigen Abbildungen auf später verschieben und betrachten jetzt ausschließlich den Fall, daß auch umgekehrt jedem ζ-Wert auf Γ nur ein z-Wert entspricht, also die inverse Funktion eindeutig ist: eine solche Abbildung $G \longrightarrow \Gamma$ bezeichnet man als *schlicht*.

Es sei in G eine Kurve C gegeben, in Parameterdarstellung $x = x(t)$, $y = y(t)$ oder zusammengefaßt $z = x + iy = z(t)$, wo t ein reeller Parameter $0 \leq t \leq 1$ sei. Wir setzen voraus, daß $x(t)$, $y(t)$ stetig differenzierbar sind und $x'(t)$, $y'(t)$ nicht gleichzeitig verschwinden $[x'(t)]^2 + [y'(t)]^2 \neq 0$. Wir bilden

$$\frac{d\,z\,(t)}{dt} = x'\,(t) + i\,y'\,(t) = \sqrt{[x'\,(t)]^2 + [y'\,(t)]^2} \cdot e^{i\alpha} = \frac{d\,s\,(t)}{dt}\,e^{i\alpha}$$

wo $s\,(t)$ die Bogenlänge auf C im Sinn der wachsenden t und $\alpha = \arg z'\,(t)$ der Winkel ist, den die im Sinn der Kurvenrichtung orientierte Tangente an C mit der x-Achse einschließt, im positiven Drehsinn von der positiven x-Achse aus gezählt.

Das Gebiet G werde durch die Funktion $\zeta = f\,(z)$ auf Γ schlicht abgebildet. Dabei wird C auf eine Kurve C' in Γ abgebildet $\zeta = f\,(z\,(t)) = \zeta\,(t)$. Nun hatte $z\,(t)$ eine stetige Ableitung nach t; nehmen wir, was sich später bei regulären Funktionen $f\,(z)$ als selbstverständlich erweisen wird, an, daß die Ableitung $f'\,(z)$ auch stetig ist, so hat auch $\zeta\,(t)$, bzw. der Real- und Imaginärteil davon, stetige Ableitungen nach t und es ist wie oben

$$\frac{d\,\zeta\,(t)}{dt} = \frac{d\,\sigma\,(t)}{dt}\,e^{i\beta},$$

wo β der im positiven Drehsinn von der positiven reellen Achse aus gezählte Winkel der Tangente von C' mit der reellen Achse und $\sigma\,(t)$ die Bogenlänge auf C' ist. Nun folgt aber aus der Kettenregel für $f\,(z\,(t)) = \zeta\,(t)$

$$\frac{d\,\zeta\,(t)}{dt} = f'\,(z) \cdot \frac{d\,z\,(t)}{dt} = f'\,(z) \cdot \frac{d\,s\,(t)}{dt}\,e^{i\alpha};$$

Es ist also

$$\frac{d\,\sigma\,(t)}{dt}\,e^{i\beta} = f'\,(z)\,\frac{d\,s\,(t)}{dt}\,e^{i\alpha},$$

woraus die beiden Gleichungen folgen:

$$\frac{d\,\sigma\,(t)}{dt} = \left|\,f'\,(z)\,\right|\,\frac{d\,s\,(t)}{dt}$$

$$\beta = \alpha + \arg f'\,(z),\ \text{sofern}\ f'\,(z) \neq 0.$$

Bei der Abbildung $z \longrightarrow \zeta$ multipliziert sich in jedem Punkt das Bogenelement einer durch diesen Punkt gehenden Kurve mit einer nur vom Punkt abhängigen Zahl $d\,\sigma = \left|\,f'\,(z)\,\right| \cdot d\,s$; wir nennen $\left|\,f'\,(z)\,\right|$ auch das *Streckungsverhältnis* der Abbildung.

Ebenso ist die Differenz der Winkel $\beta - \alpha$ nur vom betrachteten Punkt abhängig, d. i. der Winkel, um den die Kurve bei der Abbildung gegenüber der reellen Achse gedreht wird.

Betrachtet man zwei Kurven C_1 und C_2, deren Tangenten in einen gemeinsamen Punkt z mit der reellen Achse die Winkel α_1 und α_2

einschließen und sind die entsprechenden Winkel auf der ζ-Ebene β_1 und β_2, so ist

$$\beta_1 - \alpha_1 = \arg f'(z) = \beta_2 - \alpha_2 \text{ oder}$$

$$\alpha_1 - \alpha_2 = \beta_1 - \beta_2,$$

d. h. *die Winkel, die zwei Kurven auf G miteinander einschließen, bleiben bei der Abbildung $\zeta = f(z)$, und zwar auch dem Vorzeichen nach erhalten, sofern nur $f'(z) \neq 0$.*[1]

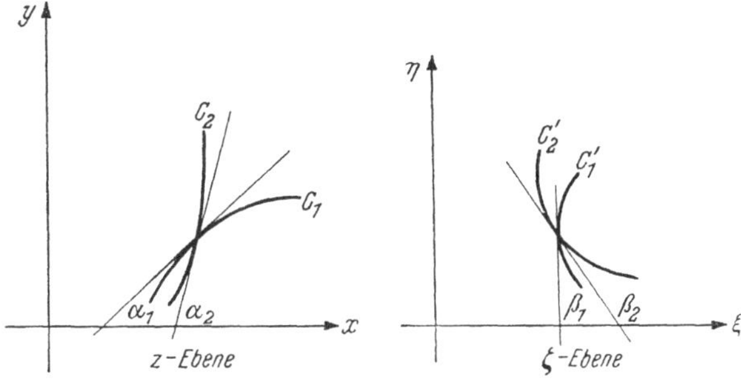

Abb. 6.

Man nennt darum eine solche schlichte Abbildung durch eine reguläre Funktion auch *winkeltreu oder konform oder auch in den kleinsten Teilen ähnlich:* mit den Ähnlichkeitstransformationen der analytischen Geometrie haben diese Abbildungen gemeinsam, daß die Winkel erhalten bleiben und die Strecken mit einer — hier von Ort zu Ort variablen — Verhältniszahl multipliziert werden.

Wir zeigen nun auch umgekehrt: Ist eine Abbildung $\xi = \xi(x, y)$, $\eta = \eta(x, y)$ eines Gebietes G der xy-Ebene auf ein Gebiet Γ der $\xi\eta$-Ebene mit stetig differenzierbaren $\xi(x, y)$ und $\eta(x, y)$ und $\xi_x \eta_y - \xi_y \eta_x \neq 0$ schlicht und so beschaffen, daß die Winkel zweier Kurven in G bei der Abbildung erhalten bleiben, so ist $\xi + i\eta$ eine analytische Funktion von $x + iy$.

Seien $x = a + \cos\alpha_i \cdot s_i = x_i(s_i)$, $y = b + \sin\alpha_i \cdot s_i = y_i(s_i)$ für $i = 1, 2$ zwei Gerade durch den Punkt (a, b) in G mit den Winkeln α_i gegen die x-Achse; dann sind

---

[1] Es wird sich später zeigen, daß bei schlichten Abbildungen diese Voraussetzung von selbst erfüllt ist.

$$\xi = \xi \ (a + \cos \alpha_i \ s_i, \ b + \sin \alpha_i \ s_i) = \xi_i \ (s_i)$$

$$\eta = \eta \ (a + \cos \alpha_i \ s_i, \ b + \sin \alpha_i \ s_i) = \eta_i \ (s_i)$$

die Bildkurven der Geraden in Γ; $\sigma_i \ (s_i)$ seien deren Bogenlängen. Es ist

$$\left(\frac{d \sigma_i}{d s_i}\right)^2 = \left(\frac{d \xi_i}{d s_i}\right)^2 + \left(\frac{d \eta_i}{d s_i}\right)^2 = [\xi_x x_i' + \xi_y y_i']^2 + [\eta_x x_i' + \eta_y y_i']^2 \neq 0,$$

weil ja $\xi_x \eta_y - \xi_y \eta_x \neq 0$ und daher nicht beide Klammern verschwinden können. Dann ist für den Winkel zwischen den beiden Kurven in Γ:

$$\sin (\beta_2 - \beta_1) = \left(\frac{d \xi_1}{d s_1} \frac{d \eta_2}{d s_2} - \frac{d \xi_2}{d s_2} \frac{d \eta_1}{d s_1}\right) \frac{d s_1}{d \sigma_1} \frac{d s_2}{d \sigma_2} =$$

$$= (\xi_x \eta_y - \xi_y \eta_x) (\cos \alpha_1 \sin \alpha_2 - \sin \alpha_1 \cos \alpha_2) \cdot \frac{d s_1}{d \sigma_1} \frac{d s_2}{d \sigma_2}$$

Soll diese Größe $= \sin (\alpha_2 - \alpha_1)$ sein, so muß, zunächst für $\sin (\alpha_2 - \alpha_1) \neq 0$, wie aber sofort aus Stetigkeitsgründen ersichtlich, auch für alle α_1, α_2 gelten:

$$\xi_x \eta_y - \xi_y \eta_x = \frac{d \sigma_1}{d s_1} \cdot \frac{d \sigma_2}{d s_2}.$$

Daraus folgt sofort, daß das Verhältnis der Bogenelemente $\dfrac{d \sigma}{d s}$ von der betrachteten Kurve unabhängig und nur vom Punkt (a, b) abhängig ist; es gilt also für jede Kurve $x = x \ (s)$, $y = y \ (s)$ in G und die Bildkurve $\xi = \xi \ (s)$, $\eta = \eta \ (s)$ in Γ mit der Bogenlänge $\sigma \ (s)$

$$\left(\frac{d \sigma}{d s}\right)^2 = \xi_x \eta_y - \xi_y \eta_x$$

Nun ist

$$\left(\frac{d \xi}{d s}\right)^2 + \left(\frac{d \eta}{d s}\right)^2 = \xi_x \eta_y - \xi_y \eta_x = [\xi_x x' + \xi_y y']^2 + [\eta_x x' + \eta_y y']^2$$

$$= x'^2 (\xi_x^2 + \eta_x^2) + 2 x' y' (\xi_x \xi_y + \eta_x \eta_y) + y'^2 (\xi_y^2 + \eta_y^2).$$

Für eine Kurve mit $x' = 1$, $y' = 0$ folgt daraus $\xi_x^2 + \eta_x^2 = \xi_x \eta_y - \xi_y \eta_x$.

Für eine Kurve mit $x' = 0$, $y' = 1$ folgt daraus $\xi_y^2 + \eta_y^2 = \xi_x \eta_y - \xi_y \eta_x$.

Durch Summation folgt: $(\xi_x - \eta_y)^2 + (\xi_y + \eta_x)^2 = 0$, d. h. es gelten die *Cauchy-Riemann*schen Gleichungen.

Setzen wir endlich von einer Abbildung $\xi = \xi \ (x, y)$, $\eta = \eta \ (x, y)$ voraus, daß sie *streckentreu* ist, d. h. also bei der Abbildung einer Kurve das Bogenelement sich mit einer nur von dem betreffenden Punkt abhängigen Zahl multipliziert, etwa in der bisherigen Bezeichnungsweise $\left(\dfrac{d\sigma}{ds}\right)^2 = M(x, y) \neq 0$, so folgt daraus (die Bogenlänge s als Parameter gewählt, also $x'^2 + y'^2 = 1$)

$$(\xi_x\, x' + \xi_y\, y')^2 + (\eta_x\, x' + \eta_y\, y')^2 = M\,(x'^2 + y'^2)$$

woraus sofort die drei Gleichungen fließen:

$$\xi_x^2 + \eta_x^2 = M, \qquad \xi_y^2 + \eta_y^2 = M, \qquad \xi_x\,\xi_y + \eta_x\,\eta_y = 0.$$

Soll $M \neq 0$ sein, so sind ξ_y und η_y nicht beide $= 0$, wir können nach der dritten Gleichung setzen:

$$\xi_x : \eta_y = -\,\eta_x : \xi_y = \varrho;$$

daraus folgt $\xi_x^2 + \eta_x^2 = \varrho^2\,(\eta_y^2 + \xi_y^2)$ und $\varrho^2 = 1$.

Es ist also entweder $\varrho = 1$ und $\xi_x = \eta_y$, $\xi_y = -\,\eta_x$, oder $\varrho = -\,1$ und $\xi_x = -\,\eta_y$, $\xi_y = \eta_x$. Beide Fälle können innerhalb eines Gebietes G nicht vorkommen: da die partiellen Ableitungen stetig sein sollen, und M überall $\neq 0$, muß ja auch ϱ stetig sein, kann also nur einen der Werte $+1$ oder -1 in G annehmen. Es ist also entweder stets $\varrho = 1$ und $\xi + i\,\eta$ eine in G reguläre Funktion, oder es ist stets $\varrho = -\,1$ und $\xi - i\,\eta$ in G regulär. Diese beiden Fälle gehen durch Umklappen um die ξ-Achse auseinander hervor. Im ersten Fall bleiben bei der Abbildung $G \longrightarrow \varGamma$ die Winkel erhalten, beim zweiten Fall ändern sie nur das Vorzeichen.

§ 4. Die linearen Funktionen.

Die Funktionen $\zeta = a\,z + b$ heißen *ganze lineare* Funktionen; sie sind auf der ganzen Ebene regulär. Wir nehmen $a \neq 0$, um für das Folgende die überall konstanten Funktionen auszuschließen. Zur Veranschaulichung zieht man entweder zwei Ebenen, eine z- und eine ζ-Ebene heran oder man betrachtet auf einer Ebene Punktepaare (z, ζ), die durch die Transformation $\zeta = a\,z + b$ auseinander hervorgehen.

Ist $a = 1$, also $\zeta = z + b$, so haben wir eine *Parallelverschiebung*. Ist $b = 0$, $a = e^{i\varphi}$, also $\zeta = z\,e^{i\varphi}$, so haben wir eine *Drehung* um den Winkel φ. Ist $b = 0$, a reell > 0, also $\zeta = a\,z$, so haben wir eine *Streckung*, und zwar im Verhältnis a. Aus diesen drei Typen lassen sich alle ganzen linearen Transformationen zusammensetzen: $\zeta = |\,a\,|\,.\,e^{i\varphi}\,.\,z + b$.

Wir betrachten weiter die Funktion $\zeta = \dfrac{1}{z}$; sie ist überall für $z \neq 0$

regulär. Setzen wir $z = r\, e^{i\varphi}$, so ist $\zeta = \dfrac{1}{r}\, e^{-i\varphi}$. Die Konstruktion von

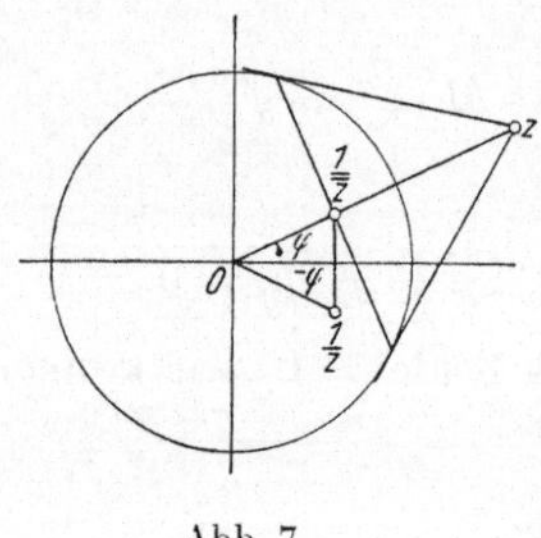

ζ aus z ergibt sich mit Hilfe des Einheitskreises $|z| = 1$ durch das Ziehen einer Tangente (Abb. 7). (Bei der Transformation durch reziproke Radien — Inversion am Einheitskreis — sucht man zu z den Punkt $\dfrac{1}{\overline{z}} = \dfrac{1}{r}\, e^{i\varphi}$; dies ist keine analytische Funktion, da hier die Winkel umgelegt werden.)

Abb. 7.

Bisher war $z = 0$ ausgeschaltet; lassen wir $z \to 0$ rücken, so strebt

$|\zeta| = \dfrac{1}{r} \to + \infty$. Soll die Abbildungsfunktion auch auf den Punkt

$z = 0$ erweitert werden, so wird man, wie allen andern endlichen Punkten auch $z = 0$ genau einen Punkt zuweisen wollen; es liegt daher nahe, wenn man das Unendlichferne in den Bereich der zu betrachtenden Elemente einbezieht, *das Unendliche als einen Punkt aufzufassen*, mit der Bezeichnung ∞. Dann entspricht $z = 0$ der Punkt $\zeta = \infty$ und um

gekehrt $z = \infty$ der Punkt $\zeta = 0$. Damit ist $\dfrac{1}{z}$ überall, auch für $z = 0$

und $z = \infty$ erklärt.

Die um den Punkt ∞ vermehrte und dadurch in gewissen Sinn abgeschlossene *Gauß*sche Ebene E nennt man die *volle funktionentheoretische Ebene* $\overline{E}$. Mit ∞ können wir weitgehend wie mit gewöhnlichen Zahlen rechnen; der Anfänger tut gut, beim Auftreten des Zeichens ∞ sich dieses durch eine Folge von Zahlen z_n mit $|z_n| \to + \infty$ ersetzt zu denken und die betreffenden Grenzübergänge auszuführen.

Alle für $z = \infty$ zu formulierenden Begriffe und Sätze werden er

halten, indem man $\zeta = \dfrac{1}{z}$ setzt und den entsprechenden Begriff für

$\zeta = 0$ formuliert: eine Funktion $f(z)$ heißt stetig für $z = \infty$, wenn

$f\!\left(\dfrac{1}{\zeta}\right)$ für $\zeta = 0$ stetig ist. Eine Funktion $f(z)$ heißt für $|z| > R$ regulär,

wenn $f\!\left(\dfrac{1}{\zeta}\right)$ für $|\zeta| < \dfrac{1}{R}$ regulär ist. Das Äußere einer — übrigens beliebigen — Kreises vertritt eine Kreisscheibe um den Punkt ∞. Es ist aber nicht üblich, von Differenzierbarkeit im Punkt ∞ zu sprechen. Eine Zahlenfolge (z_n) strebe gegen ∞, in Zeichen $z_n \longrightarrow \infty$ oder $\lim z_n = \infty$, wenn $\dfrac{1}{z_n} \longrightarrow 0$ strebt.

Wir betrachten nun allgemein *linear gebrochene* Funktionen $\zeta = \dfrac{a\,z+b}{c\,z+d}$. Wir setzen stets $a\,d - b\,c \neq 0$ voraus; sonst wäre $a:c = b:d$ und ζ konstant. ζ ist für $c \neq 0$ überall regulär (auch für $z = \infty$!) außer für $z = -\dfrac{d}{c}$; diesem Punkt entspricht $\zeta = \infty$ und dem Punkt $z = \infty$ der Punkt $\zeta = \dfrac{a}{c}$. Damit führt die Transformation $z \longrightarrow \zeta$ die volle funktionentheoretische Ebene in sich über. Denn es entspricht auch jedem ζ ein und nur ein z-Wert $z = \dfrac{d\,\zeta-b}{-c\zeta+a}$, wie man sofort nachrechnet.

Die zu einer linearen Funktion inverse Funktion ist also wieder eine lineare Funktion. Ferner liefert die Zusammensetzung zweier linearer Funktionen $\zeta = \dfrac{a\,z + b}{c\,z + d}$ und $\zeta_1 = \dfrac{a_1\,\zeta + b_1}{c_1\,\zeta + d_1}$ wieder eine lineare Funktion ζ_1 von z; es bilden also die linear gebrochenen Funktionen eine *Gruppe*, von der die ganzen linearen Funktionen eine *Untergruppe* darstellen.

Man kann eine lineare Funktion so bestimmen, daß drei verschiedene gegebene Zahlen a_1, a_2, a_3 in drei verschiedene gegebene Zahlen b_1, b_2, b_3 übergehen. Die gesuchte Transformation hat die Gestalt:

$$\frac{z - a_1}{z - a_3} : \frac{a_2 - a_1}{a_2 - a_3} = \frac{\zeta - b_1}{\zeta - b_3} : \frac{b_2 - b_1}{b_2 - b_3} = w.$$

Erstens ist dadurch ζ als lineare Funktion von z gegeben: w ist lineare Funktion von z, w ist lineare Funktion von ζ, also auch ζ eine solche von w, also ist ζ lineare Funktion von z. Zweitens entsprechen sich $z = a_1$, $w = 0$, $\zeta = b_1$, weiter $z = a_2$, $w = 1$, $\zeta = b_2$, schließlich $z = a_3$, $w = \infty$, $\zeta = b_3$. Also ist dies wirklich die gesuchte Transformation. Es gibt aber auch nur eine solche lineare Funktion ζ von z: gäbe es zwei lineare Transformationen, die die Punkte a_1, a_2, a_3 in die Punkte b_1, b_2, b_3 überführen, so würde die eine Transformation mit der inversen zweiten zusammengesetzt eine lineare Transformation ergeben, die die

Punkte a_1, a_2, a_3 wieder in die Punkte a_1, a_2, a_3 überführte, also diese Punkte festläßt. Eine lineare nichtidentische Transformation $\zeta = \dfrac{a\,z+b}{c\,z+d}$ kann aber höchstens zwei Punkte festlassen: aus $z = \zeta$ folgt für $c \neq 0$ ja $c\,z^2 + (d - a)\,z - b = 0$, für $c = 0$ aber $z = \infty$ und für $a \neq d$ noch $z = \dfrac{b}{d - a}$. Läßt also eine lineare Transformation drei Punkte fest, so ist sie die identische. Daher gibt es nur eine lineare Transformation, die drei gegebene Punkte a_1, a_2, a_3 in drei gegebene Punkte b_1, b_2, b_3 überführt.

Durch unsere letzte Darstellung der linearen Transformationen kommen wir zum Begriff des *Doppelverhältnisses*. Seien a_1, a_2, a_3, a_4 vier verschiedene Punkte der *Gauß*schen Ebene, so bezeichnet man

$$\frac{a_4 - a_1}{a_4 - a_3} : \frac{a_2 - a_1}{a_2 - a_3} = (a_1, a_2, a_3, a_4)$$

als das *Doppelverhältnis* (DV) dieser vier Punkte.

Das DV von vier Punkten bleibt bei einer linearen Transformation ungeändert. Sei $\zeta = \dfrac{a\,z + b}{c\,z + d}$ eine lineare Transformation; sie führe die vier Punkte $z = a_1, a_2, a_3, a_4$ in die Punkte $\zeta = b_1, b_2, b_3, b_4$ über. Nun können wir aber diese lineare Transformation auch so anschreiben (weil die Punkte a_1, a_2, a_3 in die Punkte b_1, b_2, b_3 übergehen):

$$\frac{z - a_1}{z - a_3} : \frac{a_2 - a_1}{a_2 - a_3} = \frac{\zeta - b_1}{\zeta - b_3} : \frac{b_2 - b_1}{b_2 - b_3}$$

Setzt man hierin $z = a_4$, so muß $\zeta = b_4$ sein und es ist $(a_1\,a_2\,a_3\,a_4) = (b_1\,b_2\,b_3\,b_4)$.

Das DV von vier verschiedenen Punkten ist dann und nur dann reell, wenn diese vier Punkte auf einem Kreis oder einer Geraden liegen.

Betrachten wir zunächst den Fall, daß a_1, a_2, a_3 auf einer Geraden liegen, so sind die Argumente von $a_2 - a_1$ und $a_2 - a_3$ nur um Vielfache von π verschieden und $\dfrac{a_2 - a_1}{a_2 - a_3}$ reell; es ist also $\dfrac{a_4 - a_1}{a_4 - a_3} = c$ genau dann reell, wenn (a_1, a_2, a_3, a_4) reell ist; genau für reelle c liegt aber $a_4 = \dfrac{a_1 - c\,a_3}{1 - c}$ auf der durch a_1, a_3 bestimmten Gerade. (Man denke den Fall durch, daß einer der Punkte $= \infty$ ist!)

Liegen a_1, a_2, a_3 nicht auf einer Gerade, so beachten wir, daß

$$\arg \frac{a_2 - a_1}{a_2 - a_3} = \arg\,(a_2 - a_1) - \arg\,(a_2 - a_3)$$ der Winkel ist, unter dem die Strecke a_1, a_3 von a_2 aus erscheint. Die Gleichung des Kreises durch a_1, a_2, a_3 ist gegeben durch

$$\arg \frac{z - a_1}{z - a_3} - \arg \frac{a_2 - a_1}{a_2 - a_3} = 0 \text{ oder } \pi \text{ (bis auf Vielfache von } 2\,\pi)$$

wo der Wert 0 für das Kreisbogenstück zwischen a_1 und a_3 gilt, auf dem a_2 liegt, und der Wert π für das andere durch a_1 und a_3 bestimmte Kreisstück. Nur für die Punkte dieses Kreises ist also (a_1, a_2, a_3, a_4) reell.   (Abb. 8.)

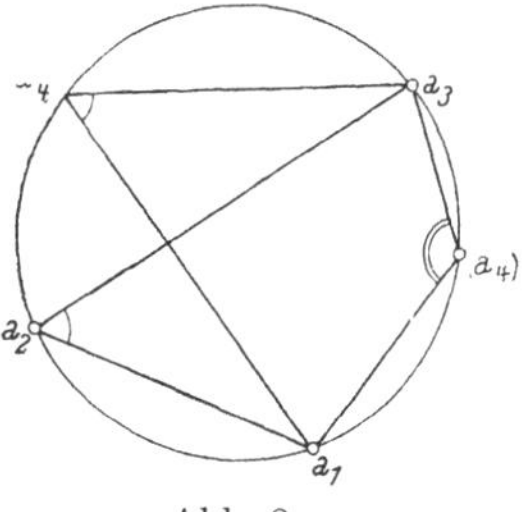

Abb. 8.

Es verhält sich also hier wie in allen diesen Sätzen die Gerade so wie ein Kreis durch den Punkt ∞.

Bei einer linearen Transformation gehen Kreise und Gerade wieder in Kreise oder Gerade über: das System aller Kreise und Geraden geht bei einer linearen Transformation in sich über.

Sei K ein Kreis oder eine Gerade, a_1, a_2, a_3 drei verschiedene Punkte aus K. Dann ist (a_1, a_2, a_3, a_4) genau dann reell, wenn a_4 zu K gehört. Bei einer linearen Transformation gehe K in K', a_1, a_2, a_3 in b_1, b_2, b_3 über; dann ist $(b_1, b_2, b_3, b_4) = (a_1, a_2, a_3, a_4)$ genau dann reell, wenn der transformierte Punkt b_4 zu K' gehört; d. h. aber, K' ist entweder Kreis oder Gerade.

Bei einer linearen Transformation geht also auch das Innere eines Kreises wieder in das Innere oder Äußere eines Kreises oder in eine Halbebene über; alle diese Gebiete sind vom Standpunkt der linearen Transformationen aus aequivalent. Lineare Abbildungen, bei denen ein gegebener Kreis in einen gegebenen Kreis übergeht, können wir ohneweiters dadurch erzeugen, daß wir drei Punkte des ersten Kreises in drei Punkte des zweiten Kreises übergehen lassen. So sind alle Abbildungen, durch die die reelle Achse wieder in die reelle Achse übergeht,

durch $\zeta = \dfrac{a\,z + b}{c\,z + d}$ mit reellen a, b, c, d darstellbar; umgekehrt führt jede solche Transformation die reelle Achse in sich über. Setzt man hier $z = i$, so wird

$$\zeta = \frac{a\,i + b}{c\,i + d} = \frac{a\,c + b\,d + i\,(a\,d - b\,c)}{c^2 + d^2,}$$

also geht bei dieser Transformation die obere Halbebene in die obere oder in die untere Halbebene über, je nachdem $a\,d - b\,c > 0$ oder < 0 ist.

Zwei Punkte, die in Bezug auf einen Kreis K invers (in Bezug auf eine Gerade K spiegelbildlich) liegen, gehen durch eine lineare Transformation in zwei Punkte über, die in Bezug auf den Bildkreis K' invers, bzw. wenn das Bild von K eine Gerade K' ist, in Bezug auf die Gerade K' spiegelbildlich liegen.

Denn zwei solche Punkte p_1 und p_2 sind ja dadurch charakterisiert, daß alle Kreise durch p_1 und p_2 K orthogonal schneiden. Wegen der Winkeltreue der Abbildung und weil Kreise wieder in Kreise (Gerade)

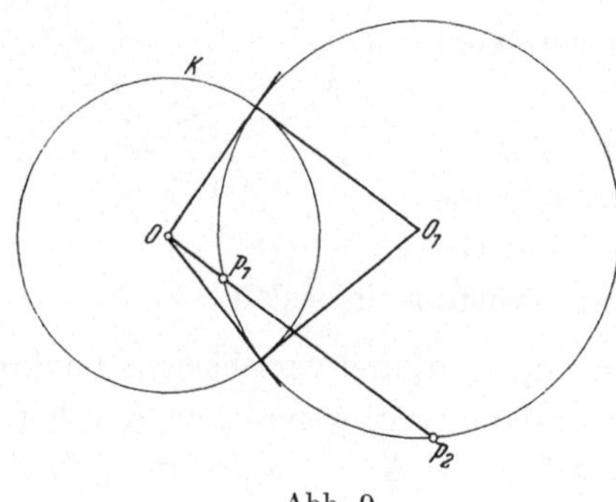

Abb. 9.

übergehen, sind alle transformierten Orthogonalkreise zu K wieder Orthogonalkreise zu K' und die Bilder der Punkte p_1 und p_2 sind invers (spiegelbildlich) zu K'.

Das in diesem Satz zum Ausdruck kommende Prinzip wird als *Spiegelungsprinzip* bezeichnet. Seine über den Rahmen der linearen Funktionen hinausgehende Bedeutung wird uns noch später beschäftigen. Wir geben jetzt einige Anwendungen:

Soll die reelle z-Achse auf den Einheitskreis $|\zeta| = 1$ abgebildet werden, so muß ein nichtreeller Punkt c in den Nullpunkt übergehen. Der spiegelbildlich zur reellen Achse liegende Punkt $\bar{c}$ geht dann in den inversen Punkt ∞ über. Die linearen Transformation hat also die Gestalt:

$$\zeta = k\,\frac{z - c}{z - \bar{c}};$$

da für reelle z aber $|z - c| = |z - \bar{c}|$ ist und $|\zeta| = 1$ werden soll, muß $|k| = 1$ also

$$\zeta = e^{i\alpha}\,\frac{z - c}{z - \bar{c}}$$

sein. Alle diese Transformationen mit reellem α und nichtreellem c liefern wirklich eine *Abbildung der reellen Achse auf den Einheitskreis*. Diejenige der Halbebenen $\Im(z) > 0$ und $\Im(z) < 0$, in der c liegt, geht dabei in das Innere des Einheitskreises über.

Soll der Einheitskreis $|z| = 1$ in sich übergehen, so muß ein Punkt c mit $|c| \neq 1$ in den Nullpunkt übergehen, der inverse Punkt, also $\dfrac{1}{\bar{c}}$ in den Punkt ∞; das leistet die Transformation $\zeta = k\, \dfrac{z-c}{\bar{c}\,z-1}$; dem Punkt $z = 1$, für den $|1-c| = |\bar{c}-1|$ ist, muß ein Punkt $|\zeta| = 1$ entsprechen. Also ist $|k| = 1$ und

$$\zeta = e^{i\alpha}\, \frac{z-c}{\bar{c}\,z-1}$$

anzusetzen. Man sieht, daß jede solche Transformation mit reellem α und $|c| \neq 1$ *den Einheitskreis in sich überführt;* das Innere geht ins Innere des Einheitskreises über, wenn $|c| < 1$.

Wir wollen nunmehr die linearen Transformationen nach ihren *Fixpunkten* untersuchen, also den Punkten, welche bei der Transformation festbleiben. Die ganzen linearen Transformationen $\zeta = a\,z + b$ haben für $a \neq 1$ zwei Fixpunkte, nämlich ∞ und $\dfrac{b}{1-a}$, für $a = 1$ (Parallelverschiebung) nur den Fixpunkt ∞.

Für die linearen Transformationen $\zeta = \dfrac{a\,z+b}{c\,z+d}$ mit $c \neq 0$ sind die Fixpunkte gegeben durch $c\,z^2 + z\,(d-a) - b = 0$, also

$$z = \frac{a-d+\sqrt{(a-d)^2+4\,b\,c}}{2\,c}.$$

Je nachdem $(a-d)^2 + 4\,b\,c \neq 0$ oder $= 0$ ist, haben wir zwei oder einen Fixpunkt; der Punkt ∞ ist für $c \neq 0$ sicher nicht Fixpunkt.

Wenn *zwei Fixpunkte*, A und B mit $A \neq B$ existieren, können wir die Transformation so anschreiben:

$$\frac{\zeta-A}{\zeta-B} = k\, \frac{z-A}{z-B} \quad (k \neq 0).$$

Zur näheren Untersuchung setzen wir, indem wir z und ζ in derselben Weise linear transformieren

$$z_1 = \frac{z - A}{z - B}, \quad \zeta_1 = \frac{\zeta - A}{\zeta - B}$$

und untersuchen die Abbildung $\zeta_1 = k\, z_1$ mit den zwei Fixpunkten 0 und ∞. Das Büschel der Geraden durch den Nullpunkt geht in sich über; das Büschel der Kreise um den Nullpunkt als Mittelpunkt, deren jede alle Geraden des ersten Büschels orthogonal schneidet, geht ebenfalls in sich über. Diesen beiden Büscheln entsprechen in z und ζ zwei

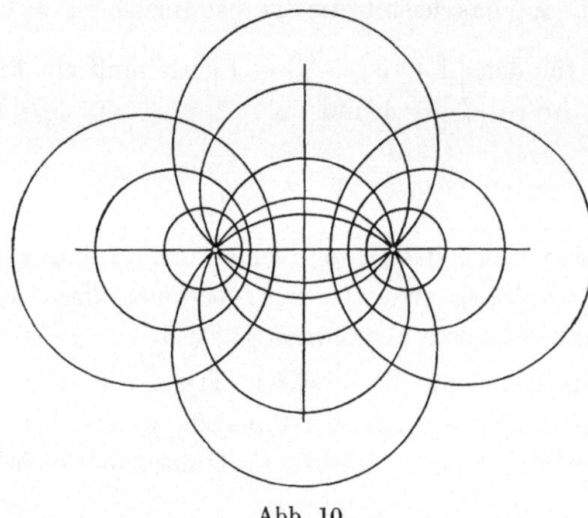

Abb. 10.

Büschel von Kreisen: ein Büschel von Kreisen durch A und B und das Büschel der dazu orthogonalen Kreise.   (Abb. 10.)

Ist k reell, so geht jede Gerade durch den Nullpunkt, bzw. jeder Kreis durch A und B einzeln in sich über (*hyperbolische* Abbildung). Ist $|k| = 1$, so geht jeder Kreis um den Nullpunkt, bzw. jeder Kreis des zweiten Büschels einzeln in sich über (*elliptische* Abbildung). Im allgemeinen Fall geht keiner der Kreise der beiden Büschel in sich über (*loxodromische* Abbildung).

Die Transformation habe nunmehr nur *einen Fixpunkt*. Eine Transformation mit dem endlichen Fixpunkt A können wir so anschreiben:

$$\frac{1}{\zeta - A} = \frac{p}{z - A} + q;$$

soll nur dieser eine Fixpunkt existieren, so muß $q \neq 0$ und $p = 1$ sein, wie man durch Nachrechnen sofort bestätigt. Wir haben also die Transformation

$$\frac{1}{\zeta - A} = \frac{1}{z - A} + q.$$

Setzen wir $\dfrac{1}{\zeta - A} = \zeta_1$, $\dfrac{1}{z - A} = z_1$, so kommen wir auf die Normalform

$$\zeta_1 = z_1 + q$$

mit dem einen Fixpunkt ∞.

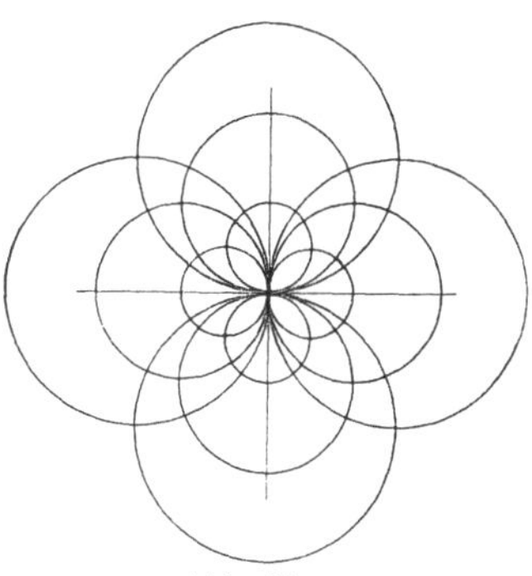

Abb. 11.

Wir haben dann ein Büschel von Geraden parallel zur Strecke von 0 bis q, welche bei der Transformation einzeln in sich übergehen und das Büschel der dazu senkrechten Geraden. Abb. 11 veranschaulicht die entsprechenden Büschel von Kreisen durch A, welche durch $\zeta - A = \dfrac{1}{\zeta_1}$ aus den Geradenbüscheln entstehen.

Wir zeigen schließlich die *stereographische Projektion der Gaußschen Zahlenebene auf eine Kugel*. Sei im R_3 mit den kartesischen Koordinaten ξ, η, ζ eine Kugel mit dem Nullpunkt als Mittelpunkt und mit dem Radius 1 gegeben:

$$\xi^2 + \eta^2 + \zeta^2 - 1 = 0.$$

In Anlehnung an die Bezeichnungen an der Erdkugel nennen wir den Punkt $(0, 0, 1)$ den Nordpol, der Punkt $(0, 0, -1)$ den Südpol, die Ebene $\zeta = 0$ die Aequatorebene und sprechen von Meridianen und Breitekreisen auf der Kugel.

Wir ziehen vom Nordpol eine Gerade durch den Punkt $(x, y, 0)$; deren Gleichung ist in Parameterform $\xi = x\,t$, $\eta = y\,t$, $\zeta = 1 - t$; die Schnittpunkte der Geraden mit der Kugel sind der Nordpol und der Punkt

$$\xi = \frac{2\,x}{x^2 + y^2 + 1}, \quad \eta = \frac{2\,y}{x^2 + y^2 + 1}, \quad \zeta = \frac{x^2 + y^2 - 1}{x^2 + y^2 + 1};$$

umgekehrt gehört zu jedem Punkt (ξ, η, ζ) unserer Kugel mit $\zeta \neq 1$ der Punkt der Ebene: $\zeta = 0$

$$x = \frac{\xi}{1 - \zeta} \quad y = \frac{\eta}{1 - \zeta}.$$

Dadurch werden die Punkte $(x, y, 0)$ der Aequatorebene den Punkten der Kugel $\xi^2 + \eta^2 + \zeta^2 - 1 = 0$ eineindeutig zugeordnet; der Aequator geht punktweise in sich über; die Geraden durch den Nullpunkt gehen in die Meridiankreise, die Kreise um den Nullpunkt als Mittelpunkt gehen in die Breitekreise über. Strebt endlich $x^2 + y^2 \longrightarrow + \infty$, so strebt $\zeta \longrightarrow + 1$, der Bildpunkt rückt gegen den Nordpol; lassen wir also dem Unendlichen der $x\,y$-Ebene den Nordpol entsprechen, so haben wir in der Kugelfläche ein *eineindeutiges Bild der vollen funktionentheoretischen Ebene*, das eben wegen der mangelnden Auszeichnung eines Punktes gegenüber der Ebene oft den Vorzug verdient.

Wir untersuchen diese Abbildung, die sogenannte stereographische Abbildung, noch näher. Die Kreise der Kugel werden durch Ebenen $a\,\xi + b\,\eta + c\,\zeta + d = 0$ ausgeschnitten; auf der $x\,y$-Ebene entspricht dem die Kurve

$$2\,a\,x + 2\,b\,y + c\,(x^2 + y^2 - 1) + d\,(x^2 + y^2 + 1) = 0,$$

d. i. ein Kreis für $c + d \neq 0$ und eine Gerade für $c + d = 0$; letzteres bedeutet, daß die Ebene durch den Nordpol geht. Umgekehrt bilden Kreise und Gerade auf der $x\,y$-Ebene sich wieder auf Kreise der Kugel ab, wie man aus der Gleichung sofort abliest.

Die stereographische Abbildung ist *streckentreu*, d. h. das Bogendifferential auf der Ebene und auf der Kugel sind bis auf einen nur vom Punkt abhängigen Faktor gleich. Dies folgt sofort aus

$$d\,x = \frac{(1-\zeta)\,d\,\xi + \xi\,d\,\zeta}{(1-\zeta)^2}, \quad d\,y = \frac{(1-\zeta)\,d\,\eta + \eta\,d\,\zeta}{(1-\zeta)^2};$$

es ergibt sich

$$d\,x^2 + d\,y^2 = \frac{d\,\xi^2 + d\,\eta^2 + d\,\zeta^2}{(1-\zeta)^2}$$

Aus der Streckentreue folgt aber auch bis auf das — leicht direkt festzustellende — Vorzeichen die *Winkeltreue* der stereographischen Abbildung.

Übungsbeispiele.

✓ 1. Man prüfe, und zwar ohne Anwendung der *Cauchy-Riemann*schen Differentialgleichungen, an welchen Stellen die folgenden Funktionen differenzierbar sind:

     a) $|z|$ b) $|z|^2$ c) $(1 - |z|)^2$ d) $e^x + i\,e^y$.

2. Man zeige: ist $f(z) = u + iv$ in G regulär und ist dort $au + bv = c$ (a, b, c Konstante, nicht alle $= 0$), so ist $f(z)$ in G konstant.

3. Man untersuche die Abbildung $\zeta = z^2$ des Quadranten $x > 0$, $y > 0$ und bestimme die Kurven $\Re(z^2) = $ konstant, $\Im(z^2) = $ konstant.

4. Das Gebiet G der z-Ebene werde durch $\zeta = f(z)$ schlicht auf ein beschränktes Gebiet Γ abgebildet; der Flächeninhalt von Γ ist dann das über G erstreckte Flächenintegral von $|f'(z)|^2$.

5. Man prüfe die Stetigkeit von $\dfrac{a_0 + a_1 z + \ldots + a_n z^n}{b_0 + b_1 z + \ldots + b_m z^m}$ ($a_n \neq 0$, $b_m \neq 0$) für $z = \infty$.

6. Es strebe z längs des Halbstrahls $\arg z = c$ gegen ∞; für welche Werte von c ist $\lim e^z$ vorhanden?

7. Man bestimme die lineare Funktion, welche $z = 0, 1, \infty$ überführt in $\zeta = 1, \infty, 0$.

8. Man bestimme alle linearen Transformationen, die mit ihrer inversen Transformation übereinstimmen *(Involutionen)* und zeige, daß diese stets zwei Fixpunkte haben.

9. Man bestimme diejenigen linearen Transformationen, welche den Einheitskreis in sich überführen und einen gegebenen Punkt α ($|\alpha| \neq 1$) festlassen.

10. Man bestimme diejenigen linearen Transformationen, welche den Einheitskreis in sich überführen und den gegebenen Punkt α in den gegebenen Punkt β überführen. ($|\alpha|, |\beta| \neq 1$).

11. Welchen Punkten der Ebene entsprechen bei der stereographischen Abbildung zwei diametral liegende Kugelpunkte (ξ, η, ζ) und $(-\xi, -\eta, -\zeta)$?.

12. Welchen Punkten der Zahlenkugel entsprechen die Punkte z und $\dfrac{1}{z}$?

III. Potenzreihen.

§ 1. Der Konvergenzkreis.

Unter einer *Potenzreihe* versteht man eine Reihe der Form

$$a_0 + a_1 z + a_2 z^2 + \ldots = \sum_{n=0}^{\infty} a_n z^n$$

oder allgemeiner

$$a_0 + a_1 (z-c) + a_2 (z-c)^2 + \ldots = \sum_{n=0}^{\infty} a_n (z-c)^n,$$

wo die a_n die *Koeffizienten* der Potenzreihe sind und c ihr *Mittelpunkt* heißt.

Wir untersuchen das Konvergenzverhalten der Potenzreihen: für welche Werte von z ist eine Potenzreihe konvergent? Wir können uns dabei ersichtlich auf Potenzreihen der Form $\sum_{n=0}^{\infty} a_n z^n$ beschränken. Es gilt der folgende Konvergenzsatz für Potenzreihen:

Wenn die Potenzreihe $\sum_{n=0}^{\infty} a_n z^n$ für $z = z_0$ konvergiert, so konvergiert sie auch für alle z mit $|z| < |z_0|$ und zwar absolut.

Konvergiert nämlich $\sum_{n=0}^{\infty} a_n z_0^n$, so ist $a_n z_0^n \longrightarrow 0$ für $n \longrightarrow \infty$; insbesonders sind also die Glieder der Folge beschränkt, etwa $|a_n z_0^n| < M$; dann ist aber für ein z mit $|z| < |z_0|$

$$\left| a_n z^n \right| = \left| a_n z_0^n \right| \, \left| \frac{z}{z_0} \right|^n < M \left| \frac{z}{z_0} \right|^n;$$

wegen $\left| \dfrac{z}{z_0} \right| < 1$ konvergiert $\sum_{n=0}^{\infty} M \left| \dfrac{z}{z_0} \right|^n$, also auch $\sum_{n=0}^{\infty} a_n z^n$ und zwar absolut.

Ist also z_0 eine Stelle der Konvergenz von $\sum_{n=0}^{\infty} a_n z^n$, so konvergiert die Reihe sicher im Kreisinnern $|z| < |z_0|$. Setzen wir für alle Konvergenzstellen z_0 der Reihe die obere Grenze

$$\sup |z_0| = R,$$

so haben wir für alle $|z| < R$ Konvergenz, für alle $|z| > R$ aber Divergenz der Reihe.

Den Kreis $|z| = R$ nennt man den *Konvergenzkreis*, R den *Konvergenzradius* der Potenzreihe; *im Innern des Konvergenzkreises ist die Reihe überall absolut konvergent, im Äußern überall divergent;* auf dem Kreis selbst ist über die Konvergenz damit nichts ausgesagt, es sind hier sehr verschiedene Fälle möglich. Wir geben einige Beispiele.

Die Reihe $1 + z + z^2 + \cdots = \sum\limits_{n=0}^{\infty} z^n$ konvergiert sicher für alle $|z| < 1$, da dann die geometrische Reihe $\sum\limits_{n=0}^{\infty} |z|^n$ konvergiert; sie divergiert für $|z| > 1$, weil dann $|z|^n \longrightarrow +\infty$ strebt.

Also ist $R = 1$. Auf dem Konvergenzkreis $|z| = 1$ selbst konvergiert die Reihe nirgends, da $|z^n| = 1$, also die Glieder der Reihe nicht $\to 0$ streben.

Die Reihe $z + \dfrac{z^2}{2} + \dfrac{z^3}{3} + \cdots = \sum\limits_{n=1}^{\infty} \dfrac{z^n}{n}$ ist für $z = 1$ divergent, da die harmonische Reihe $1 + \dfrac{1}{2} + \dfrac{1}{3} + \cdots$ divergiert; sie ist konvergent für $z = -1$, da $-1 + \dfrac{1}{2} - \dfrac{1}{3} + \cdots$ nach dem *Leibniz*schen Kriterium für alternierende Reihen konvergiert. Hieraus folgt $R = 1$: für $R > 1$ müßte die Reihe für $z = 1$ konvergieren, für $R < 1$ für $z = -1$ divergieren. Die Reihe gibt ein Beispiel dafür, daß auf dem Konvergenzkreis selbst sowohl Konvergenz- als Divergenzpunkte vorkommen können.

Die Reihe $z + \dfrac{z^2}{2^2} + \dfrac{z^3}{3^2} + \cdots = \sum\limits_{n=1}^{\infty} \dfrac{z^n}{n^2}$ ist für $z = 1$ konvergent, da $1 + \dfrac{1}{2^2} + \dfrac{1}{3^2} + \cdots$ konvergiert, für $|z| > 1$ aber divergent, da der Betrag des Quotienten zweier aufeinanderfolgender Glieder $\left| \dfrac{z\,n^2}{(n+1)^2} \right| = \dfrac{|z|}{(1 + \frac{1}{n})^2}$ bei festem $|z| > 1$ für hinreichend großes n stets > 1 ist, also die Beträge der Glieder der Reihe schließlich monoton wachsen. Es ist also $R = 1$; die Reihe konvergiert ferner für alle Punkte des Konvergenzkreises $|z| = 1$, da $\sum\limits_{n=1}^{\infty} \dfrac{1}{n^2}$ konvergiert.

Daß die Reihe $1 + z + \dfrac{z^2}{2!} + \cdots = \sum\limits_{n=0}^{\infty} \dfrac{z^n}{n!} = e^z$

für alle z konvergiert, wissen wir schon; wir haben hier $R = \infty$ zu setzen.

Schließlich konvergiert die Reihe $1^1 \cdot z + 2^2 \cdot z^2 + \ldots = \sum\limits_{n=1}^{\infty} n^n z^n$ nur für $z = 0$: denn für $z \neq 0$ ist $\left| n^n \cdot z^n \right| = \left| n z \right|^n \longrightarrow \infty$. Hier ist also $R = 0$.

Wie bestimmen nun R aus den Koeffizienten a_n der Potenzreihe $\sum\limits_{n=0}^{\infty} a_n z^n$. Sei z_0 ein Konvergenzpunkt unserer Reihe, so strebt $a_n z_0^n \longrightarrow 0$, es ist also von einem bestimmten Index an, etwa für $n > N$ stets $\left| a_n z_0^n \right| < 1$; daher ist auch $\left| z_0 \right| \sqrt[n]{|a_n|} < 1$ und es muß auch für den größten Häufungspunkt der linksstehenden Größen gelten

$$\left| z_0 \right| \, \overline{\lim} \, \sqrt[n]{|a_n|} \leqq 1.$$

Daraus folgt sofort, daß bei $\overline{\lim} \, \sqrt[n]{|a_n|} = +\infty$ für kein $z_0 \neq 0$ Konvergenz bestehen kann: in diesem Fall ist also $R = 0$. Wir nehmen fortan $\overline{\lim} \, \sqrt[n]{|a_n|}$ endlich an; die angeschriebene Ungleichung gilt nun für alle $|z_0| < R$; es ist daher auch

$$R \, \overline{\lim} \, \sqrt[n]{|a_n|} \leqq 1.$$

Wir zeigen, daß hier stets das Gleichheitszeichen steht, also

$$R = \frac{1}{\overline{\lim} \, \sqrt[n]{|a_n|}},$$

wobei wir für $\overline{\lim} \, \sqrt[n]{|a_n|} = 0$ verabreden, daß $\dfrac{1}{\overline{\lim} \, \sqrt[n]{|a_n|}} = +\infty$ gesetzt wird. Wäre nämlich $R < \dfrac{1}{\overline{\lim} \, \sqrt[n]{|a_n|}}$, so wählen wir ein z mit

$$R < |z| < \frac{1}{\overline{\lim} \, \sqrt[n]{|a_n|}};$$

wegen der Definition von R muß $\sum\limits_{n=0}^{\infty} a_n z^n$ divergieren; andererseits ist $|z| \cdot \overline{\lim} \, \sqrt[n]{|a_n|} = \overline{\lim} \, \sqrt[n]{|a_n z^n|} < 1$, also nach dem Wurzelkriterium $\sum\limits_{n=0}^{\infty} a_n z^n$ konvergent.

Der Konvergenzradius R hat den Wert

$$R = \frac{1}{\overline{\lim} \, \sqrt[n]{|a_n|}},$$

wo für $\overline{\lim}^n\sqrt{|a_n|} = 0$, *bzw.* $+\infty$ *der Wert* $R = \infty$, *bzw.* 0 *zu nehmen ist.*

Ohne hier weitere Beispiele zu geben, wollen wir hier die Erweiterung der trigonometrischen Funktionen im Komplexen anschließen. Diese erfolgt genau wie bei der Exponentialfunktion, indem wir in den reellen Reihenentwicklungen der sin- und cos-Funktion statt der reellen Variable x die komplexe Variable $z = x + i\,y$ eintragen:

$$\sin z = z - \frac{z^3}{3!} + \frac{z^5}{5!} - \cdots$$

$$\cos z = 1 - \frac{z^2}{2!} + \frac{z^4}{4!} - \cdots$$

Daß diese Reihen für alle z konvergieren, ergibt sich etwa aus der absoluten Konvergenz der Exponentialreihe, von der diese Reihen ja Teilreihen — bis aufs Vorzeichen — darstellen.

Wir geben zunächst den Zusammenhang mit der Exponentialfunktion; es ist, indem wir die Glieder mit geradem, bzw. ungeradem Index zusammenfassen (was wegen der absoluten Konvergenz erlaubt ist)

$$e^{iz} = 1 - \frac{z^2}{2!} + \frac{z^4}{4!} - \cdots + i\left(z - \frac{z^3}{3!} + \frac{z^5}{5!} - \cdots\right) = \cos z + i\,\sin z;$$

die analoge Formel für e^{-iz} angeschrieben, gibt die *Eulerschen Gleichungen*

$$\cos z = \frac{e^{iz} + e^{-iz}}{2}$$

$$\sin z = \frac{e^{iz} - e^{-iz}}{2i}$$

auch für komplexe z.

Es ist wieder $\cos^2 z + \sin^2 z = 1$, wie man den *Euler*schen Gleichungen sofort entnimmt.

Aus $e^{i\,(z_1+z_2)} = e^{i\,z_1} \cdot e^{i\,z_2}$ folgt ferner

$$\cos(z_1+z_2) + i\,\sin(z_1+z_2) = (\cos z_1 \cos z_2 - \sin z_1 \sin z_2) + i\,(\cos z_1 \sin z_2 + \sin z_1 \cos z_2);$$

setzen wir statt z_1 und z_2 wieder $-z_1$ und $-z_2$, so wird

$$\cos(z_1 + z_2) - i\,\sin(z_1 + z_2) = (\cos z_1 \cos z_2 - \sin z_1 \sin z_2) - i\,(\cos z_1 \sin z_2 + \sin z_1 \cos z_2);$$

Addition, bzw. Subtraktion liefert die Additionstheoreme für die sin- und cos-Funktion genau in der vom Reellen her bekannten Gestalt.

Auch die andern Eigenschaften, wie die Periodizität lassen sich leicht von hier aus gewinnen; wir geben noch die Aufspaltung in Real- und Imaginärteil für die cos-Funktion:

$$\cos z = \cos (x + i\,y) = \cos x \cos i\,y - \sin x \sin i\,y = \cos x \,.\, \cosh y - {} $$
$$ {} - i \sin x \sinh y $$

mit Hilfe der reellen Hyperbelfunktionen.

Wir besprechen noch die Umkehrungen der trigonometrischen Funktionen. Setzen wir $e^{iz} = u$, so folgt aus $\sin z = \dfrac{u - u^{-1}}{2\,i} = w$ die quadratische Gleichung $u^2 - 2\,i\,w\,u - 1 = 0$ und $u = i\,w + \sqrt{1 - w^2}$, also

$$z = \frac{1}{i} \log (i\,w + \sqrt{1 - w^2}).$$

Für jedes w ist $i\,w + \sqrt{1 - w^2} \neq 0$; also ist z als Funktion von w überall erklärt, hat aber wegen der Mehrdeutigkeit der Quadratwurzel und des Logarithmus unendlichviele Werte; mit z_0 sind auch $z_0 + 2\,\pi\,n$ Lösungen, aber auch $\pi - z_0 + 2\,\pi\,n$, wenn man den andern Wert der Quadratwurzel nimmt; denn es ist $(i\,w + \sqrt{1 - w^2})\,(i\,w - \sqrt{1 - w^2}) = {} = -1$, und der Logarithmus davon $= i\,\pi + 2\,\pi\,i\,n$.

Es ist dann für ein Gebiet, welches keinen der Punkte $w = \pm 1$ enthält und in dem $\log (i\,w + \sqrt{1 - w^2})$ eindeutig und stetig festgelegt werden kann, z eine reguläre Funktion von w. Setzen wir dann wie im Reellen die Umkehrfunktion von $w = \sin z$ wieder $z = \arcsin w$, so ist also

$$\arcsin w = \frac{1}{i} \log (i\,w + \sqrt{1 - w^2}).$$

Hieraus folgt in Anwendung der Kettenregel für $w \neq \pm 1$:

$$\frac{d \arcsin w}{d\,w} = \frac{1}{\sqrt{1 - w^2}}.$$

Schreiben wir noch die analogen Formeln für den Tangens an! Mit $u = e^{iz}$ ist $\operatorname{tg} z = \dfrac{1}{i} \dfrac{u - u^{-1}}{u + u^{-1}} = w$, also $u^2 = \dfrac{1 + i\,w}{1 - i\,w}$; für $w \neq i, -i$ ist dieser Bruch regulär und $\neq 0$, also für jedes Gebiet, in dem $\log \dfrac{1 + i\,w}{1 - i\,w}$ eindeutig festgelegt werden kann, die Umkehrfunktion regulär:

$$z = \operatorname{arctg} w = \frac{1}{2\,i}\,\log\,\frac{1 + i\,w}{1 - i\,w};$$

mit z_0 ist auch $z_0 + \pi\,n$ eine Lösung.

Als Ableitung ergibt sich

$$\frac{d \operatorname{arctg} w}{dw} = \frac{1}{2\,i}\left(\frac{i}{1 + i\,w} + \frac{i}{1 - i\,w}\right) = \frac{1}{1 + w^2}.$$

§ 2. Gleichmäßige Konvergenz und Differenzierbarkeit.

Wir formulieren zunächst den Begriff der gleichmäßigen Konvergenz allgemein für Funktionenreihen. Sei eine Folge von Funktionen $(g_n\,(z))$ auf einer Menge M der Ebene definiert; ihre Partialsummen seien $g_1\,(z) + g_2\,(z) + \ldots + g_n\,(z) = s_n\,(z)$. Dann heißt die Reihe $g_1\,(z) + {}$ $+\, g_2\,(z) + \ldots = \sum\limits_{n=1}^{\infty} g_n\,(z)$ auf M *gleichmäßig konvergent*, wenn für jedes $\varepsilon > 0$ eine feste, von z unabhängige Zahl $N\,(\varepsilon)$ existiert, so daß für alle z in M gilt

$$\big|\,s_{n+m}\,(z) - s_n\,(z)\,\big| < \varepsilon$$

für $n > N\,(\varepsilon)$ bei jedem m.

Die Reihe konvergiert also $\sum\limits_{n=1}^{\infty} g_n\,(z) = s\,(z) = \lim\limits_n s_n\,(z)$ und es ist $|\,s\,(z) - s_n\,(z)| \leqq \varepsilon$ für $n > N\,(\varepsilon)$; für alle Punkte von M reicht also eine feste Anzahl von Gliedern aus, um die Summe $s\,(z)$ bis auf Größen $\leqq \varepsilon$ zu approximieren.

Die Summe einer gleichmäßig konvergenten Reihe von stetigen Funktionen ist wieder eine stetige Funktion.

Seien die Funktionen $g_n\,(z)$ sämtlich in M stetig und die Reihe $\sum\limits_{n=1}^{\infty} g_n\,(z) = s\,(z)$ in M gleichmäßig konvergent. Sei z_0 ein Punkt von M und $\varepsilon > 0$ beliebig vorgegeben; sei $z_0 + h$ ein weiterer Punkt aus M, so ist nach der Dreiecksungleichung

$$|\,s\,(z_0+h) - s\,(z_0)\,| \leqq |\,s\,(z_0+h) - s_n\,(z_0+h)\,| + |\,s_n\,(z_0+h) - s_n\,(z_0)\,| + {}$$
$$+\, |\,s_n\,(z_0) - s\,(z_0)\,|.$$

Wegen der gleichmäßigen Konvergenz können wir n so groß wählen, daß für alle z aus M gilt $|\,s\,(z) - s_n\,(z)\,| < \dfrac{\varepsilon}{3}$; mit diesem festen n

können wir, da ja $s_n(z)$ stetig ist, ein $\delta(\varepsilon)$ so bestimmen, daß für alle $|h| < \delta(\varepsilon)$ gilt $|s_n(z_0 + h) - s_n(z_0)| < \dfrac{\varepsilon}{3}$. Also ist auch

$$s(z_0 + h) - s(z_0)| < \frac{\varepsilon}{3} + \frac{\varepsilon}{3} + \frac{\varepsilon}{3} = \varepsilon \text{ für alle } |h| < \delta(\varepsilon);$$

d. h. $s(z)$ ist stetig.

Nun kommen wir zu den Potenzreihen.

Die Potenzreihe $\sum\limits_{n=0}^{\infty} a_n z^n$ *konvergiere für* $|z| < R$ *mit* $R > 0$. *Dann konvergiert sie für jeden konzentrischen Kreis mit kleinerem Radius* $|z| \leqq R' < R$ *gleichmäßig.*

Sei z_0 ein Punkt mit $R' \leqq |z_0| < R$. Dann konvergiert ja $\sum\limits_{n=0}^{\infty} |a_n z_0^n|$. Für alle z mit $|z| \leqq R'$ ist aber wegen $|z| \leqq |z_0|$ auch $|a_n z^n| \leqq |a_n z_0^n|$ und

$$|a_{n+1} z^{n+1} + \ldots + a_{n+m} z^{n+m}| \leqq |a_{n+1} z_0^{n+1}| + \ldots + |a_{n+m} z_0^{n+m}|.$$

Wegen der Konvergenz von $\sum\limits_{n=0}^{\infty} |a_n z_0^n|$ ist damit auch die gleichmäßige Konvergenz von $\sum\limits_{n=0}^{\infty} a_n z^n$ für alle $|z| \leqq R'$ nachgewiesen.

Jede Potenzreihe $\sum\limits_{n=0}^{\infty} a_n z^n$ *stellt eine im Innern des Konvergenzkreises stetige Funktion dar.* Sei z_0 ein Punkt im Innern des Konvergenzkreises $|z_0| < R$. Wir wählen ein R' mit $|z_0| < R' < R$; dann ist für $|z| \leqq R'$ die Reihe $\sum\limits_{n=0}^{\infty} a_n z^n$ gleichmäßig konvergent und da alle Glieder $a_n z^n$ stetige Funktionen sind, so ist auch $\sum\limits_{n=0}^{\infty} a_n z^n$ stetig für $|z| \leqq R'$, also auch für z_0.

Wir betonen aber gleich, daß eine Potenzreihe für die offene Kreisscheibe $|z| < R$ ihres Konvergenzkreises im allgemeinen nicht gleichmäßig konvergiert. Nehmen wir z. B. die Reihe $\sum\limits_{n=0}^{\infty} z^n$, die für $|z| < 1$ konvergiert und dort, wie man aus $s_n(z) = 1 + z + \ldots + z^n =$

$$= \frac{1 - z^{n+1}}{1 - z}$$ sieht, den Wert $\dfrac{1}{1 - z}$ hat. Weiter ist für $|z| < 1$ stets $|s_n(z)| < n + 1$. Im Falle gleichmäßiger Konvergenz unserer Reihe für $|z| < 1$ müßte für ein hinreichend großes n die Partialsumme $s_n(z)$

die Funktion $\dfrac{1}{1-z}$ beliebig genau approximieren; nun ist aber $\left|\dfrac{1}{1-z}\right|$,
wenn wir z hinreichend nahe an 1 wählen, beliebig groß, also auch bei
festem n die Differenz $\left|\dfrac{1}{1-z}-s_n(z)\right|$. Also ist unsere Reihe sicher
für $|z|<1$ nicht gleichmäßig konvergent.

*Eine Potenzreihe $\sum\limits_{n=0}^{\infty} a_n z^n$ ist im Innern ihres Konvergenzkreises $|z|<R$
überall differenzierbar, also eine reguläre Funktion.*

Wir bemerken zunächst, daß auch die Potenzreihe $\sum\limits_{n=0}^{\infty} n\, a_n z^n$ in
demselben Kreis konvergiert: denn es ist $\lim\ ^n\!\sqrt{n}=1$, also auch

$$\overline{\lim}\ ^n\!\sqrt{|a_n|}=\overline{\lim}\ ^n\!\sqrt{|n\, a_n|}.$$

Ebenso konvergiert dann die Potenzreihe $\sum\limits_{n=1}^{\infty} n\, a_n z^{n-1}$ (das Glied $n=0$
lassen wir gleich weg) für denselben Konvergenzkreis $|z|<R$.

Sei nun z_0 mit $|z_0|<R$ gegeben. Wir bilden mit einem $z\neq z_0$ und
$|z|<R$ den Quotienten

$$\frac{\sum\limits_{n=0}^{\infty} a_n z^n-\sum\limits_{n=0}^{\infty} a_n z_0^n}{z-z_0}=\sum\limits_{n=1}^{\infty} a_n\,\frac{z^n-z_0^n}{z-z_0}=\sum\limits_{n=1}^{\infty} a_n\,(z^{n-1}+z^{n-2}z_0+\ldots+z_0^{n-1}),$$

welche Reihe sicher konvergiert. Sei ferner R' mit $|z_0|<R'<R$ ge-
wählt. Dann ist $\sum n\,|a_n|\,R'^{n-1}$ konvergent; für $|z|<R'$ ist

$$|a_n\,(z^{n-1}+z^{n-2}z_0+\ldots+z_0^{n-1})|<n\,|a_n|\,R'^{n-1}$$

und daher die Reihe

$$\sum\limits_{n=1}^{\infty} a_n\,(z^{n-1}+z^{n-2}z_0+\ldots+z_0^{n-2})$$

gleichmäßig konvergent für $|z|<R'$.
Da alle Glieder der Reihe stetige Funktion von z sind, ist die Reihe
selbst stetig für $|z|<R'$, also auch für $z=z_0$ und es ist

$$\lim_{z\to z_0}\ \frac{\sum\limits_{n=0}^{\infty} a_n z^n-\sum\limits_{n=0}^{\infty} a_n z_0^n}{z-z_0}=\sum\limits_{n=1}^{\infty} n\, a_n z_0^{n-1}.$$

*Die Ableitung einer Potenzreihe $\sum\limits_{n=0}^{\infty} a_n z^n=f(z)$ ist also wieder eine
Potenzreihe, die im selben Konvergenzkreis konvergiert wie die ursprüngliche Reihe und welche durch gliedweises Differenzieren aus dieser
hervorgeht:*

$$f'(z) = \sum_{n=1}^{\infty} n\, a_n\, z^{n-1}$$

Analog lassen sich dann alle weiteren Ableitungen bilden:

$$f''(z) = \sum_{n=2}^{\infty} n\,(n-1)\, a_n\, z^{n-2}$$

$$f^{(k)}(z) = \sum_{n=k}^{\infty} n\,(n-1) \ldots (n-k+1)\, a_n\, z^{n-k},$$

welche Potenzreihen immer wieder im selben Konvergenzkreis $|z| < R$ konvergieren.

Daraus ergibt sich nun eine einfache Darstellung der Koeffizienten a_n. Setzt man nämlich in diesen Potenzreihen $z = 0$, so erhält man

$$f(0) = a_0$$
$$f'(0) = 1 \cdot a_1$$
$$f''(0) = 1 \cdot 2 \cdot a_2$$
$$f^{(k)}(0) = 1 \cdot 2 \ldots k \cdot a_k.$$

Es lassen sich also die Koeffizienten einer Potenzreihe $\sum\limits_{n=0}^{\infty} a_n\, z^n = f(z)$ stets mit Hilfe der durch die Potenzreihe gegebenen Funktion $f(z)$ darstellen und es ist

$$f(z) = \sum_{n=0}^{\infty} \frac{f^{(n)}(0)}{n!}\, z^n$$

(Taylorsche Reihe im Komplexen).

Daraus folgt, *daß eine Funktion, wenn überhaupt, so nur auf eine einzige Art als Potenzreihe dargestellt werden kann.*

Es ist daher unsere Art der Erweiterung der Funktionen e^x, $\sin x$, $\cos x$ ins Komplexe jedenfalls die einzig mögliche, sofern diese durch Potenzreihen geschehen soll.

Man sieht unmittelbar wie im Reellen

$$\frac{d\, e^z}{dz} = e^z, \qquad \frac{d \sin z}{d\, z} = \cos z, \qquad \frac{d \cos z}{d\, z} = -\sin z.$$

Durch Differenzieren von $1 + z + z^2 + \ldots = \dfrac{1}{1-z}$ erhält man für $|z| < 1$

$$1 + 2\,z + 3\,z^2 + \ldots = \sum_{n=1}^{\infty} n\, z^{n-1} = \frac{1}{(1-z)^2}.$$

Um ferner die durch $\sum\limits_{n=1}^{\infty} \dfrac{z^n}{n} = f(z)$ für $|z| < 1$ dargestellte Funktion zu bestimmen, differenzieren w r:

$$f'(z) = \sum_{n=1}^{\infty} z^{n-1} = 1 + z + z^2 + \ldots = \frac{1}{1-z}.$$

Nun ist $\log(1-z)$ für $|z| < 1$ regulär; es ist dort $\Re(1-z) > 0$ und wir können daher das Argument von $1-z$ etwa durch $-\dfrac{\pi}{2} < \arg(1-z) < \dfrac{\pi}{2}$ eindeutig und stetig festlegen; mit dieser Festsetzung ist $\log(1-z)$ ebenfalls eindeutig: $\Im \log(1-z) = \arg(1-z)$ und die Ableitung für $|z| < 1$ ist

$$- \frac{d\log(1-z)}{dz} = \frac{1}{1-z} = \frac{df(z)}{dz}.$$

Da zwei reguläre Funktionen mit gleicher Ableitung bis auf eine additive Konstante gleich sind, so ist für $|z| < 1$

$$f(z) = -\log(1-z) = \sum_{n=1}^{\infty} \frac{z^n}{n};$$

denn für $z = 0$ ist $f(0) = -\log 1 = 0$.

Zum Schluß noch eine einfache Bemerkung:

Verschwindet $f(z) = \sum\limits_{n=0}^{\infty} a_n z^n$ für $z = 0$, also etwa $a_0 = a_1 = \ldots = a_{k-1} = 0$, aber $a_k \neq 0$, so gibt es eine Kreisscheibe um $z = 0$, innerhalb derer $f(z)$ nur für $z = 0$ verschwindet; die Nullstelle ist eine isolierte Nullstelle.

Dies folgt sofort aus $f(z) = z^k(a_k + a_{k+1}z + \ldots)$, wo die Klammer für $z = 0$, also wegen der Stetigkeit der Potenzreihen auch für eine Kreisscheibe um $z = 0$ stets $\neq 0$ ist.

Sind also die Werte einer Potenzreihe $\sum\limits_{n=0}^{\infty} a_n z^n$ für eine Folge von Punkten z_n mit $z_n \neq 0$ und $z_n \longrightarrow 0$ gegeben, so ist dadurch die Potenzreihe eindeutig festgelegt.

§ 3. Der Abelsche Stetigkeitssatz.

Wenn eine Potenzreihe am Rand ihres Konvergenzkreises in einem Punkt konvergiert, so ist sie dort auch stetig: dies ist der Kern des fundamentalen *Abelschen Stetigkeitssatzes;* genauer formuliert:

Die Potenzreihe $\overset{\infty}{\underset{n=0}{\Sigma}} a_n z^n$ konvergiere für $|z| < R$, $R > 0$; ferner konvergiere sie noch im Punkt z_0 des Konvergenzkreises, $|z_0| \doteq R$. Dann ist die Potenzreihe auf jedem abgeschlossenen Dreieck, dessen ein Eckpunkt auf z_0 und dessen andere beiden Ecken im Innern des Konvergenzkreises liegen, eine stetige Funktion.

Wir können ohne Einschränkung der Allgemeinheit $R = 1$ und den Punkt $z_0 = 1$ annehmen. Wir brauchen ja nur $z = z_0\,\zeta$ zu setzen; die so entstehende Potenzreihe in ζ konvergiert dann für $|\zeta| < 1$ und der Punkt z_0 geht in den Punkt 1 über. Statt ζ schreiben wir schließlich wieder z. Wir nehmen ferner den Wert der Potenzreihe für $z = 1$ mit $\overset{\infty}{\underset{n=0}{\Sigma}} a_n = 0$: andernfalls betrachten wir statt $\overset{\infty}{\underset{n=0}{\Sigma}} a_n z^n$ die Differenz

$$\overset{\infty}{\underset{n=0}{\Sigma}} a_n z^n - \overset{\infty}{\underset{n=0}{\Sigma}} a_n.$$

Wir setzen nun $a_0 + a_1 + a_2 + \ldots + a_n = s_n$ und wenden die sogenannte *Abelsche Reihentransformation* an. Wegen $\overset{\infty}{\underset{n=0}{\Sigma}} a_n = 0$ ist $s_n \longrightarrow 0$. Ersetzen wir in der Potenzreihe $a_n = s_n - s_{n-1}$, so haben wir $\overset{n}{\underset{k=0}{\Sigma}} a_k z^k = s_0\,(1-z) + s_1\,(z-z^2) + \ldots + s_{n-1}\,(z^{n-1} - z^n) + s_n z^n =$

$$= (1-z)\overset{n-1}{\underset{k=0}{\Sigma}} s_k z^k + s_n z^n.$$ Wegen $|z| \leqq 1$ und $s_n \longrightarrow 0$ ist $s_n z^n \longrightarrow 0$ und es ist

$$\overset{\infty}{\underset{k=0}{\Sigma}} a_k z^k = (1-z)\,\overset{\infty}{\underset{k=0}{\Sigma}} s_k z^k,$$

wo die rechtsstehende Reihe für $|z| < 1$ konvergiert, aber für $z = 1$ im allgemeinen nicht zu konvergieren braucht.

Sei $\varepsilon > 0$ vorgegeben und $0 < \delta < \dfrac{\pi}{2}$; wir wählen den Index m so groß, daß für $n > m$ stets $|s_n| < \dfrac{\varepsilon}{2}\cos\delta$ ist, und zerlegen die rechtsstehende Reihe, indem wir die Indices von 0 bis m und die restlichen zusammenfassen. Dann ist für $|z| < 1$:

$$|\overset{\infty}{\underset{k=0}{\Sigma}} a_k z^k| \leqq |1-z|\,|\overset{m}{\underset{k=0}{\Sigma}} s_k z^k| + |1-z|\,\frac{\varepsilon}{2}\overset{\infty}{\underset{k=m+1}{\Sigma}} |z^k|\cos\delta$$

$$\leqq |1-z|\overset{m}{\underset{k=0}{\Sigma}} |s_k| + \frac{\varepsilon}{2}\,\frac{|1-z|}{1-|z|}\cdot\cos\delta.$$

Der erste Teil ist, da m fest ist, beliebig klein, sobald nur z hinreichend nahe an 1 liegt. Es kommt also nur auf den Faktor $\dfrac{|\,1-z\,|}{1-|\,z\,|}$ des zweiten Teiles an. Wir betrachten z innerhalb und auf einem Dreieck, dessen einer Eckpunkt 1 mit dem Winkel $2\,\delta$ sei und dessen weitere zwei Eckpunkte in $|\,z\,| < 1$ liegen; wir können, ohne an Allgemeinheit zu verlieren, das Dreieck symmetrisch zur reellen Achse annehmen. Sei also $z = 1 - r\,e^{i\varphi}$, wo $-\delta \leqq \varphi \leqq +\delta$ und $r > 0$ ist. Dann ist für $|\,z\,| < 1$ (Abb. 12.)

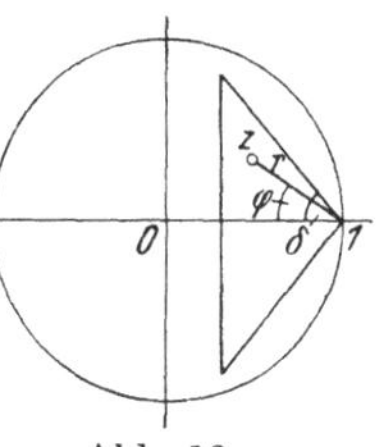

Abb. 12.

$$\frac{|\,1-z\,|}{1-|\,z\,|} = \frac{|\,1-z\,|\,(1+|\,z\,|)}{1-|\,z\,|^2} \leqq \frac{2\,|\,1-z\,|}{1-|\,z\,|^2} = \frac{2}{2\cos\varphi - r}.$$

Ist also etwa $|\,1-z\,| = r < \cos\delta$, so ist dieser Ausdruck $\leqq \dfrac{2}{\cos\delta}$. Es ist daher schließlich innerhalb und auf unserem Dreieck für $|\,z\,| < 1$ und $|\,1-z\,| < \cos\delta$

$$|\,\sum_{k=0}^{\infty} a_k\, z^k\,| \leqq |\,1-z\,|\,\sum_{k=0}^{m} |\,s_k\,| + \varepsilon;$$

wählen wir $|\,1-z\,|$ hinreichend klein, so wird unsere Potenzreihe absolut $< 2\,\varepsilon$, d. h. aber $\sum_{k=0}^{\infty} a_k\, z^k$ strebt innerhalb und auf unserem Dreieck für $z \longrightarrow 1$ gegen Null; sie ist also für $z = 1$ stetig. Für alle andern Punkte des Dreiecks ist $\sum_{k=0}^{\infty} a_k\, z^k$ von selbst stetig, da diese Punkte ja im Innern des Konvergenzkreises liegen.

Wir bringen ein Beispiel. Es war für die Reihe $\sum_{n=1}^{\infty} \dfrac{z^n}{n} = -\log(1-z)$ der Einheitskreis der Konvergenzkreis. Setzen wir nun in dieser Reihe $z = e^{i\varphi}$, so konvergiert sie für $e^{i\varphi} \neq 1$. Bilden wir nämlich die Partialsummen

$$s_n = e^{i\varphi} + \frac{e^{2i\varphi}}{2} + \cdots + \frac{e^{ni\varphi}}{n},$$

so ist

$$(e^{i\varphi} - 1)\, s_n - \frac{e^{(n+1)i\varphi}}{n} = -e^{i\varphi} + (1 - \frac{1}{2})\, e^{2i\varphi} + (\frac{1}{2} - \frac{1}{3})\, e^{3i\varphi} +$$
$$+ \cdots + (\frac{1}{n-1} - \frac{1}{n})\, e^{ni\varphi};$$

dabei stehen rechts die n-ten Partialsummen einer wegen der Konvergenz von $(1 - \frac{1}{2}) + (\frac{1}{2} - \frac{1}{3}) + \ldots$ absolut konvergenten Reihe; da auch

$$\frac{e^{(n+1)i\varphi}}{n} \longrightarrow 0$$

konvergiert, ist stets auch die Folge der $(e^{i\varphi} - 1)\, s_n$ konvergent, also für $e^{i\varphi} \neq 1$ die Folge der s_n konvergent.

Nach dem *Abel*schen Stetigkeitssatz ist also für $e^{i\varphi} \neq 1$ bei radialer Annäherung von $z = r\, e^{i\varphi}$ gegen $e^{i\varphi}$:

$$\sum_{n=1}^{\infty} \frac{e^{i\varphi n}}{n} = - \lim_{r \to 1} \log\,(1 - r\, e^{i\varphi}) = - \log\,(1 - e^{i\varphi}).$$

Spalten wir in Real- und Imaginärteil, so ist für $e^{i\varphi} \neq 1$, also $\varphi \neq 2\,\pi\, k$ und $\sin \frac{\varphi}{2} \neq 0$,

$$|\,1 - e^{i\varphi}\,|^2 = (1 - \cos\varphi)^2 + \sin^2\varphi = 4 \sin^2 \frac{\varphi}{2} \text{ und } \Re\,(1 - e^{i\varphi}) > 0,$$

und, wie man leicht nachrechnet,

$$\log\,(1 - e^{i\varphi}) = \log\,|\,2 \sin \frac{\varphi}{2}\,| + i\,\frac{\varphi - \pi}{2}$$

wobei wir $0 < \varphi < 2\,\pi$ annehmen. Es ist also endlich

$$- \log\,|\,2 \sin \frac{\varphi}{2}\,| = \sum_{n=1}^{\infty} \frac{\cos n\,\varphi}{n}$$

$$(0 < \varphi < 2\,\pi)$$

$$\frac{\pi - \varphi}{2} = \sum_{n=1}^{\infty} \frac{\sin n\,\varphi}{n},$$

woraus für $\varphi = \pi$ und $\frac{\pi}{2}$ die bekannten Reihen folgen:

$$\log 2 = 1 - \frac{1}{2} + \frac{1}{3} - \ldots$$

$$\frac{\pi}{4} = 1 - \frac{1}{3} + \frac{1}{5} - \ldots$$

Wir zeigen als Umkehrung des *Abel*schen Stetigkeitssatzes den *Satz von Tauber*, der nicht nur an sich von Interesse ist, sondern auch als Ausgangspunkt sehr eingehender Konvergenzuntersuchungen von großer Bedeutung wurde.

Es konvergiere $n\,a_n \longrightarrow 0$, woraus für $\overset{\infty}{\underset{n=0}{\Sigma}} a_n\, z^n = f(z)$ mindestens die Konvergenz für $|z| < 1$ folgt[1]. Wenn z längs der reellen Achse gegen 1 strebt, soll $f(z)$ gegen Null streben. Dann ist $\overset{\infty}{\underset{n=0}{\Sigma}} a_n$ konvergent und $= 0$.

Sei $\varepsilon > 0$ gegeben. Wir wählen den Index N so groß, daß für alle $n > N$ gilt $n\,|a_n| < \dfrac{\varepsilon}{2}$. Wegen $k\,|a_k| \longrightarrow 0$ für $k \longrightarrow \infty$ strebt auch das arithmetische Mittel $\dfrac{1}{n} \overset{n}{\underset{k=1}{\Sigma}} k\,|a_k| \longrightarrow 0$ für $n \longrightarrow \infty$: wir wählen N weiter so groß, daß auch $\dfrac{1}{n} \overset{n}{\underset{k=1}{\Sigma}} k\,|a_k| < \dfrac{\varepsilon}{2}$ für $n \geq N$.

Mit diesem N und $s_N = a_0 + a_1 + \ldots + a_N$ bilden wir für $|z| < 1$

$$|f(z) - s_N| \leqq \overset{N}{\underset{k=1}{\Sigma}} |a_k|\,|1 - z^k| + \overset{\infty}{\underset{k=N+1}{\Sigma}} |a_k|\,|z|^k ;$$

wegen $|1 - z^k| = |1 - z|\,|1 + z + \ldots + z^{k-1}| \leqq k\,|1 - z|$ ist dies weiter

$$\leqq |1 - z| \overset{N}{\underset{k=1}{\Sigma}} k\,|a_k| + \dfrac{\varepsilon}{2\,N} \cdot \dfrac{1}{1 - |z|}$$

Setzen wir $z = 1 - \dfrac{1}{N}$, so ist

$$\left|f\left(1 - \dfrac{1}{N}\right) - s_N\right| \leqq \dfrac{1}{N} \overset{N}{\underset{k=1}{\Sigma}} k\,|a_k| + \dfrac{\varepsilon}{2} \leqq \varepsilon \text{ für hinreichend großes } N.$$

Da nach Voraussetzung $f\left(1 - \dfrac{1}{N}\right) \longrightarrow 0$ strebt für $N \longrightarrow \infty$, gilt auch $s_N \longrightarrow 0$ und $\overset{\infty}{\underset{n=0}{\Sigma}} a_n = 0$.

Übungsbeispiele.

1. Man bestimme den Konvergenzradius der Potenzreihen:

a) $\overset{\infty}{\underset{n=1}{\Sigma}} \dfrac{n!}{n^n}\, z^n$ 　　b) $\overset{\infty}{\underset{n=1}{\Sigma}} \left(1 - \dfrac{1}{n}\right)^{n^2} z^n$ 　　c) $\overset{\infty}{\underset{k=1}{\Sigma}} a_k\, z^k$ 　mit $a_{2k} = k^2$

$$a_{2k+1} = 2^k.$$

---

[1] Denn es ist dann $\lim \sqrt[n]{|a_n|} \leqq 1$, also der Konvergenzradius $R \geqq 1$; für $R > 1$ ist der Satz übrigens selbstverständlich.

d) $\sum\limits_{n=1}^{\infty} \cos \dfrac{p\,n\,\pi}{q} \, z^n$ $(p, q$ ganz, $q \neq 0)$ e) $\sum\limits_{n=2}^{\infty} (\log n)^{\log n}\, z^n$.

2. Man zeige: haben die Potenzreihen $\sum\limits_{n=0}^{\infty} a_n\, z^n$ und $\sum\limits_{n=0}^{\infty} a'_n\, z^n$ (es seien alle $a'_n \neq 0$) die Konvergenzradien R und R', so haben die Potenzreihen $\sum\limits_{n=0}^{\infty} a_n\, a'_n\, z^n$ und $\sum\limits_{n=0}^{\infty} \dfrac{a_n}{a'_n}\, z^n$ Konvergenzradien $\geq R\,R'$, bzw. $\leq \dfrac{R}{R'}$.

3. Man gebe alle Lösungen der Gleichung $\cos z = a$.

4. Man bestimme die sämtlichen Nullstellen der Funktionen $\sin z$ und $\cos z$.

5. Man berechne den Wert der Potenzreihe $\sum\limits_{n=2}^{\infty} \dfrac{z^n}{n\,(n-1)}$ und diskutiere das Verhalten auf dem Rande des Konvergenzkreises.

6. Wenn auch die Folge der Partialsummen einer Potenzreihe im Äußeren des Konvergenzkreises nicht konvergiert, so kann doch eine Teilfolge der Partialsummen in einem Teil des Außengebietes konvergieren (sog. „Überkonvergenz"; vgl. *Ostrowski*, Math. Ann. 103).

IV. Integrale im Komplexen.

§ 1. Rektifizierbare Kurven.

Eine Kurve C der komplexen z-Ebene sei gegeben durch $x = x\,(t)$, $y = y\,(t)$ oder zusammengefaßt $z = x\,(t) + i\,y\,(t) = z\,(t)$ in Parameterdarstellung mit einem reellen Parameter t, wo $x\,(t)$, $y\,(t)$ stetige Funktionen von t für $a \leqq t \leqq b$ seien. Mit dieser Darstellung ist auch eine bestimmte *Orientierung* der Kurve gegeben: wir sprechen von einer positiven Durchlaufung der Kurve, wenn wir im Sinn wachsender t fortschreiten; dem Parameterwert $t = a$ entspricht der Anfangs-, $t = b$ der Endpunkt von C. Um nun der Kurve C eine Länge zuzuschreiben, zerlegen wir das Parameterintervall $[a, b]$ durch endlichviele Teilungspunkte $t_0 = a < t_1 < t_2 < \ldots < t_n = b$, denen die Kurvenpunkte $z\,(t_0) = z_0$, $z\,(t_1) = z_1$, $\ldots z\,(t_n) = z_n$ entsprechen; wir verbinden diese durch gerade Strecken mit den Längen $|\,z_1 - z_0\,|$, $|\,z_2 - z_1\,|$, $\ldots |\,z_n - z_{n-1}\,|$. Diese Strecken bilden dann ein der Kurve C einbeschriebenes Polygon mit der Gesamtlänge

$$\sum_{k=1}^{n} \mid z_k - z_{k-1} \mid = L\,(Z),$$

indem wir unsere Zerlegung von $[a\,b]$ kurz mit Z bezeichnen. Wir bilden nun für alle möglichen Zerlegungen Z die Längen $L\,(Z)$ und suchen die obere Grenze dieser Zahlen, das sup $L\,(Z)$; ist dieses Supremum endlich, so heißt die Kurve *rektifizierbar* und sup $L\,(Z) = L$ ihre *Länge*.

Wir bringen einige einfache Sätze über solche rektifizierbare Kurven. Sei $a < A < b$; dann setzt sich die Kurve C, die dem Parameterintervall $[a\,b]$ entspricht, aus den beiden Kurven C' und C'' zusammen, welche den Intervallen $[a\,A]$ und $[A\,b]$ entsprechen; bei gleichbleibender Orientierung ist der Endpunkt von C', also $z\,(A) = p$, der Anfangspunkt von C''. Für die Längen gilt nun: sind C' und C'' rektifizierbar mit den Längen L' und L'', so ist auch C rektifizierbar, und zwar mit der Länge $L = L' + L''$. Zunächst ist C rektifizierbar: denn die Länge eines jeden C eingeschriebenen Polygons wird durch Hinzunahme des Punktes p als weiteren Eckpunktes höchstens vergrößert; dann setzt sich aber das Polygon aus zwei Polygonen zusammen, von denen eines C', das andere C'' eingeschrieben ist; deren Längen sind aber $\leqq L'$, bzw. $\leqq L''$; also ist jedes C eingeschriebene Polygon von einer Länge $\leqq L' + L''$, also ist C rektifizierbar mit einer Länge $\leqq L' + L''$. Daß endlich C wirklich die Länge $L' + L''$ hat, folgt sofort daraus, daß jedes Polygon von C' mit jedem Polygon von C'' zu einem Polygon für C zusammengesetzt werden kann; für das supremum der Polygonlängen von C gilt also $L \geqq L' + L''$ und $L = L' + L''$. Umgekehrt folgt aus der Rektifizierbarkeit von C sofort die Rektifizierbarkeit von C' und C'' mit der angegebenen Längenrelation.

Man kann den Sachverhalt auch so formulieren: sind C' und C'' irgend zwei Kurven und ist der Endpunkt von C' auch der Anfangspunkt von C'', so können wir diese beiden Kurven zu einer neuen Kurve $C = C' + C''$ zusammensetzen, für welche wieder die obigen Sätze gelten.

Sei schließlich C so beschaffen, daß $z\,(t)$ stetige Ableitungen nach t hat: $z'\,(t) = x'\,(t) + i\,y'\,(t)$. Dann ist für die Längen der Polygonseiten nach dem Mittelwertsatz:

$$\sum_{k=1}^{n} \mid z_k - z_{k-1} \mid = \sum_{k=1}^{n} \sqrt{[x\,(t_k) - x\,(t_{k-1})]^2 + [y\,(t_k) - y\,(t_{k-1})]^2} =$$

$$= \sum_{k=1}^{n} (t_k - t_{k-1}) \sqrt{[x'\,(t'_k)]^2 + [y'\,(t''_k)]^2}$$

wo $t_{k-1} < t_k', t_k'' < t_k$ gilt. Bilden wir für eine immer feiner werdende Zerlegungsfolge[1] $Z_1, Z_2 \ldots$ die Längen $L\,(Z_j)$ der zugehörigen Polygone, so streben bekanntlich diese Längen gegen das Integral

$$\lim_j L\,(Z_j) = \int_a^b \sqrt{[x'\,(t)]^2 + [y'\,(t)]^2}\; dt.$$

Nun ist $L=\sup L\,(Z)$, also sicher in der Form darzustellen $L=\lim L\,(Z_j^*)$, wo die Z_j^* eine geeignete Zerlegungsfolge durchlaufen; wir können nun $L\,(Z_j^*)$ sicher nur höchstens vergrößern, wenn wir die Teilungspunkte vermehren, also etwa Z_j^* als Unterteilung von Z_{j-1}^* annehmen und die Z_j^* als eine immer feiner werdende Zerlegungsfolge voraussetzen; für eine solche ist aber der $\lim L\,(Z_j^*)$ gleich unserem Integral und es ist:

$$L = \int_a^b \sqrt{[x'\,(t)]^2 + [y'\,(t)]^2}\; dt = \int_a^b |\,z'\,(t)\,|\; dt.$$

Bilden wir für ein beliebiges t mit $a \leqq t \leqq b$ die Länge s des Kurvenbogens, der dem Parameterintervall $[a, t]$ entspricht, so gehört zu jedem t ein s und zu verschiedenen t-Werten, zwischen denen $z\,(t)$ nicht konstant ist, gehören verschiedene s; es schreiten s und t auf der Kurve gleichsinnig fort. Wir können daher $z = z\,(t)$ als Funktion der Bogenlänge als Parameter s ansetzen $z=z\,(s)$. Ist $z\,(s)$ als Funktion von s stetig differenzierbar, so ist $\left|\,\dfrac{dz\,(s)}{ds}\,\right| = \sqrt{\left(\dfrac{dx\,(s)}{ds}\right)^2 + \left(\dfrac{dy\,(s)}{ds}\right)^2} = 1$. Im Fall eines beliebigen Parameters t derart, daß $\dfrac{dz\,(t)}{dt}$ existiert und stetig ist, ist natürlich

$$s\,(t) = \int_a^t \left|\,\frac{dz\,(t)}{dt}\,\right|\; dt$$

zu setzen, $s\,(t)$ ist stetig differenzierbar nach t und für $\left|\,\dfrac{dz}{dt}\,\right| \neq 0$ ist auch $t = t\,(s)$ differenzierbar nach s; es ist dann auch $z = z\,(t\,(s))$ mit s als Parameter stetig differenzierbar und $\left|\,\dfrac{dz}{ds}\,\right| = 1$.

§ 2. Kurvenintegrale.

Sei in einem Gebiet G eine stetige Funktion $f\,(z)$ gegeben; ferner sei in G eine rektifizierbare Kurve C gegeben, die wir auf die Bogenlänge s

---

[1] D. i. eine Folge von Zerlegungen, so daß das Maximum der $t_k - t_{k-1}$ für die einzelnen Z_j gebildet, mit $j \to \infty$ gegen Null strebt.

als Parameter beziehen $z = z(s)$ $(0 \leqq s \leqq L)$. Dann ist $f(z(s))$ auf der Kurve C eine stetige Funktion von s, u. z. gleichmäßig stetig, d. h. zu jedem $\varepsilon > 0$ gibt es ein $\delta(\varepsilon)$, so daß für irgendwelche zwei s-Werte mit $|s' - s''| < \delta(\varepsilon)$ gilt $|f(z(s')) - f(z(s''))| < \varepsilon$.

Wir denken uns das Intervall $[0\ L]$ durch endlichviele Teilungspunkte $s_0 = 0 < s_1 < s_2 < \ldots < s_n = L$ zerlegt — diese Zerlegung nennen wir Z — und innerhalb jedes Intervalls $[s_{i-1}\ s_i]$ ein s_i' gewählt; es sei $z(s_i') = z_i'$, $z(s_i) = z_i$ und wir bilden die Summe

$$\sum_{i=1}^{n} f(z_i')(z_i - z_{i-1}) = S(Z).$$

Die $S(Z)$ sind beschränkt. Denn $f(z(s))$ ist als stetige Funktion beschränkt, $|f(z(s))| < M$; also ist $|S(Z)| \leqq M \sum_{i=1}^{n} |z_i - z_{i-1}| \leqq M L$.

Zwei Summen, die zur selben Zerlegung gehören, unterscheiden sich bei hinreichend feiner Zerlegung beliebig wenig voneinander.

Sei $\varepsilon > 0$; wir bestimmen $\delta(\varepsilon)$, so daß für s', s'' mit $|s' - s''| < \delta(\varepsilon)$ gilt $|f(z(s')) - f(z(s''))| < \varepsilon$. Ist dann die Zerlegung Z so fein, daß für zwei aufeinanderfolgende Teilungspunkte stets $|s_i - s_{i-1}| < \delta(\varepsilon)$ ist, so ist für zwei Summen $S'(Z)$ nnd $S''(Z)$, die zu dieser Zerlegung gehören, die Differenz

$$S'(Z) - S''(Z) = \sum_{i=1}^{n} [f(z_i') - f(z_i'')](z_i - z_{i-1})$$

also wegen $\quad |f(z(s_i')) - f(z(s_i''))| < \varepsilon$ auch $|S'(Z) - S''(Z)| < \varepsilon L$.

Für eine hinreichend feine Zerlegung Z unterscheidet sich $S(Z)$ von jeder Summe $S(Z')$ beliebig wenig, für die Z' eine Unterteilung von Z ist.

Sei $\varepsilon > 0$ gegeben und $\delta(\varepsilon)$ wie oben bestimmt; die Zerlegung Z sei wieder so fein, daß für zwei aufeinanderfolgende Teilungspunkte $|s_i - s_{i-1}| < \delta(\varepsilon)$ gelte. Dann ist

$$S(Z) = \sum_{i=1}^{n} f(z_i')(z_i - z_{i-1}) \text{ und}$$

$$S(Z') = \sum_{j=1}^{m} f(z_j'')(z_j^* - z_{j-1}^*); \quad z(s_j^*) = z_j^*$$

dabei sei Z' irgendeine Unterteilung von Z, d. h. jeder Teilungspunkt von Z komme auch als Teilungspunkt bei Z' vor; jedes Intervall der Kurve $[s_{j-1}^{*}, s_{j}^{*}]$ liegt ganz in einem Intervall $[s_{i-1}, s_i]$; für zwei so zugeordnete Indices i und j ist also $|f(z_i') - f(z_j'')| < \varepsilon$. Schreiben wir $z_i - z_{i-1}$ in $S(Z)$ als Summe aller zugehörigen Differenzen $z_j^{*} - z_{j-1}^{*}$ der Unterteilung Z', so wird $|S(Z) - S(Z')| \leq \varepsilon \sum\limits_{j=1}^{m} |z_j^{*} - z_{j-1}^{*}| \leq \varepsilon L$.

Für zwei hinreichend feine Zerlegungen Z' und Z'' unterscheiden sich die Summen $S(Z')$ und $S(Z'')$ beliebig wenig.

Sei wieder zum gegebenen $\varepsilon > 0$ das $\delta(\varepsilon)$ bestimmt und Z' wie Z'' so fein gewählt, daß zwei aufeinanderfolgende Teilungspunkte eine Differenz $< \delta(\varepsilon)$ haben. Ferner sei Z''' eine Zerlegung, die sowohl Unterteilung von Z' wie von Z'' ist, also alle Teilungspunkte von Z' und Z'' enthält. Dann ist nach dem vorigen

$$|S(Z') - S(Z''')| \leq \varepsilon L \text{ und } |S(Z'') - S(Z''')| \leq \varepsilon L, \text{ also auch}$$

$$|S(Z') - S(Z'')| = |[S(Z') - S(Z''')] + [S(Z''') - S(Z'')]| \leq 2\varepsilon L.$$

Ist nun eine Folge von Zerlegungen Z_1, Z_2, ... derart gegeben, daß das Maximum l_j der Längen aller Teilungsintervalle von Z_j, also $l_j = \text{Max}(s_i^{(j)} - s_{i-1}^{(j)})$ mit $j \longrightarrow \infty$ gegen Null strebt, $l_j \longrightarrow 0$, so spricht man von einer ausgezeichneten oder einer immer feiner werdenden Zerlegungsfolge. Für jede ausgezeichnete Zerlegungsfolge (Z_j) ist dann die Folge der $S(Z_j)$ konvergent: $\lim S(Z_j) = S$ und dieser Limes heißt *das Kurvenintegral der Funktion $f(z)$ über die Kurve C*

$$S = \lim S(Z_j) = (C) \int\limits_{p}^{q} f(z)\, dz,$$

wo wir die Kurve C, den Anfangspunkt p und den Endpunkt q der Kurve in Evidenz setzen.

Zunächst einige fast selbstverständliche Eigenschaften, die man sofort aus den Teilsummen entnimmt.

Für die durch den Punkt r in zwei Teilkurven zerlegte Kurve $C = C' + C''$ gilt:

$$(C) \int\limits_{p}^{q} f(z)\, dz = (C') \int\limits_{p}^{r} f(z)\, dz + (C'') \int\limits_{r}^{q} f(z)\, dz.$$

Wird die Kurve C in entgegengesetztem Sinn durchlaufen, so bezeichnen wir sie mit $-C$ und es gilt:

$$(C) \int\limits_{p}^{q} f(z)\, dz = -(-C) \int\limits_{q}^{p} f(z)\, dz.$$

Für eine Konstante k ist

$$(C) \int_p^q k\, dz = k\,(q - p).$$

Ist $M = \mathrm{Max}\ |\, f\,(z\,(s))\,|$ auf C, so gilt die Ungleichung (L Länge von C)

$$|\,(C) \int_p^q f\,(z)\, dz\,| \leqq M\,L.$$

Für zwei Funktionen $f_1\,(z)$ und $f_2\,(z)$ gilt mit beliebigen Konstanten k_1 und k_2:

$$(C) \int_p^q [k_1\, f_1\,(z) + k_2\, f_2\,(z)]\, dz = k_1\,(C) \int_p^q f_1\,(z)\, dz + k_2\,(C) \int_p^q f_2\,(z)\, dz.$$

Wesentlicher ist schon der Satz: Ist $(f_n\,(z))$ eine Folge stetiger Funktionen auf G und $\sum\limits_{n=1}^{\infty} f_n\,(z)$ gleichmäßig konvergent auf C, so ist das Kurvenintegral über die Summe der Funktionen gleich der Summe der Kurvenintegrale über die einzelnen $f_n\,(z)$.

Sei $f_1\,(z) + f_2\,(z) + \cdots + f_n\,(z) = s_n\,(z)$ und $\lim\limits_{n} s_n\,(z) = s\,(z) = \sum\limits_{n=1}^{\infty} f_n\,(z)$. Wegen der gleichmäßigen Konvergenz gibt es zu jedem $\varepsilon > 0$ einen Index $n\,(\varepsilon)$, so daß für $n > n\,(\varepsilon)$ gilt $|\,s\,(z) - s_n\,(z)\,| < \varepsilon$. Wegen der Stetigkeit aller $f_i\,(z)$ ist $s_n\,(z)$ und daher auch $s\,(z)$ auf C stetig, also auch $s\,(z) - s_n\,(z)$. Dann ist für $n > n\,(\varepsilon)$

$$|\,(C) \int_p^q [s\,(z) - s_n\,(z)]\, dz\,| < \varepsilon\, L \text{ oder}$$

$$|\,(C) \int_p^q s\,(z)\, dz - (C) \int_p^q f_1\,(z)\, dz - (C) \int_p^q f_2\,(z)\, dz - \ldots - (C) \int_p^q f_n\,(z)\, dz\,| < \varepsilon\, L,$$

$$\text{also}\quad (C) \int_p^q \sum\limits_{n=1}^{\infty} f_n\,(z)\, dz = \sum\limits_{n=1}^{\infty} (C) \int_p^q f_n\,(z)\, dz.$$

Um die Kurvenintegrale über rektifizierbare Kurven zu berechnen, führen wir sie zunächst auf *Integrale über Polygone* zurück. Sei G ein Gebiet, in dem $f\,(z)$ eine stetige Funktion ist, und sei C eine rektifizierbare Kurve $z = z\,(s)$ ($0 \leqq s \leqq L$) der Länge L in G. Die Berandung von G, die Menge $B\,(G)$ ist eine abgeschlossene Menge, ebenso ist C eine abgeschlossene Menge; C ist ferner beschränkt. Als Abstand d der Mengen C und $B\,(G)$ bezeichnet man die untere Grenze, das Infimum der Entfernungen zweier Punkte p und q, wo p in C, q in $B\,(G)$ liegt: $d = \inf |\,p - q\,|$.

Es ist nun $d > 0$: wäre $d = 0$, so gäbe es eine Folge von Punkten (p_n) in C und eine solche (q_n) in $B\,(G)$, so daß $|\,p_n - q_n\,| \longrightarrow 0$ strebt.

Dann haben wegen der Beschränktheit von C die p_n sicher einen Häufungspunkt, etwa p_0, der dann ebenfalls in C liegt, etwa $p_{n_1}\, p_{n_2} \ldots \longrightarrow p_0$; die entsprechenden Punkte $q_{n_1}\, q_{n_2} \ldots$ streben wegen $\mid p_n - q_n \mid \longrightarrow 0$ dann ebenfalls gegen p_0; p_0 wäre also auch Häufungspunkt von Punkten aus $B(G)$, also Punkt von $B(G)$ im Widerspruch dazu, daß p_0 zu C, also zu G gehört. Es ist daher $d > 0$. Wir bilden die Menge B aller Punkte, die von C einen

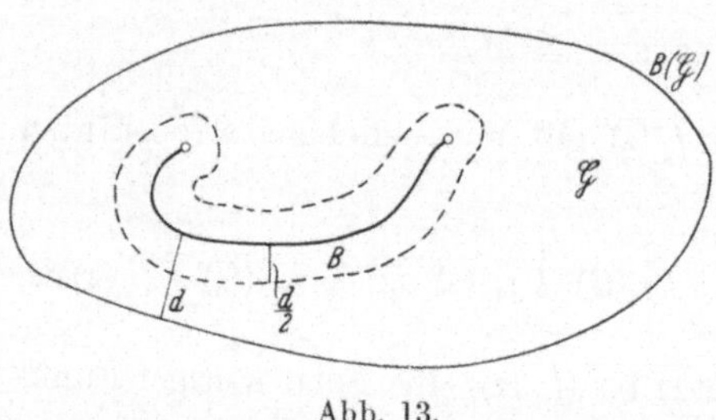

Abb. 13.

Abstand $\leqq \dfrac{d}{2}$ haben. B ist dann abgeschlossen und beschränkt; B liegt in G und $f(z)$ ist auf B sicher gleichmäßig stetig.   (Abb. 13.)

Wir unterteilen C durch endlichviele Zerlegungspunkte mit den Parameterwerten $s_0 = 0 < s_1 < \ldots < s_n = L$ und verbinden die zugehörigen Kurvenpunkte $z(s_i) = z_i$ durch ein Polygon Π. Die Länge von Π ist $\leqq L$. Die Teilungspunkte wählen wir dabei so dicht, daß mit vorgegebenem $\varepsilon > 0$

erstens das Polygon Π ganz in B liegt; dazu brauchen wir nur alle

$$s_i - s_{i-1} \leqq \frac{d}{2} \text{ zu wählen;}$$

zweitens für je zwei Punkte innerhalb eines Teilungsintervalls auf C, also für $s_{i-1} \leqq s', s'' \leqq s_i$ stets $\mid f(z(s')) - f(z(s'')) \mid < \varepsilon$ sei;

drittens für je zwei Punkte z', z'' einer Polygonseite von Π, etwa zwischen z_{i-1} und z_i stets $\mid f(z') - f(z'') \mid < \varepsilon$ sei; was wegen der gleichmäßigen Stetigkeit von f auf C, bzw. auf B möglich ist. Wir bilden die Summe

$$S(Z) = f(z_0)(z_1 - z_0) + f(z_1)(z_2 - z_1) + \ldots + f(z_{n-1})(z_n - z_{n-1}),$$

ferner die beiden Kurvenintegrale

$$(\Pi) \int_{z_0}^{z_n} f(z)\, dz = I_\pi \quad \text{und} \quad (C) \int_{z_0}^{z_n} f(z)\, dz = I_C.$$

Nun ist unsere Summe $S(Z)$ sowohl für I_π als für I_C eine Näherungssumme, die sich von diesen Integralen je um höchstens εL unterscheidet:

$$\mid S(Z) - I_\pi \mid \leqq \varepsilon L \text{ und } \mid S(Z) - I_C \mid \leqq \varepsilon L, \text{ also auch}$$
$$\mid I_\pi - I_C \mid \leqq 2\,\varepsilon L.$$

Damit kann also *jedes Kurvenintegral beliebig genau durch das Integral über ein eingeschriebenes Polygon berechnet werden.*

Wir kommen zur Berechnung des Kurvenintegrals bei einer *stetig differenzierbaren Kurve* $z = z(s)$ $(0 \leqq s \leqq L)$. Dann ist in $\dfrac{dz}{ds} = e^{i\,\alpha(s)}$

das $\alpha(s)$, der Winkel der Tangente mit der reellen Achse stetig, also auch gleichmäßig stetig, d. h. es gibt zu jedem $\sigma > 0$ ein $\delta(\sigma)$, so daß für $|s' - s''| < \delta(\sigma)$ auch $|\alpha(s') - \alpha(s'')| < \sigma$ wird. Es ist $z(s') - z(s'') =$ $= \int_{s'}^{s''} e^{i\,\alpha(s)}\,ds$, wobei das Integral als Zusammenstellung zweier reeller Integrale zu nehmen ist. Dann folgt aber für $\sigma \leqq \pi$ wegen $|e^{i\,\alpha(s)} - e^{i\,\alpha(s')}| \leqq |1 - e^{i\,\sigma}|$

$$\left| \frac{z(s') - z(s'')}{s' - s''} - \frac{dz(s')}{ds} \right| < |1 - e^{i\,\sigma}|$$

und für eine Zerlegung Z unserer Kurve, so daß für die Teilungspunkte $|s_i - s_{i-1}| < \delta(\sigma)$ gilt,

$$\left| \sum_{i=1}^{n} f(z_i)(z_i - z_{i-1}) - \sum_{i=1}^{n} f(z_i) \frac{dz(s_i)}{ds}(s_i - s_{i-1}) \right| < M\,L\,|1 - e^{i\,\sigma}|,$$

wo $M = \mathrm{Max}\,|f(z(s))|$ auf C ist.

Für eine ausgezeichnete Zerlegungsfolge konvergiert die erste, also auch die zweite Summe, und zwar gegen das Integral

$$(C) \int_{z(0)}^{z(L)} f(z)\,dz = \int_{0}^{L} f(z(s)) \frac{dz(s)}{ds}\,ds,$$

welch letzteres nach Spaltung der Integranden in Real- und Imaginärteil durch zwei reelle Integrale dargestellt wird. Natürlich kann für s auch ein beliebiger Parameter t eintreten, für den $\dfrac{dz(t)}{dt}$ existiert und stetig ist.

§ 3. Integrale von Funktionen.

Wir gehen nun daran, unsere Sätze zur Berechnung von Kurvenintegralen anzuwenden. Sei $f(z) = z^n$ (n ganz > 0), C eine stetig differenzierbare Kurve $z = z(s)$ $(0 \leqq s \leqq L)$ zwischen den Punkten p und q. Dann ist

$$(C) \int_{p}^{q} z^n\,dz = \int_{0}^{L} [z(s)]^n \frac{dz(s)}{ds}\,ds = \int_{0}^{L} \frac{1}{n+1} \frac{d[z(s)]^{n+1}}{ds}\,ds = \frac{q^{n+1} - p^{n+1}}{n+1}$$

Dasselbe Ergebnis erhalten wir, wenn wir C als nur stückweise stetig differenzierbare Kurve, etwa als Polygon voraussetzen, indem wir für die einzelnen Stücke integrieren und addieren; nach unserm Satz über die Berechnnng von Integralen über beliebige Kurven durch Integrale über Polygone folgt endlich für jede rektifizierbare Kurve C

$$(C) \int_p^q z^n \, dz = \frac{q^{n+1} - p^{n+1}}{n+1}.$$

Das Besondere dieses Resultats ist nun, daß dieses Integral gar *nicht von der Kurve C abhängt*, sondern nur vom Anfangs- und Endpunkt der Kurve.

Wir können ebenso die Kurvenintegrale über ein Polynom in z berechnen; weiter aber auch über jede Potenzreihe $\sum\limits_{n=0}^{\infty} a_n z^n$. Seien p und q zwei Punkte innerhalb des Konvergenzkreises $|z| < R$ und C eine rektifizierbare Kurve zwischen p und q innerhalb dieses Kreises. C hat also vom Rand $|z| = R$ einen positiven Abstand und liegt daher innerhalb oder auf einem konzentrischen Kreis von kleineren Radius $|z| \leqq$ $\leqq R' < R$. In diesem Bereich ist aber die Potenzreihe gleichmäßig konvergent und es gilt

$$(C) \int_p^q \left(\sum_{n=0}^{\infty} a_n z^n \right) dz = \sum_{n=0}^{\infty} (C) \int_p^q a_n z^n \, dz = \sum_{n=0}^{\infty} a_n \frac{q^{n+1} - p^{n+1}}{n+1},$$

wobei man sofort feststellt, daß auch die Potenzreihe $\sum\limits_{n=0}^{\infty} a^n \dfrac{z^{n+1}}{n+1}$ den Konvergenzradius R hat.

Auch hier ist also das Kurvenintegral nur von Anfangs- und Endpunkt, nicht aber vom Weg abhängig.

Es möge nun allgemein für eine stetige Funktion $f(z)$ in einem Gebiete G das Kurvenintegral $(C) \int_p^q f(z) \, dz$ nur von p und q, nicht aber von C abhängen; halten wir den Anfangspunkt p fest, so ist das Kurvenintegral eine nur vom Endpunkt abhängige Funktion, die wir mit $F(z)$ bezeichnen:

$$F(z) = \int_p^z f(u) \, du,$$

wo wir durch das Weglassen der Kurvenbezeichnung andeuten, daß das Integral von der Kurve unabhängig ist. Wir sprechen dann von

$F(z)$ als von *einem Integral der Funktion* $f(z)$. Für verschiedene Anfangspunkte p, etwa p' und p'' erhalten wir auch verschiedene Funktionen $F(z)$, die sich nur um additive Konstante unterscheiden; denn es ist

$$\int_{p'}^{z} f(u)\,du = \int_{p'}^{p''} f(u)\,du + \int_{p''}^{z} f(u)\,du.$$

Wir gehen einen Schritt weiter: ist $f(z)$ eine Potenzreihe, so ist $F'(z) = f(z)$; denn es ist ja

$$\frac{d}{dz}\left(\sum_{n=0}^{\infty} a_n \frac{z^{n+1} - p^{n+1}}{n+1}\right) = \sum_{n=0}^{\infty} a_n z^n.$$

Wir zeigen: Ist $F(z)$ in einem Gebiet G regulär eindeutig und ist $F'(z) = f(z)$ in G stetig, so ist das Kurvenintegral $(C)\int_p^q f(z)\,dz$ vom Weg C unabhängig und es ist

$$\int_p^q f(z)\,dz = F(q) - F(p).$$

Denn es ist dann, zunächst für eine differenzierbare Kurve, dann aber sofort für jede Kurve C:

$$(C)\int_p^q f(z)\,dz = \int_0^L F'(z(s)) \frac{dz(s)}{ds}\,ds = \int_0^L \frac{d\,F(z(s))}{ds}\,ds = F(q) - F(p).$$

Der Satz enthält den Fall der Potenzreihen natürlich als Spezialfall.

Eine reguläre Funktion $F(z)$ mit stetiger Ableitung $F'(z) = f(z)$ ist also ein Integral von $f(z)$; wir können davon gleich die Umkehrung zeigen:

Ist in einem Gebiet G die Funktion $F(z)$ ein Integral der stetigen Funktion $f(z)$, d. h. ist also das Kurvenintegral $(C)\int_p^q f(z)\,dz$ vom Weg unabhängig, so ist $F(z)$ in G regulär und $F'(z) = f(z)$.

Seien z_0 und $z_0 + h$ zwei Punkte in G; es ist

$$F(z_0 + h) - F(z_0) = \int_p^{z_0+h} f(z)\,dz - \int_p^{z_0} f(z)\,dz = \int_{z_0}^{z_0+h} f(z)\,dz;$$

mit z_0 gehört auch eine Kreisscheibe K um z_0 zu G; wählen wir $z_0 + h$ in K, so können wir die Integration längs der geraden Strecke von z_0 bis $z_0 + h$ vornehmen: $z = z_0 + ht$ $(0 \leqq t \leqq 1)$; wegen der Stetigkeit von $f(z)$ ist bei vorgegebenem $\varepsilon > 0$ für hinreichend kleine h stets $|f(z_0 + th) - f(z_0)| < \varepsilon$ für alle t. Dann ist

$$\frac{F(z_0+h) - F(z_0)}{h} - f(z_0) = \frac{1}{h} \int_{z_0}^{z_0+h} [f(z) - f(z_0)]\, dz \text{ und}$$

$$\frac{F(z_0+h) - F(z_0)}{h} - f(z_0) \mid < \frac{1}{\mid h \mid} \cdot \varepsilon \mid h \mid = \varepsilon, \quad \text{d. h. } F(z) \text{ ist}$$

differenzierbar und $F'(z) = f(z)$.

Die Bezeichnnng „Integral" für die vom Weg unabhängigen Kurvenintegrale $F(z) = \int_p^z f(u)\, du$ mit stetigem $f(u)$ ist jetzt auch insofern gerechtfertigt, da wie im Reellen gilt

$$\frac{d}{dz} \int_p^z f(u)\, du = f(z)$$

$$\text{und} \quad \int_p^q F'(z)\, d z = F(q) - F(p)$$

also *Integralbildung und Differentiation als inverse Operationen auftreten.* Wir kommen also ganz von selbst genau wie im Reellen zum Begriff des „unbestimmten Integrals", indem wir für eine Funktion $f(z)$ diejenige Funktion $F(z)$ suchen, deren Ableitung $F'(z) = f(z)$ ist. Wir sind aber noch nicht soweit, daß wir den Bereich derjenigen Funktionen $f(z)$ angeben können, für die ein solches unbestimmtes Integral überhaupt existiert. Daß dies, ebenso wie die Differenzierbarkeit einer Funktion im Komplexen mehr besagt als im Reellen, das gibt der Funktionentheorie ihre eigentümliche Note. Vorerst aber noch einige Folgerungen und Hinweise auf Funktionen, für die ein unbestimmtes Integral nicht existiert.

Ist auf einem Gebiet G die Ableitung einer regulären Funktion $F'(z) = 0$, so ist $F(z)$ konstant.

Das wissen wir schon von den *Cauchy-Riemann*schen Differentialgleichungen her. Nun folgt es sofort wieder aus $\int_p^q F'(z)\, dz = F(q) - F(p)$. Das unbestimmte Integral einer Funktion ist daher, falls es existiert, bis auf eine additive Konstante bestimmt.

Nun geben wir Funktionen $f(z)$ an, für die ein unbestimmtes Integral nicht existiert, für welche also $(C) \int_p^q f(z)\, dz$ von C abhängt. Es sei $f(z) = \bar{z}$; wir berechnen das Kurvenintegral von -1 bis $+1$, und zwar längs des Einheitskreises $\mid z \mid = 1$; es ist also für die Kurve $z = e^{i\varphi}$,

$\bar{z} = e^{-i\varphi}$ und $\dfrac{dz}{d\varphi} = e^{i\varphi}.\, i$. Das Integral werde nun das einemal längs des oberen Halbkreises genommen, also von $\varphi = \pi$ bis $\varphi = 0$; das liefert den Wert

$$\int_{\pi}^{0} e^{-i\varphi}.\, i\, e^{i\varphi}\, d\varphi = -i\,\pi;$$

das anderemal längs des unteren Halbkreises von $\varphi = \pi$ bis $\varphi = 2\,\pi$; das liefert aber

$$\int_{\pi}^{2\,\pi} e^{-i\varphi}.\, i\, e^{i\varphi}\, d\varphi = +\,i\,\pi.$$

Es hat also $f\,(z) = \bar{z}$ kein unbestimmtes Integral.

Nehmen wir zweitens $f\,(z) = \dfrac{1}{z}$ für $z \neq 0$; hier scheint die Sache einfach, denn wir können ja eine Funktion angeben, nämlich $F\,(z) = \log z$, so daß $F'\,(z) = \dfrac{1}{z}$; also ist $F\,(z)$ ein unbestimmtes Integral von $f\,(z)$. Aber es ist $F\,(z)$ keine eindeutige Funktion, wie wir immer voraussetzten; es ist ja $\log z = \log |z| + i \arg z$, also nur bis auf Vielfache von $2\,\pi\,i$ bestimmt. Tatsächlich wirkt sich das auch auf die Kurvenintegrale $\int_{p}^{q} \dfrac{1}{z}\,dz$ aus; rechnen wir wieder das Integral von -1 bis $+1$ längs der oberen, bzw. unteren Hälfte des Einheitskreises wie oben aus, so ist $\dfrac{1}{z} = e^{-i\varphi}$ und wir erhalten die Werte $-i\,\pi$, bzw. $+i\,\pi$. Solange wir uns nur mit eindeutigen Funktionen beschäftigen, dürfen wir $\log z$ nur in einem Gebiet G betrachten, in dem $\arg z$ eindeutig und stetig festgelegt werden kann, z. B. in einem Kreisgebiet, das den Nullpunkt nicht enthält. Wir werden später noch ausführlich auf solche mehrdeutigen Funktionen zu sprechen kommen.

Übungsbeispiele.

1. Man bestimme die Bogenlänge der logarithmischen Spirale $z = e^{i^{t}}$ für $a \leqq t \leqq b$.
2. Man zeige, daß für eine stetige Funktion $f\,(z)$ auf einer rektifizierbaren Kurve C $\quad z = z\,(s)\ (0 \leqq s \leqq L)$ gilt:

$$|\,(C)\ \int f\,(z)\, d\,z\,| \leqq \int_{0}^{L} |\,f\,(z\,(s))\,|\, d\,s.$$

3. Man zeige, daß in einem Gebiet eine nichtkonstante reelle Funktion kein unbestimmtes Integral haben kann.

4. Man berechne das Kurvenintegral $(C) \int_{-i}^{+i} |z|\, dz$ das einemal längs der imaginären Achse, das anderemal längs des Halbkreises $z = e^{i\varphi}$ von $\varphi = -\dfrac{\pi}{2}$ bis $\varphi = +\dfrac{\pi}{2}$.

5. Man untersuche allgemein das Integral $\int \bar{z}\, dz$ und zeige, daß der Realteil vom Weg unabhängig ist; was bedeutet der Imaginärteil des Integrals?

V. Der Satz von Cauchy.

Der folgende Abschnitt bringt den Hauptsatz der ganzen Theorie; der Satz von *Cauchy*, in der seit *Goursat* üblichen Fassung bewiesen, gibt erst die volle Bedeutung der Differenzierbarkeit im Komplexen; der Bereich der Funktionen, für die ein unbestimmtes Integral existiert, wird hier abgegrenzt; es wird gezeigt, daß eine in einem Gebiet reguläre Funktion dort überall sogar in eine Potenzreihe entwickelt werden kann; fast alle weiteren Sätze gehen gleichfalls ganz wesentlich auf den Satz von *Cauchy* zurück.

§ 1. Der Beweis des Satzes nach Goursat.

Zunächst noch einige Begriffe aus der Punktmengenlehre.

Eine <u>Kurve C</u> auf der Zahlenebene ist erklärt als die Menge der Punkte $z = z(t)$ mit stetigem $z(t)$, wenn der reelle Parameter t das abgeschlossene Intervall $[a\,b]$ durchläuft. Da $z(t)$ in einem abgeschlossenen beschränkten Intervall stetig, also auch beschränkt ist, ist auch C eine beschränkte Menge. Um dabei Mengen, welche anschaulich nicht mehr als Kurven bezeichnet werden können, auszuschließen[1], bezeichnet man speziell als *Jordan*sche Kurven diejenigen Kurven, bei welchen verschiedenen t-Werten auch verschiedene z-Werte entsprechen; ausgenommen sei höchstens das Wertepaar $t = a$, $t = b$. Ist stets für

---

[1] Es können unter diesen Kurven, da nur die Stetigkeit von $z(t)$ vorausgesetzt sind, auch z. B. Quadratflächen auftreten.

$t_1 \neq t_2$ auch $z(t_1) \neq z(t_2)$, so ist die Kurve das eineindeutige Bild des Intervalls $[a\,b]$, wir sprechen von einem *(Jordan-)Bogen*. Ist $z(a) = z(b)$, sonst aber für $t_1 \neq t_2$ stets $z(t_1) \neq z(t_2)$, so ist die Kurve das eineindeutige stetige Bild eines Kreises, wir sprechen von einer *geschlossenen Jordankurve*.

*Jordan*kurven brauchen nicht rektifizierbar zu sein und können die mannigfaltigsten Gestalten haben. So z. B. ist die folgende Kurve eine geschlossene *Jordan*kurve, die aus vier Teilen besteht, welche *Jordan*kurven sind:

$$0 \leq x \leq 1,\ y = x \sin \frac{1}{x};\quad x = 1,\ -1 \leq y \leq \sin 1;$$

$$0 \leq x \leq 1,\ y = -1;\ x = 0,\ -1 \leq y \leq 0.$$

Diese Kurve ist nicht rektifizierbar.

Die gerade Strecke, ein sich nicht überkreuzender Polygonzug sind Beispiele für *Jordan*kurven, ein Kreis, ein geschlossenes Polygon ohne Selbstüberkreuzung sind geschlossene *Jordan*kurven.

Sei nun C eine geschlossene *Jordan*kurve der Ebene E; C ist eine abgeschlossene Menge; es ist dann die Menge aller nicht zu C gehörigen Punkte der Ebene, die Menge $E - C = O$ eine offene Menge: denn jeder Punkt p von $E - C$ hat von der abgeschlossenen Menge C einen positiven Abstand d; also gehört mit p auch die ganze Kreisscheibe $|z - p| < d$ ganz zu O und O ist offen. Es gilt nun für O der fundamentale *Jordansche Kurvensatz*:

Für eine geschlossene Jordankurve C der Ebene E besteht die offene Menge $O = E\!-\!C$ aus genau zwei Gebieten $O = O_1 + O_2$ und C ist die Begrenzung sowohl von O_1 als von O_2, also $C = B(O_1) = B(O_2)$. Von den Gebieten O_1 und O_2 ist eines beschränkt und eines unbeschränkt; das erstere nennt man auch das *Innere* von C, das zweite auch das *Äußere* von C.

Auf den Beweis dieses Satzes können wir nicht eingehen.

Nun der Begriff einer *zusammenhängenden* Menge: eine Menge M heißt zusammenhängend, wenn bei jeder Zerlegung von M in zwei zueinander fremde, nichtleere Mengen $M = M_1 + M_2$ entweder M_1 Häufungspunkte von M_2 oder M_2 solche von M_1 enthält (M_1 und M_2 heißen fremd, wenn sie keinen Punkt gemein haben, eine Menge heißt leer, wenn sie keinen Punkt enthält). Z. B. ist die Menge der reellen Zahlen x mit $0 \leq x \leq 1$ zusammenhängend (man überlege einen Beweis hiefür!); ebenso ein Polygonzug; ebenso jede Kurve $z = z(t)$ $(a \leq t \leq b)$ mit stetigem $z(t)$; ferner ist ein Gebiet G eine zusammenhängende Menge: sei $G = G_1 + G_2$ eine Zerlegung von G in fremde, nichtleere

Mengen; sei p ein Punkt von G_1, q ein solcher von G_2; wir verbinden p und q durch einen Polygonzug Π in G und zerlegen Π in die zu G_1 und die zu G_2 gehörigen Mengen $\Pi = \Pi_1 + \Pi_2$; wegen des Zusammenhangs von Π enthält entweder Π_1 Häufungspunkte von Π_2 oder Π_2 solche von Π_1; also muß auch G_1 Häufungspunkte von G_2 oder G_2 solche von G_1 enthalten.

Eine zusammenhängende Menge M, die zur geschlossenen *Jordan*kurve C fremd ist, liegt entweder ganz im Innern oder ganz im Äußern von C. Ist nämlich $E - C = O_1 + O_2$ die Zerlegung der Ebene durch C in das innere und äußere Gebiet und ist M zu C fremd, also in $O_1 + O_2$ enthalten und $M = M_1 + M_2$ die Zerlegung von M in die zu O_1, bzw. O_2 gehörigen Teilmengen, so enthält M_1 keine Häufungspunkte von M_2 und M_2 keine solchen von M_1; dann muß aber, weil M zusammenhängend ist, entweder M_1 oder M_2 leer sein, also M ganz in O_1 oder ganz in O_2 liegen.

Hat also eine zusammenhängende Menge sowohl mit dem Innern wie mit dem Äußern von C Punkte gemein, so hat sie auch mit C Punkte gemein.

Die Summe beliebig vieler zusammenhängender Mengen, die einen Punkt gemein haben, ist zusammenhängend.

Enthält eine Menge M zu je zweien ihrer Punkte p und q eine zusammenhängende Menge, die p und q enthält, so ist M gleichfalls zusammenhängend; um die vorige Bemerkung anwenden zu können, brauchen wir ja nur p festzuhalten und q alle Punkte von M durchlaufen zu lassen.

Weiter nennt man ein Gebiet G, dessen Begrenzung $B(G)$ eine zusammenhängende Menge ist, ein *einfachzusammenhängendes* Gebiet. Die von einer geschlossenen *Jordan*kurve begrenzten Gebiete sind also einfachzusammenhängend. Ebenso die Gebiete, die aus der vollen funktionentheoretischen Ebene mit Ausnahme eines Punktes bestehen: etwa die Menge aller Punkte z mit $|z| \neq 0$. Ist G ein einfachzusammenhängendes Gebiet, so ist dessen Komplementmenge $E - G$ zusammenhängend: seien p und q zwei Punkte aus $E - G$; wir verbinden p und q durch einen Polygonzug Π; enthält Π Punkte aus G, so erfüllen diese gewisse Teilstrecken aus Π und Π muß als deren Endpunkte auch Punkte aus $B(G)$ enthalten; wir denken uns dann aus Π die Punkte von G getilgt und statt ihrer die ganze zusammenhängende Menge $B(G)$ hinzugefügt; die so entstehende Menge ist wieder zusammenhängend und enthält nur Punkte aus $E-G$. Also ist nach dem Obigen auch $E-G$ zusammenhängend.

Wir können nun den Satz von *Cauchy* folgendermaßen formulieren:

Sei G ein beschränktes, einfachzusammenhängendes Gebiet, $f(z)$ eine reguläre Funktion in G und C eine rektifizierbare geschlossene Kurve[1] in G. Dann gilt

$$(C) \int f(z)\, dz = 0.$$

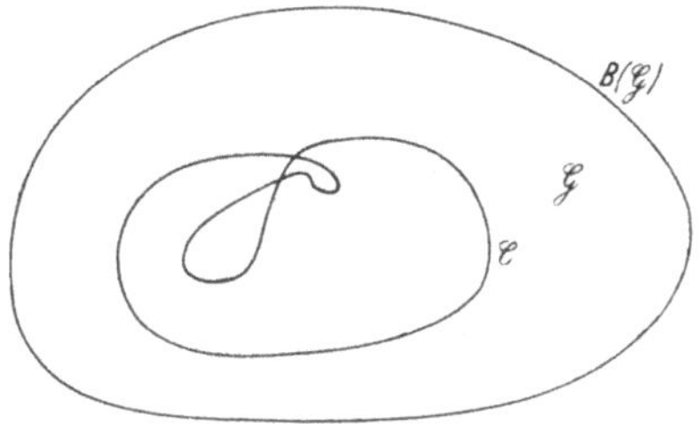

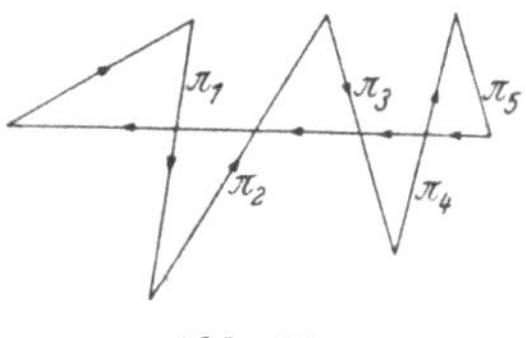
Abb. 14.

Zum Beweis genügt es, den Satz für geschlossene Polygone zu zeigen, da ja das Integral über C stets durch Polygonintegrale beliebig genau dargestellt werden kann.

Ein solcher Polygonzug wird im allgemeinen Selbstüberkreuzungen aufweisen; wir können aber gleich ausschließen, daß eine Strecke unmittelbar anschließend nochmals in entgegengesetzter Richtung durchlaufen wird. Ist dann das geschlossene Polygon Π dargestellt durch $z=z(s)$ $(0 \leqq s \leqq L)$ mit $z(0) = z(L)$ und sei etwa $z(s_1) = z(s_2)$ für ein Wertepaar $0 \leqq s_1 < s_2 < L$, so stellt die Kurve $z = z(s)$ $(s_1 \leqq s \leqq s_2)$ ein geschlossenes Polygon Π_1 dar, ebenso die restliche Kurve Π_2, die den Parameterintervallen $0 \leqq s \leqq s_1$, $s_2 \leqq s \leqq L$ entspricht. Verfährt man mit diesen Polygonen Π_1 und Π_2 wieder wie oben, so können wir Π schließlich aus endlichvielen Polygonen ohne Selbstüberkreuzung zusammensetzen; aus endlichvielen, weil nicht beliebig kleine Intervalle mit in Π zusammenfallenden Anfangs- und Endpunkt in $[0, L]$ auftreten. (Abb. 15.)

Abb. 15.

Wir brauchen also schließlich den Satz nur für geschlossene Polygone Π in G ohne Selbstüberkreuzung zu zeigen. Ein solches Polygon Π bestimmt nach dem *Jordan*schen Kurvensatz zwei Gebiete, ein Inneres

---

[1] Die rektifizierbare Kurve C, dargestellt durch $z = z(s)$ $(0 \leqq s \leqq L)$ bezeichnen wir als geschlossen, wenn $z(0) = z(L)$; beim Kurvenintegral über C setzen wir dann Anfangs- oder Endpunkt nicht in Evidenz, da hier jeder Punkt von C als solcher genommen werden kann. Die Kurve C ist i. a. natürlich keine *Jordan*kurve, da Selbstüberkreuzungen vorkommen können.

und ein Äußeres. Das Innere von Π liegt nun in G. Denn nach Voraussetzung ist $B(G)$, also auch die Menge $E-G$ zusammenhängend; ferner liegt Π in G, also ist $E-G$ zu Π fremd; eine zusammenhängende, zu Π fremde Menge liegt entweder ganz im Innern oder ganz im Äußern von Π; also liegt $E-G$ entweder im Innern oder im Äußern von Π. Da nun der unendlichferne Punkt ∞ zu $E-G$ und zum Äußern von Π gehört, liegt $E-G$ im Äußern von Π und das Innere von Π ist in G enthalten.

Wir denken uns Π in einem bestimmten Sinn durchlaufen. Das Innere eines solchen Polygons Π ohne Selbstüberkreuzung können wir nun durch gerade Strecken in Dreiecke zerlegen; dabei können wir für alle Dreiecke einen Durchlaufungssinn so angeben, daß jede Seite, die zu zwei Dreiecken gehört, diesen Dreiecken entsprechend in zwei verschiedenen Richtungen durchlaufen wird, und daß jede Dreiecksseite, welche zu Π gehört, als Dreiecksseite in demselben Sinn durchlaufen wird wie bei Durchlaufung von Π. Dann ist aber das Kurvenintegral über Π gleich der Summe der einzelnen Dreiecksintegrale; denn die im Innern befindlichen Dreiecksseiten werden dann je zwei mal, und zwar im entgegengesetzten Sinn durchlaufen, fallen also in der Summe fort. (Abb. 16.)

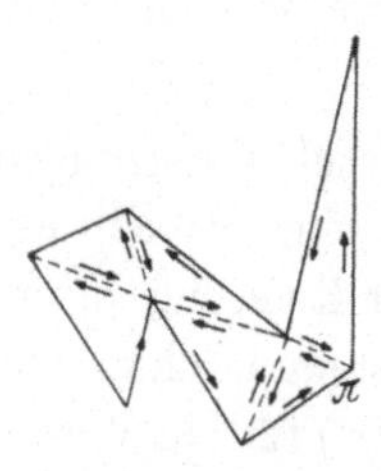

Abb. 16.

Wir haben also den Satz noch allgemein für ein Dreieck D zu beweisen. Wir halbieren die Seiten von D, verbinden die Halbierungspunkte und erhalten so vier kongruente Dreiecke $D_1 \ldots D_4$; legen wir für diese Dreiecke eine Orientierung innerhalb D ebenso wie oben für die Dreiecke des Polygons fest, so erhalten wir

$$(D) \int f(z)\,dz = \sum_{n=1}^{4} (D_n) \int f(z)\,dz.$$

Sei nun $|(D) \int f(z)\,dz| = K$. Dann ist mindestens für ein D_i

$$|(D_i) \int f(z)\,dz| \geqq \frac{K}{4}.$$

Nennen wir dieses Dreieck $D^{(1)}$ und iterieren unser Verfahren an $D^{(1)}$, so erhalten wir sukzessive eine Folge von ineinandergeschachtelten

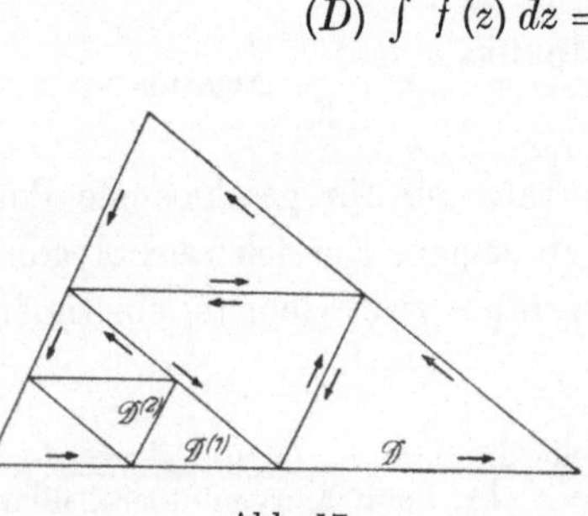

Abb. 17.

Dreiecken $D^{(1)}, D^{(2)}, \ldots$, so daß für das n-te Dreieck $D^{(n)}$ gilt:

$$\left|\, (D^{(n)}) \int f(z)\, dz \,\right| \geqq \frac{K}{4^n}.$$

Da die Seiten dieser Dreiecke sich jedesmal halbieren, so bestimmt die Folge der $D^{(k)}$ genau einen Punkt z_0, der natürlich innerhalb oder auf D, also auch in G liegt. Nun ist $f(z)$ in G, also auch in z_0 differenzierbar; es gibt daher zu einem vorgegebenem $\varepsilon > 0$ ein $\delta(\varepsilon)$, so daß für alle $|z - z_0| < \delta(\varepsilon)$ gilt

$$\left|\, \frac{f(z) - f(z_0)}{z - z_0} - f'(z_0) \,\right| < \varepsilon$$

oder $|f(z) - f(z_0) - f'(z_0)(z - z_0)| < \varepsilon\,|z - z_0|$.

Sei s die Länge der größten Seite von D, also $\dfrac{s}{2^n}$ die der größten Seite von $D^{(n)}$; wir bestimmen den Index $n(\varepsilon)$ so, daß für $n > n(\varepsilon)$ gilt $\dfrac{s}{2^n} < \delta(\varepsilon)$. Nun ist für jeden Punkt z von $D^{(n)}$ sicher $|z - z_0| < \dfrac{s}{2^n}$, also auch $< \delta(\varepsilon)$, da ja z_0 innerhalb oder auf $D^{(n)}$ liegt; die Länge von $D^{(n)}$ ist $\leqq 3\,\dfrac{s}{2^n}$. Dann folgt aus der obigen Ungleichung

$$\left|\, (D^{(n)}) \int [f(z) - f(z_0) - f'(z_0)(z - z_0)]\, dz \,\right| \leqq \varepsilon \cdot \frac{s}{2^n} \cdot 3\,\frac{s}{2^n} = \frac{3\,\varepsilon\, s^2}{4^n}.$$

Nun ist für die geschlossene Kurve $D^{(n)}$

$$(D^{(n)}) \int dz = 0 \text{ und } (D^{(n)}) \int (z - z_0)\, dz = 0 \text{ also}$$

$$\left|\, (D^{(n)}) \int f(z)\, dz \,\right| \leqq \frac{3\,\varepsilon\, s^2}{4^n}.$$

Im Verein mit der obigen Ungleichung für dasselbe Integral folgt daraus

$$\frac{3\,\varepsilon\, s^2}{4^n} \geqq \frac{K}{4^n}$$

und daher $K = 0$, wie behauptet.

Bemerkung. Ist die Ableitung $f'(z)$ in G stetig, so können wir den *Cauchy*schen Satz ohneweiters ableiten, indem wir in Real- und Imaginärteil spalten, wie dies vor *Goursat* üblich war. Sei in G $f(z) = u + iv$, die partiellen Ableitungen von u, v vorhanden und stetig und es sei $u_x = v_y,\ u_y = -v_x$; dann ist für eine geschlossene stetig differenzierbare Kurve C in G, etwa $x = x(s),\ y = y(s)$ $(0 \leqq s \leqq L)$ nach der *Gauß*schen Formel, wobei B das von C eingeschlossene Gebiet sei:

$$(C) \int f(z)\,dz = \int_0^L [u\,x'(s) - v\,y'(s)]\,ds + i \int_0^L [u\,y'(s) + v\,x'(s)]\,ds =$$

$$= - \int\int_B [u_y + v_x]\,dx\,dy + i \int\int_B [u_x - v_y]\,dx\,dy = 0.$$

Als einfache Folgerung aus dem *Cauchy*schen Satz stellen wir fest:

Ist G ein beschränktes einfachzusammenhängendes Gebiet und f(z) regulär in G, so hat f(z) ein Integral in G, d. h. es ist das Kurvenintegral

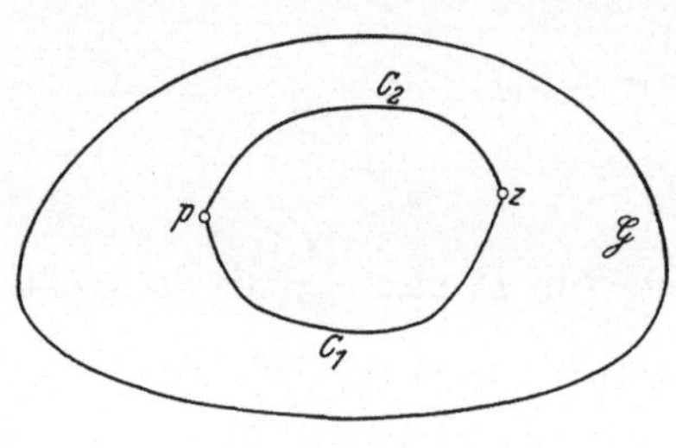

Abb. 18,

$$\int_p^z f(u)\,du = F(z)$$

vom Weg unabhängig.

Denn für zwei verschiedene Wege C_1 und C_2 zwischen p und z ist ja die aus C_1 und $-C_2$ zusammengesetzte Kurve $C_1 - C_2$ eine geschlossene, also das Integral darüber $= 0$; das ist aber

$$(C_1) \int_p^z f(u)\,du - (C_2) \int_p^z f(u)\,du = 0.$$

§ 2. Die Cauchysche Formel.

Zunächst die *Orientierung* von geschlossenen *Jordan*schen Kurven.

Bilden wir das Integral $I(z) = (C) \int \dfrac{d\zeta}{\zeta - z}$ über eine geschlossene rektifizierbare Kurve C, wobei z nicht auf C liege, so ist das Integral $I(z) = (C) \int \dfrac{d\lg(\zeta - z)}{d\zeta}\,d\zeta$, kann also nur ganzzahlige Vielfache von $2\pi i$ als Wert annehmen; da ferner $I(z)$ für alle nicht auf C liegenden Werte von z stetig ist, ist $I(z)$ konstant auf jedem durch C bestimmten Gebiet; insbesonders ist $I(z)$ im Außengebiet von C (d. i. jenes Gebiet, welches den unendlichfernen Punkt enthält) konstant $= 0$: denn für hinlänglich große z ist ja der Integrand von $I(z)$ beliebig klein.

Ist nun C eine *Jordan*kurve, also durch C ein einziges Innengebiet O bestimmt, so wollen wir als gegeben annehmen, daß, wenn z in O liegt, bei Durchlaufung von C das $\arg(\zeta - z)$ sich um $\pm 2\pi$ ändert; das Vorzeichen hängt dabei von der Orientierung von C ab.

Wir wollen nun die Orientierung von C stets so vornehmen, daß für ein z im Innern von C

$$(C) \int \frac{d\zeta}{\zeta - z} = 2\pi i$$

gilt.

Für ein Dreieck, einen Kreis, ein Polygon ohne Selbstüberkreuzung kommt diese Orientierung darauf hinaus, daß bei einer solchen Durchlaufung von C das Innere „zur Linken" bleibt. Für allgemeine rektifizierbare Kurven ist natürlich diese Merkregel i. a. sinnlos, da wir hier nicht links oder rechts präzisieren können.

Ist das Integral $I(z)$ für eine beliebige geschlossene Kurve C gleich $2\pi i\, n$, so sagen wir, daß C den Punkt z n-mal umlaufe.

Nun kommen wir zur Formel von *Cauchy*.

Sei G ein beschränktes einfachzusammenhängendes Gebiet, $f(z)$ in G regulär und z ein Punkt in G. Ferner seien in G zwei rektifizierbare Jordankurven C und C' gegeben, so daß z im Innern sowohl von C, als von C' liege. Dann ist

$$(C) \int \frac{f(\zeta)}{\zeta - z}\, d\zeta = (C') \int \frac{f(\zeta)}{\zeta - z}\, d\zeta$$

Das Innere von C und C' liegt also wieder in G. Es genügt, den Satz nur für den Fall zu zeigen, daß C und C' geschlossene Polygone Π und Π' ohne Selbstüberkreuzung sind[1]. Wir denken uns den von Π begrenzten abgeschlossenen Bereich und ebenso den von Π' begrenzten Bereich in endlichviele Dreiecksflächen zerlegt; der sowohl dem ersten wie dem zweiten Bereich angehörige Durchschnittsbereich werde dabei beidemal in derselben Weise zerlegt; der Punkt z liege im Innern eines Dreiecks, etwa von Δ_1. Orientieren wir alle Dreiecke und Π wie Π' in positivem Sinn, so ist, weil $\dfrac{f(\zeta)}{\zeta - z}$ nur für $\zeta = z$ nicht regulär ist,

$$(\Pi) \int \frac{f(\zeta)}{\zeta - z}\, d\zeta = (\Delta_1) \int \frac{f(\zeta)}{\zeta - z}\, d\zeta = (\Pi') \int \frac{f(\zeta)}{\zeta - z}\, d\zeta.$$

Damit ist aber auch der obige Satz gezeigt.

---

[1] Daß man sich auf hinreichend feine Polygone beschränken kann, ist klar. Jedes geschlossene Polygon läßt sich als Summe von geschlossenen Polygonen ohne Selbstüberkreuzung darstellen; diejenigen, deren Inneres z nicht enthält, geben zum Integral den Beitrag Null; die restlichen, die z im Inneren enthalten, umlaufen insgesamt den Punkt z einmal.

Nehmen wir nun für C' etwa einen Kreis K_ε um z mit dem Radius ε, der ganz in G verlaufe; K_ε sei in Parameterdarstellung: $\zeta = z + \varepsilon \cdot e^{i\varphi}$ $(0 \leqq \varphi \leqq 2\pi)$; also ist (Abb. 19.)

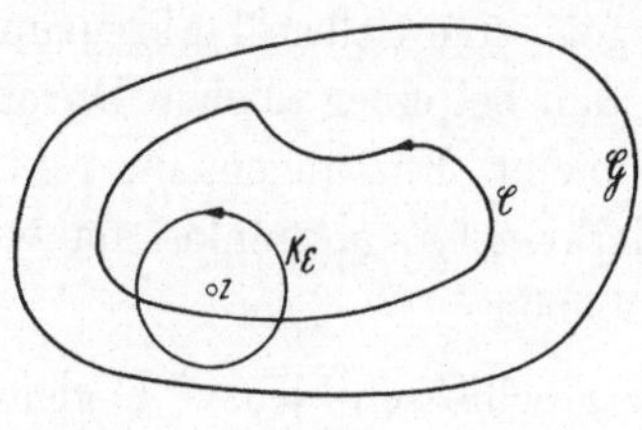

Abb. 19.

$$(K_\varepsilon) \int \frac{f(\zeta)\, d\zeta}{\zeta - z} =$$

$$= i \int_0^{2\pi} f(z + \varepsilon\, e^{i\varphi})\, d\varphi.$$

Dieses Integral ist aber $= 2\pi i f(z)$; denn es ist unabhängig von ε und

$$\int_0^{2\pi} f(z + \varepsilon\, e^{i\varphi})\, d\varphi - 2\pi f(z) = \int_0^{2\pi} [f(z + \varepsilon\, e^{i\varphi}) - f(z)]\, d\varphi,$$ der absolute Betrag also $\leqq 2\pi \,\underset{\varphi}{\text{Max}} \,|f(z + \varepsilon\, e^{i\varphi}) - f(z)|$, also wegen der Stetigkeit von f durch Wahl von ε beliebig klein.

Ist G ein beschränktes einfachzusammenhängendes Gebiet, $f(z)$ regulär in G und C eine rektifizierbare Jordankurve in G. Dann ist für jedes z innerhalb von C

$$f(z) = \frac{1}{2\pi i}\,(C) \int \frac{f(\zeta)}{\zeta - z}\, d\zeta \quad \text{(Formel von Cauchy)}$$

Durch die Werte von f auf der Kurve C sind also die Werte von f im Innern von C eindeutig festgelegt.

Sei endlich z ein Punkt im Äußern von C; dann ist $\dfrac{f(\zeta)}{\zeta - z}$ als Funktion von ζ überall in G, außer etwa für $\zeta = z$ regulär; wir verbinden z durch einen Polygonzug $\varPi$ im Äußeren von C mit einem Randpunkt von G; das Gebiet $G^* = G - \varPi$ ist dann ein einfachzusammenhängendes Gebiet, das die Kurve C enthält und den Punkt z nicht enthält.: in Anwendung des *Cauchy*schen Satzes ist dann

$$(C) \int \frac{f(\zeta)}{\zeta - z}\, d\zeta = 0.$$

§ 3. Darstellung der regulären Funktionen durch Potenzreihen.

Eine der wichtigsten Konsequenzen, die unmittelbar aus der *Cauchy*schen Formel gefolgert werden können, ist die Möglichkeit, eine reguläre Funktion $f(z)$ in jedem Punkt innerhalb ihres Definitionsgebietes in eine Potenzreihe entwickeln zu können.

Sei $f(z)$ im Gebiet G regulär, ζ_1 ein Punkt in G; der Abstand des Punktes ζ_1 vom Rande $B(G)$ von G sei R. Dann liegt die Kreisscheibe G_1 mit $|z-\zeta_1| < R$ ganz in G.

Ferner werde mit $R_1 < R$ der Kreis $|\zeta-\zeta_1| = R_1$ gezogen und mit C bezeichnet. Für einen Punkt z im Innern von C, also für $|z-\zeta_1| < R_1$ gilt dann, da G_1 ein einfachzusammenhängendes Gebiet ist, die *Cauchy*sche Formel:

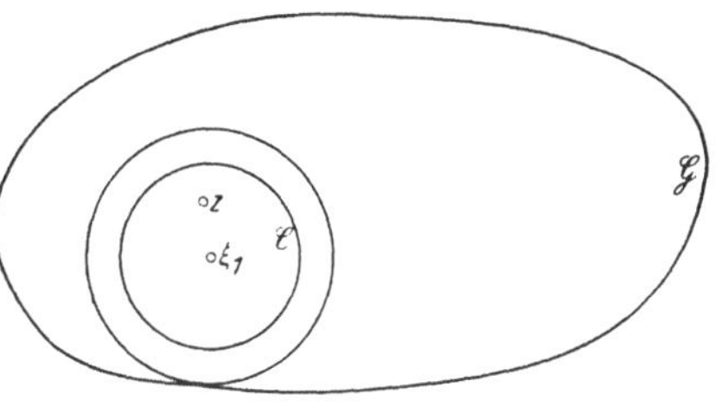

Abb. 20.

$$f(z) = \frac{1}{2\pi i} (C)\int \frac{f(\zeta)}{\zeta-z} d\zeta.$$

Nun ist wegen $|z-\zeta_1| < R_1 = |\zeta-\zeta_1|$

$$\frac{1}{\zeta-z} = \frac{1}{(\zeta-\zeta_1)(1-\frac{z-\zeta_1}{\zeta-\zeta_1})} = \frac{1}{\zeta-\zeta_1} \sum_{n=0}^{\infty} \left(\frac{z-\zeta_1}{\zeta-\zeta_1}\right)^n,$$

welche geometrische Reihe für alle z im Innern von C konvergiert; bei festgehaltenem z ist die geometrische Reihe für alle ζ mit $|\zeta-\zeta_1| = R_1$ gleichmäßig konvergent, wir können unser Integral gliedweise integrieren und erhalten:

$$f(z) = \frac{1}{2\pi i} \sum_{n=0}^{\infty} (z-\zeta_1)^n (C)\int \frac{f(\zeta)}{(\zeta-\zeta_1)^{n+1}} d\zeta.$$

Die Potenzreihe konvergiert für alle z mit $|z-\zeta_1| < R_1$, also da $R_1 < R$ beliebig war, und wegen der Eindeutigkeit der Potenzreihenentwicklung für alle $|z-\zeta_1| < R$:

Die in G reguläre Funktion $f(z)$ läßt sich für jede Stelle ζ_1 von G in eine Potenzreihe entwickeln, die innerhalb des größten Kreises um ζ_1 konvergiert, dessen Inneres ganz zu G gehört. Dies ist nun ein sehr überraschendes Ergebnis: denn wir haben $f(z)$ in G nur regulär, also in jedem Punkt differenzierbar vorausgesetzt, woraus schon folgt, daß $f(z)$ überall in G in eine Potenzreihe entwickelt werden kann, die so weit konvergiert, als überhaupt die Funktion regulär ist; insbesonders ist also $f(z)$ dann beliebig oft differenzierbar, im Gegensatz zum Reellen, wo aus der einmaligen Differenzierbarkeit einer Funktion nicht einmal die Stetigkeit der Ableitung folgt.

Jetzt können wir auch den Umfang der Funktionen $f(z)$ festlegen, für die ein Integral existiert: *Ist in einem Gebiet G für eine stetige Funktion $f(z)$ das Integral $(C) \int f(z)\, dz = 0$ für jede geschlossene Kurve C,*

so ist $\int\limits_{p}^{z} f(\zeta)\, d\zeta = F(z)$ in G regulär und $F'(z) = f(z)$; daraus folgt jetzt noch weiter, daß $f(z)$ *als Ableitung einer regulären Funktion wieder regulär in G ist (Satz von Morera).*

Zusammen mit dem Satz von *Cauchy* gilt also: *In einem beschränkten einfachzusammenhängenden Gebiet G sind die in G regulären Funktionen identisch mit den Funktionen, für welche ein Integral existiert (deren Integral also über jede geschlossene Kurve den Wert Null gibt). Alle diese Funktionen sind aber wieder identisch mit den Funktionen in G, welche an jeder Stelle in eine Potenzreihe entwickelt werden können,* so daß also von drei Seiten her und unabhängig voneinander die regulären Funktionen definiert werden können und ihre Theorie sich entwickeln läßt.

Wir gehen auf die Entwicklung zurück:

$$f(z) = \frac{1}{2\pi i} \sum_{n=0}^{\infty} (z-\zeta_1)^n \, (C) \int \frac{f(\zeta)\, d\zeta}{(\zeta-\zeta_1)^{n+1}}$$

wo für C natürlich jede geschlossene *Jordan*kurve in G, die ζ_1 im Innern enthält, genommen werden kann, sofern das Innengebiet von C ganz zu G gehört; wir brauchen ja nur die Überlegungen von S. 69 zu wiederholen. Wir wissen nun von früher, daß $f(z)$ sicher nur auf eine Art in eine Potenzreihe in ζ_1 entwickelt werden kann und die Potenzreihe stets die *Taylorentwicklung* von $f(z)$ in ζ_1 darstellt:

$$f(z) = \sum_{n=0}^{\infty} (z-\zeta_1)^n \, \frac{f^{(n)}(\zeta_1)}{n!}$$

Vergleicht man die Koeffizienten von $(z-\zeta_1)^n$ in diesen Darstellungen und schreibt statt ζ_1 wieder z, so *erhalten wir für die Ableitungen von $f(z)$*

$$f^{(n)}(z) = \frac{n!}{2\pi i} \cdot (C) \int \frac{f(\zeta)\, d\zeta}{(\zeta-z)^{n+1}}$$

wo C eine den Punkt z einschließende, geschlossene *Jordan*kurve in G ist.

Für $n = 0$ ist dies die Formel von *Cauchy.* Von hier aus lassen sich die Formeln für beliebige n rekursiv auch direkt ableiten; wir führen das für $n = 1$ durch. Liegen z und $z + h$ innerhalb von C, so ist:

$$f(z+h) - f(z) = \frac{1}{2\pi i} \, (C) \int f(\zeta) \left[\frac{1}{\zeta-z-h} - \frac{1}{\zeta-z}\right] d\zeta \quad \text{oder} \; (h \neq 0)$$

$$\frac{f(z+h) - f(z)}{h} = \frac{1}{2\pi i} (C) \int f(\zeta) \frac{d\zeta}{(\zeta-z)(\zeta-z-h)}$$

Für $h \longrightarrow 0$ ist die Funktionenfolge $\dfrac{1}{\zeta-z-h}$ für alle ζ gleichmäßig konvergent, woraus sofort folgt

$$f'(z) = \frac{1}{2\pi i} (C) \int \frac{f(\zeta)\, d\zeta}{(\zeta-z)^2}.$$

Wir schließen hier eine einfache Bemerkung zur *Cauchy*schen Formel an. Sei wieder G ein beschränktes einfachzusammenhängendes Gebiet, C eine geschlossene *Jordan*kurve in G und z ein Punkt innerhalb C. Dann ist für die in G reguläre Funktion $f(z)$

$$f(z) = \frac{1}{2\pi i} (C) \int \frac{f(\zeta)\, d\zeta}{\zeta-z},$$

es werden also die Werte von f im Innern von C durch die Randwerte von f dargestellt. Es liegt nun nahe, auf C beliebige, aber stetige Werte $\varphi(\zeta)$ anzunehmen und im Integral statt $f(\zeta)$ einzutragen; wird dann durch das Integral eine reguläre Funktion dargestellt und strebt diese Funktion bei Annäherung an einen Punkt ζ von C etwa gegen $\varphi(\zeta)$? Erstere Frage ist mit ja, die zweite mit nein zu beantworten. Bilden wir nämlich

$$\varphi(z) = \frac{1}{2\pi i} (C) \int \frac{\varphi(\zeta)\, d\zeta}{\zeta-z}$$

für jeden beliebigen, nicht auf C gelegenen Punkt, so ist genau wie oben (z und $z+h$ nicht auf C)

$$\frac{\varphi(z+h) - \varphi(z)}{h} = \frac{1}{2\pi i} (C) \int \frac{\varphi(\zeta)\, d\zeta}{(\zeta-z)(\zeta-z-h)}$$

und

$$\varphi'(z) = \frac{1}{2\pi i} (C) \int \frac{\varphi(\zeta)\, d\zeta}{(\zeta-z)^2};$$

$\varphi(z)$ ist also sowohl im Innern, als im Äußern von C eine reguläre Funktion. Aber bei Annäherung an einen Punkt ζ von C braucht $\varphi(z)$ keineswegs gegen $\varphi(\zeta)$ zu streben; man setze nur etwa im Einheitskreis $\varphi(\zeta) = \bar\zeta = \dfrac{1}{\zeta}$, so wird für $0 < |z| < 1$

$$\varphi\,(z) = \frac{1}{2\,\pi\,i}\,(C)\int\frac{d\zeta}{\zeta\,(\zeta-z)} = \frac{1}{2\,\pi\,i}\,(C)\int\left[\frac{1}{z\,(\zeta-z)} - \frac{1}{z\,\zeta}\right]d\zeta =$$

$$= \frac{1}{2\,\pi\,i}\left[\frac{2\,\pi\,i}{z} - \frac{2\,\pi\,i}{z}\right] = 0.$$

§ 4. Koeffizientenabschätzungen.

Sei $f(z) = \sum\limits_{n=0}^{\infty} a_n\,z^n$ eine Potenzreihe, die für $|z| < R$ konvergiere. Dann ist, wenn wir $z = r\,e^{i\varphi}$ setzen

$$|f(z)|^2 = f(z)\cdot\overline{f(z)} = \sum_{n,\,m=0}^{\infty} a_n\,\bar a_m\,z^n\,\bar z^m = \sum_{n,\,m=0}^{\infty} a_n\,\bar a_m\,r^{n+m}\,e^{i\varphi\,(n-m)}$$

(die gliedweise Multiplikation ist wegen der absoluten Konvergenz der Reihen erlaubt). Wir integrieren bei festem $r < R$ über φ; nun ist $\int\limits_0^{2\pi} e^{i\varphi k}\,d\varphi = 2\,\pi$ für $k = 0$ und $= 0$ für ganze $k \neq 0$. Beachten wir, daß die Reihe gleichmäßig für φ konvergiert, so ist

$$\int\limits_0^{2\pi} |f(z)|^2\,d\varphi = 2\,\pi \sum_{n=0}^{\infty} |a_n|^2\,r^{2n}$$

Setzen wir

$$\operatorname*{Max}_{|z|=r}|f(z)| = M\,(r),$$

so gilt die *wichtige Ungleichung*

$$\sum_{n=0}^{\infty} |a_n|^2\,r^{2n} \leqq [M\,(r)]^2.$$

Insbesonders gilt für alle n:

$$|a_n| \leqq \frac{M\,(r)}{r^n}$$

die *Ungleichung von Cauchy*.

Wir geben einige Folgerungen.

Ist $f(z)$ auf der ganzen Ebene mit Ausnahme etwa des unendlichfernen Punktes regulär, so heißt $f(z)$ eine *ganze* Funktion. $f(z)$ läßt sich dann an jeder Stelle in eine überall konvergente Potenzreihe entwickeln.

Ist eine ganze Funktion $f(z)$ beschränkt, so ist sie konstant (Satz von Liouville). Denn aus $|f(z)| \leqq M$ folgt ja für $f(z) = \sum\limits_{n=0}^{\infty} a_n\,z^n$

$$\sum_{n=0}^{\infty} |a_n|^2\,r^{2n} \leqq M^2$$

für jedes r, also $a_n = 0$ für $n > 0$.

Ein Polynom n-ten Grades $P(z) = a_0 + a_1 z + \ldots + a_n z^n$ heißt eine *ganze rationale* Funktion von n-ter Ordnung.

Eine ganze rationale Funktion positiver Ordnung $P(z) = a_0 + a_1 z + \ldots + a_n z^n$ $(a_n \neq 0, n > 0)$ *nimmt jeden Wert mindestens einmal an* (Fundamentalsatz der Algebra).

Sei c beliebig; wäre $P(z) \neq c$ für alle z, so wäre $\dfrac{1}{P(z) - c}$ überall regulär; weiter strebt

$$\frac{1}{P(z) - c} = \frac{1}{z^n} \cdot \frac{1}{a_n + \dfrac{a_{n-1}}{z} + \ldots + \dfrac{a_0 - c}{z^n}}$$

für $z \longrightarrow \infty$ gegen Null; also ist $\dfrac{1}{P(z) - c}$ auf der ganzen Ebene beschränkt, also nach dem *Liouville*schen Satz konstant gegen die Voraussetzung.

Für beliebige ganze Funktionen liefert der *Liouville*sche Satz eine etwas schwächere Aussage:

Ist $f(z)$ *eine ganze, nichtkonstante Funktion, so kommt* $f(z)$ *jedem Wert beliebig nahe;* genauer: *ist* c *beliebig und* $\varepsilon > 0$ *vorgegeben; dann gilt es stets ein* z_0, *so daß* $|f(z_0) - c| < \varepsilon$.

Wäre das nicht der Fall, so gäbe es eine Zahl c und ein $\varepsilon > 0$, so daß für alle z gelten würde $|f(z) - c| \geqq \varepsilon$; dann ist $\dfrac{1}{f(z) - c}$ überall regulär und $\left| \dfrac{1}{f(z) - c} \right| \leqq \dfrac{1}{\varepsilon}$ also beschränkt, also $\dfrac{1}{f(z) - c}$ konstant, gegen die Voraussetzung.

Daß eine ganze nichtkonstante Funktion jeden Wert mit höchstens einer Ausnahme wirklich annimmt, ist der Inhalt des viel tiefer liegenden Satzes von *Picard*.

Eine weitere wichtige Konsequenz der Koeffizientenabschätzung ist das *Prinzip vom Maximum des absoluten Betrages:*

Sei $f(z)$ *im Gebiet* G *regulär und* $M = \sup_G |f(z)|$. *Dann ist für jedes* z *in* G $|f(z)| < M$, *außer es ist* $f(z)$ *in* G *konstant.*

$f(z)$ kann also das Supremum des absoluten Betrages nicht in G annehmen. Zum Beweis können wir M als endlich voraussetzen.

Sei a beliebig in G und $f(z) = \overset{\infty}{\underset{n=0}{\Sigma}} a_n (z-a)^n$ die Potenzreihenentwicklung von $f(z)$ in a. Dann ist für ein $r > 0$, so daß die Kreisscheibe $|z-a| \leqq r$ in G liegt,

$$M^2 \geqq \overset{\infty}{\underset{n=0}{\Sigma}} |a_n|^2 \, r^{2n}.$$

Ist nun $|f(a)| = |a_0| = M$, so muß $a_n = 0$ für alle $n > 0$, also $f(z)$ konstant innerhalb jedes Kreises um a in G sein. Dann ist aber $f(z)$ in G stets konstant: denn die Menge aller Punkte z in G, für die $|f(z)| = M$ ist, ist nach dem eben Bewiesenen eine offene Menge G_1 in G; ebenso ist aber auch die Menge aller z mit $|f(z)| \neq M$ wegen der Stetigkeit eine offene Menge G_2 in G; dann ist aber $G = G_1 + G_2$ Summe zweier fremder offener Mengen, was wegen des Zusammenhanges von G nur möglich ist, wenn G_2 die Nullmenge ist.

Das hier ausgesprochene Prinzip vom Maximum läßt sich auch von einer anderen Seite her beleuchten: ist a beliebig in G, so ist nach der *Cauchy*schen Formel für einen Kreis $C: |z-a| = r$ innerhalb von G

$$f(a) = \frac{1}{2 \pi i} \, (C) \int \frac{f(\zeta)\, d\zeta}{\zeta - a}.$$

Setzen wir $\zeta = a + r\, e^{i\varphi}$, so ist

$$f(a) = \frac{1}{2 \pi} \int_0^{2\pi} f(a + r\, e^{i\varphi})\, d\varphi,$$

also der Wert im Mittelpunkt gleich dem *arithmetischen Mittel der Werte auf der Peripherie jedes Kreises um a*. Auch hieraus folgt leicht unser Prinzip vom Maximum.

§ 5. Einige Reihenentwicklungen.

Wir geben einige Funktionen und ihre Reihenentwicklungen als Anwendung des Satzes, daß eine im Gebiet G reguläre Funktion an jeder Stelle von G in eine Potenzreihe entwickelt werden kann.

Wir beginnen mit der *binomischen Reihe*. Die Funktion $f(z) = (1+z)^\alpha = e^{\alpha \log (1+z)}$ ist für alle $z \neq -1$ differenzierbar, ist aber i. a. unendlichvieldeutig. Beschränken wir uns auf den Einheitskreis $|z| < 1$, wählen für $z = 0$ den Wert $f(0) = 1$ und stetig davon ausgehend die Argumente nach der Ungleichung

$$-\frac{\pi}{2} < \arg (1+z) < +\frac{\pi}{2},$$

so ist $f(z)$ dort eindeutig und regulär. Nun ist $f'(z) = \alpha (1 + z)^{\alpha-1}$ und allgemein

$$f^{(k)}(z) = \alpha (\alpha - 1) \ldots (\alpha - k + 1)(1 + z)^{\alpha-k}, \text{ also}$$

$$f^{(k)}(0) = \alpha (\alpha - 1) \ldots (\alpha - k + 1).$$

Setzen wir wie üblich

$$\binom{\alpha}{0} = 1 \text{ und } \binom{\alpha}{k} = \frac{\alpha (\alpha - 1) \ldots (\alpha - k + 1)}{1 . 2 \ldots k} \text{ für } k \geqq 1,$$

so ist für $|z| < 1$

$$(1 + z)^\alpha = \sum_{k=0}^{\infty} \binom{\alpha}{k} z^k$$

die *binomische Reihe*. Wir geben spezielle Fälle.

Sei $\alpha = n$ ganz positiv, so erhalten wir den elementaren binomischen Lehrsatz.

Sei $\alpha = -1$; es ist $\binom{-1}{k} = (-1)^k$, also

$$\frac{1}{1 + z} = 1 - z + z^2 - z^3 \ldots$$

die geometrische Reihe.

Sei $\alpha = -2$; es ist $\binom{-2}{k} = (k + 1)(-1)^k$, also

$$\frac{1}{(1 + z)^2} = 1 - 2z + 3z^2 - \ldots$$

Sei $\alpha = -\frac{1}{2}$; es ist $\left(\begin{matrix} -\frac{1}{2} \\ k \end{matrix} \right) = (-1)^k \frac{1 . 3 . 5 \ldots (2k-1)}{2 . 4 . 6 \ldots 2k}$, also etwa

$$\frac{1}{\sqrt{1 - z^2}} = \sum_{k=0}^{\infty} \left(\begin{matrix} -\frac{1}{2} \\ k \end{matrix} \right) (-1)^k z^{2k} = 1 + \sum_{k=1}^{\infty} \frac{1 . 3 . 5 \ldots (2k-1)}{2 . 4 . 6 \ldots 2k} z^{2k} =$$

$$= 1 + \frac{1}{2} z^2 + \frac{1.3}{2.4} z^4 + \ldots$$

Integrieren wir, so erhalten wir (s. S. 40) für $|z| < 1$

$$\arcsin z = z + \frac{1}{2} \frac{z^3}{3} + \frac{1.3}{2.4} \cdot \frac{z^5}{5} + \ldots,$$

wobei $\arcsin 0 = 0$ genommen wird. Für $z = \frac{1}{2}$ erhalten wir

$$\frac{\pi}{6} = \frac{1}{2} + \frac{1}{2} \frac{1}{3 . 2^3} + \frac{1.3}{2.4} \frac{1}{5 . 2^5} + \ldots$$

eine ziemlich gute Reihenentwicklung für π.

In derselben Weise erhält man aus

$$\frac{1}{1+z^2} = 1 - z^2 + z^4 - z^6 + \cdots$$

durch Integration

$$\operatorname{arctg} z = z - \frac{z^3}{3} + \frac{z^5}{5} - \frac{z^7}{7} + \cdots$$

für $|z| < 1$; für $z = 1$ ist die Reihe konvergent und liefert nach dem *Abel*schen Grenzwertsatz die bekannte Reihe

$$\frac{\pi}{4} = 1 - \frac{1}{3} + \frac{1}{5} - \frac{1}{7} + \cdots$$

Entwickeln wir endlich die Funktion $\dfrac{1}{z-a}$ an einer beliebigen Stelle $b \neq a$! Es ist

$$\frac{1}{z-a} = \frac{1}{(b-a)+(z-b)} = \frac{1}{b-a} \; \frac{1}{1+\frac{z-b}{b-a}} =$$

$$= \frac{1}{b-a} \left[1 - \frac{z-b}{b-a} + \left(\frac{z-b}{b-a}\right)^2 - \cdots \right]$$

welche Reihe für $|z-b| < |b-a|$ konvergiert, also innerhalb des Kreises um b, der durch a geht: dies ist ja der größte Kreis um b, innerhalb dessen $\dfrac{1}{z-a}$ regulär ist. Soll $\dfrac{1}{z-a}$ nach dem unendlichfernen Punkt entwickelt werden, so setzen wir $z = \dfrac{1}{\zeta}$ und erhalten

$$\frac{1}{z-a} = \frac{1}{z\left(1-\frac{a}{z}\right)} = \frac{\zeta}{1-a\zeta} = \zeta(1 + a\zeta + a^2\zeta^2 + \cdots) =$$

$$= \frac{1}{z} + \frac{a}{z^2} + \frac{a^2}{z^3} + \cdots$$

welche Reihe für $|z| > |a|$ konvergiert.

Analog wird für beliebige α und $b \neq a$

$$(z-a)^\alpha = [(b-a)+(z-b)]^\alpha = (b-a)^\alpha \sum_{k=0}^{\infty} \binom{\alpha}{k} \left(\frac{z-b}{b-a}\right)^k$$

für $|z-b| < |b-a|$; innerhalb dieses Kreises ist die Funktion eindeutig, sobald $(b-a)^\alpha$ fest gewählt ist.

Seien ferner $\mathfrak{P}_1(z) = a_0 + a_1 z + a_2 z^2 + \dots$ und $\mathfrak{P}_2(z) =$ $= b_0 + b_1 z + b_2 z^2 + \dots$ zwei Potenzreihen, die für $|z| < R$ konvergieren mögen ($R > 0$) und es sei $b_0 \neq 0$. Dann gibt es wegen der Stetigkeit von $\mathfrak{P}_2(z)$ eine Kreisscheibe $|z| < d \leqq R$ mit $d > 0$, innerhalb deren $\mathfrak{P}_2(z) \neq 0$ ist; also ist für $|z| < d$ auch $\dfrac{\mathfrak{P}_1(z)}{\mathfrak{P}_2(z)}$ eine reguläre Funktion, die nach z in eine Potenzreihe entwickelt werden kann, welche sicher für $|z| < d$ konvergiert:

$$\frac{\mathfrak{P}_1(z)}{\mathfrak{P}_2(z)} = c_0 + c_1 z + c_2 z^2 + \dots$$

Um die Koeffizienten c_n zu bestimmen, multiplizieren wir mit $\mathfrak{P}_2(z)$:

$$a_0 + a_1 z + a_2 z^2 + \dots = (b_0 + b_1 z + b_2 z^2 + \dots)(c_0 + c_1 z + c_2 z^2 + \dots)$$

multiplizieren wir rechts aus und vergleichen die Koeffizienten, so muß gelten:

$$a_0 = b_0 c_0$$
$$a_1 = b_0 c_1 + b_1 c_0$$

und allgemein $\quad a_n = b_0 c_n + b_1 c_{n-1} + b_2 c_{n-2} + \dots + b_n c_0$.
Wegen $b_0 \neq 0$ können wir daraus sukzessive alle c_n berechnen.

Rechnen wir als Beispiel $\dfrac{\sin z}{\cos z}$, so erhalten wir

$$\operatorname{tg} z = z + \frac{z^3}{3} + \frac{2}{15} z^5 + \dots;$$

da die Reihen von $\sin z$ und $\cos z$ überall konvergieren, wird diese Reihe für den Tangens sicher bis zur kleinsten Nullstelle von $\cos z$ konvergieren, also für $|z| < \dfrac{\pi}{2}$.

Auf ähnliche Weise wird man zu verfahren haben, um $\sqrt{\mathfrak{P}(z)} =$ $= \sqrt{a_0 + a_1 z + a_2 z^2 + \dots}$ in eine Potenzreihe nach z zu entwickeln: es sei $\mathfrak{P}(z)$ etwa für $|z| < R$ konvergent und $\mathfrak{P}(0) = a_0 \neq 0$; dann gibt es ein $d > 0$, so daß $\mathfrak{P}(z) \neq 0$ für $|z| < d$. Für diese Kreisscheibe können wir die Quadratwurzel $\sqrt{\mathfrak{P}(z)}$ aber sicher eindeutig und stetig wählen. Wir brauchen ja nur $\sqrt{\mathfrak{P}(0)}$ zu wählen und auf jeder Strecke von 0 bis z diesen Wert $\sqrt{\mathfrak{P}(z)}$ stetig zu verfolgen. Dann ist aber $\sqrt{\mathfrak{P}(z)}$ für $|z| < d$ nach der Kettenregel differenzierbar, also regulär, also in eine Potenzreihe zu entwickeln:

$$\sqrt{a_0 + a_1 z + a_2 z^2 + \ldots} = c_0 + c_1 z^2 + c_2 z^2 + \ldots$$

oder $\quad a_0 + a_1 z + a_2 z^2 + \ldots \quad = (c_0 + c_1 z + c_2 z^2 + \ldots)^2;$

Koeffizientenvergleich gibt $\quad a_0 = c_0^2$

$$a_1 = c_0 c_1 + c_1 c_0$$
$$a_n = c_0 c_n + c_1 c_{n-1} + \ldots + c_n c_0$$

Ist nun $c_0 = \sqrt{a_0}$ fest gewählt, so sind alle c_n daraus sukzessive eindeutig berechnenbar.

§ 6. Inverse Funktionen.

Sei $w = a_0 + a_1 z + a_2 z^2 + \ldots = w(z)$ eine für $|z| < R$ konvergente Potenzreihe und $a_1 \neq 0$. Wir fragen, ob umgekehrt zu jedem w einer Kreisscheibe um $a_0 = w(0)$ auch stets ein z sich bestimmen läßt, so daß $w = w(z)$ gilt. Wir können ohne Einschränkung der Allgemeinheit $a_0 = 0$ nehmen.

Zunächst gibt es auf einer hinreichend kleinen Kreisscheibe um $z = 0$ nicht zwei Punkte $z' \neq z''$ mit $w(z') = w(z'')$; denn aus

$$a_1 z' + a_2 z'^2 + \ldots = a_1 z'' + a_2 z''^2 + \ldots \qquad \text{folgt}$$

$$a_1 + a_2 (z' + z'') + a_3 (z'^2 + z' z'' + z''^2) + \ldots = 0,$$

wobei wir erinnern, daß mit $\overset{\infty}{\underset{n=0}{\Sigma}} a_n z^n$ auch $\overset{\infty}{\underset{n=0}{\Sigma}} a_n n z^n$ im selben Konvergenzkreis $|z| < R$ konvergiert, also auch mit jedem $0 < r < R$ auch $\overset{\infty}{\underset{n=0}{\Sigma}} |a_n| n r^n$ konvergiert. Gäbe es nun zu jedem $\delta > 0$ ein Zahlenpaar $z' \neq z''$ mit $w(z') = w(z'')$ und $|z'|, |z''| < \delta$, so müßte notwendig $a_1 = 0$ sein gegen die Voraussetzung.

Es gibt daher eine Zahl $d > 0$, so daß für $|z'|, |z''| < d$ und $z' \neq z''$ auch stets $w(z') \neq w(z'')$ ist; die Funktion $w(z)$ ist also für $|z| < d$ eine schlichte. Sei nun $0 < d' < d$; der abgeschlossene Bereich B mit $|z| \leq d'$ wird durch $w = w(z)$ schlicht auf eine sicher beschränkte Menge B' abgebildet; B' ist abgeschlossen: denn zu einer Zahlenfolge (w_n) aus B' mit $w_n \longrightarrow w_0$ gehört eine Zahlenfolge (z_n) aus B, so daß $w_n = w(z_n)$ für alle n. Da aber B beschränkt und abgeschlossen ist, haben die z_n mindestens einen Häufungspunkt z_0 in B, etwa $z_{n_1}, z_{n_2}, \ldots$ $\ldots \longrightarrow z_0$. Die zugehörigen $w_{n_1}, w_{n_2}, \ldots$ streben gegen $w(z_0)$; wegen $w_n \to w_0$ ist also $w(z_0) = w_0$, also w_0 in B' und B' abgeschlossen. Ferner müssen für eine in B' konvergente Zahlenfolge $w_n \longrightarrow w_0$ auch die zugehörigen z_n konvergieren, und zwar gegen den zu w_0 zugehörigen Wert z_0: die Abbildung $B \leftrightarrow B'$ ist eineindeutig (schlicht) und beiderseits stetig. Dann geht aber der Kreis $|z| = d'$ in eine geschlossene *Jordan*kurve der w-Ebene über; das Innere des Kreises geht in das beschränkte Innere der *Jordan*kurve über; da $z = 0$ in $w = 0$ übergeht, liegt $w = 0$ im Innern der *Jordan*kurve und es gibt eine Kreisscheibe um $w = 0$, innerhalb der zu jedem w, und zwar eindeutig ein z in B' sich bestimmen läßt, so daß $w = w(z)$ ist.

Wir zeigen weiter: *Ist* $w(z) = a_1 z + a_2 z^2 + \ldots$ *für* $|z| < d$ *schlicht, so ist dort stets* $w'(z) \neq 0$.

Wir brauchen das ersichtlich nur für $z = 0$ zu zeigen. Sei dort k die Ordnung der ersten nicht verschwindenden Ableitung, also $w(z) =$
$$= a_k z^k + a_{k+1} z^{k+1} + \ldots = z^k (a_k + a_{k+1} z + \ldots) \quad (a_k \neq 0).$$
Wir zeigen also, daß $k = 1$ ist. Wir bestimmen eine Zahl $\eta > 0$ so, daß
$$\frac{1}{2} |a_k| > |a_{k+1}| \eta + |a_{k+2}| 2 \eta^2 + \ldots + |a_{k+n}| n \eta^n + \ldots;$$

insbesonders ist also
$$\frac{1}{2} |a_k| > |a_{k+1}| \eta + |a_{k+2}| \eta^2 + \ldots$$

Dann ist für $|z| = \eta$
$$|w(z)| \geqq |a_k z^k| - |a_{k+1} z^{k+1} + a_{k+2} z^{k+2} + \ldots|$$
$$\geqq |a_k| \eta^k - \eta^k \cdot \frac{1}{2} |a_k| = \frac{1}{2} |a_k| \eta^k.$$

Sei $z = r e^{i\varphi}$; verfolgen wir $|w(z)|$ auf einem Halbstrahl $\varphi = $ konstant von $r = 0$ bis $r = \eta$, so wächst $|w|$ monoton; denn es ist $|w(z)| =$ $= r^k |a_k + a_{k+1} z + \ldots|$ und
$$\frac{\partial |w(z)|}{\partial r} = k r^{k-1} |a_k + a_{k+1} z + \ldots| + r^k \frac{\partial |a_k + a_{k+1} z + \ldots|}{\partial r}$$
$$\geqq k r^{k-1} [|a_k| - |a_{k+1}| \cdot \eta - |a_{k+2}| \eta^2 - \ldots] - r^{k-1} \cdot \eta [|a_{k+1}| +$$
$$+ |a_{k+2}| \cdot 2\eta + \ldots]$$
$$\geqq k r^{k-1} \cdot \tfrac{1}{2} |a_k| - r^{k-1} \cdot \tfrac{1}{2} |a_k| = (k-1) r^{k-1} \tfrac{1}{2} |a_k| > 0$$
außer für $k = 1$, wo nichts zu beweisen ist und für $r = 0$.

Zu jedem φ gehört daher im Intervall $0 \leqq r \leqq \eta$ genau ein $r(\varphi)$, so daß $|w(r e^{i\varphi})| = \tfrac{1}{2} |a_k| \eta^k$. Es ist $r(\varphi)$ stetig: für eine Folge $\varphi_n \to \varphi_0$ ist $(r(\varphi_n))$ gleichfalls konvergent; wären zwei Häufungsstellen $r' < r''$ dieser Folge vorhanden, so wäre wegen der Stetigkeit von $|w(r e^{i\varphi})|$ ja $|w(r' e^{i\varphi_0})| = |w(r'' e^{i\varphi_0})| = \tfrac{1}{2} |a_k| \eta^k$ im Widerspruch dazu, daß $|w|$ mit r monoton wächst.

Wir verfolgen längs der Kurve $r = r(\varphi)$ die Argumente von w:
$$\arg w(z) = k \arg z + \arg (a_k + a_{k+1} z + \ldots);$$

wegen $| a_{k+1} z + \ldots | < \tfrac{1}{2} | a_k |$ ist die Differenz $\arg a_k - \arg (a_k +$

$+ a_{k+1} z + \ldots)$ absolut stets $< \dfrac{\pi}{3}$. Durchläuft φ die Werte von 0

bis 2π, so überstreicht $\arg w(z)$ stetig ein Intervall der Länge $2\pi k$; für $k > 1$ gibt es daher auf der Kurve $r = r(\varphi)$ sicher verschiedene Punkte z mit Werten von $\arg w(z)$, die sich um 2π unterscheiden, für welche also, da $|w|$ konstant ist, die w-Werte gleich sind: dann ist aber $w(z)$ nicht schlicht.

Man sieht ferner sofort, daß die *Umkehrungsfunktion* $z = z(w)$ *unserer schlichten Funktion* $w = w(z)$ *regulär ist auf der Bildmenge von* $|z| < d$ *auf der* w-*Ebene* (die Bildmenge ist wieder ein Gebiet!). Denn

für $z \neq z_0$ ist $w = w(z) \neq w(z_0) = w_0$ und $\dfrac{w - w_0}{z - z_0} \cdot \dfrac{z - z_0}{w - w_0} = 1$; für

$z \longrightarrow z_0$ strebt $\dfrac{w - w_0}{z - z_0} \longrightarrow w'(z_0)$ und es ist $w'(z_0) \neq 0$. Also strebt

$$\dfrac{z - z_0}{w - w_0} \to \dfrac{1}{w'(z_0)} = z'(w_0).$$

Die Umkehrfunktion $z = z(w)$ läßt sich also etwa für $w = 0$ in eine Potenzreihe mit sicher positiven Konvergenzradius entwickeln: $z = b_1 w + b_2 w^2 + \ldots$; die Koeffizienten b_n lassen sich aus der Darstellung von $w = w(z(w))$ als zusammengesetzte Funktion durch Differentiation nach w gewinnen:

$1 = w' \cdot z'$ gibt $1 = a_1 b_1$

$0 = w'' \cdot z'^2 + w' z''$ gibt $0 = 2! \, a_2 b_1^2 + a_1 \cdot 2! \, b_2$

$0 = w''' z'^3 + 3 w'' z' z'' + w' z'''$ gibt $0 = 3! \, a_3 b_1^3 + 3 \cdot 2! \, a_2 b_1 \cdot 2! \, b_2 + a_1 \cdot 3! \, b_3$

woraus wegen $a_1 \neq 0$ sukzessive alle b_n berechnet werden können. Formal läuft dies darauf hinaus, daß man in die Potenzreihe $w = = a_1 z + a_2 z^2 + \ldots$ die Potenzreihe für $z(w)$ einträgt

$$w = a_1 (b_1 w + b_2 w^2 + \ldots) + a_2 (b_1 w + b_2 w + \ldots)^2 + \ldots$$

und die Koeffizienten gleichhoher Potenzen vergleicht. (Vgl. Abschn. VII, wo die Berechtigung dieses letzteren Verfahrens gezeigt wird.)

Wir geben nun einige einfache numerische Abschätzungen für den Radius des Kreises, innerhalb dessen die allgemeine Potenzreihe $w = = a_1 z + a_2 z^2 + \ldots$ mit $a_1 \neq 0$ noch schlicht ist, bzw. für den Radius des Kreises, innerhalb dessen die Umkehrfunktion $z = b_1 w + b_2 w^2 + \ldots$ noch konvergiert und schlicht ist.

Sei $w = a_1 z + a_2 z^2 + \ldots$ für $|z| < R$ regulär und $a_1 \neq 0$. Wir bestimmen ein d mit $R > d > 0$, so daß

$$|a_2|\, 2\, d + |a_3|\, 3\, d^2 + \ldots \leqq |a_1|$$

ist. Dann ist für zwei Zahlen $z' \neq z''$ mit $|z'|, |z''| < d$ sicher $w(z') \neq w(z'')$; wäre nämlich $w(z') = w(z'')$, also

$$a_1 (z' - z'') + a_2 (z'^2 - z''^2) + a_3 (z'^3 - z''^3) + \ldots = 0 \quad \text{oder}$$

$$a_1 + a_2 (z' + z'') + a_3 (z'^2 + z' z'' + z''^2) + \ldots = 0,$$

so wäre ja $|a_1| = |a_2 (z' + z'') + a_3 (z'^2 + z' z'' + z''^2) + \ldots| <$
$< |a_2|\, 2\, d + |a_3|\, 3\, d^2 + \ldots \leqq |a_1|$.

Es ist also sicher $w(z)$ für $|z| < d$ schlicht. Wir schätzen d ab. Sei mit einem $\varrho < R$ für alle $|z| = \varrho$

$$\text{Max}\, |w(z)| = M,$$

dann ist nach der *Cauchy*schen Ungleichung

$$|a_n| \leqq \frac{M}{\varrho^n} \quad \text{und es ist für } 0 < d < \varrho$$

$$|a_2|\, 2\, d + |a_3|\, 3\, d^2 + \ldots \leqq \frac{M}{\varrho}\left[2\, \frac{d}{\varrho} + 3\, \frac{d^2}{\varrho^2} + \ldots \right] = \frac{M}{\varrho}\left[\frac{1}{(1-\frac{d}{\varrho})^2} - 1 \right]$$

Setzen wir den letzten Ausdruck $= |a_1|$, so haben wir eine Gleichung für eine Zahl d der gesuchten Art. Es ist

$$d = \varrho \left[1 - \sqrt{\frac{M}{M + \varrho\, |a_1|}} \right].$$

Wir geben nun eine Abschätzung δ für den Konvergenzradius der Umkehrfunktion $z = z(w)$ in $w = 0$. Der Kreis $|z| = d$ wird durch $w = w(z)$ auf eine *Jordan*kurve der w-Ebene abgebildet, in deren Innern der Nullpunkt liegt: der Abstand der *Jordan*kurve vom Nullpunkt ist dann eine untere Schranke für unseren Konvergenzradius. Es ist

$$w = a_1 z + a_2 z^2 + \ldots$$

also für $|z| = d$

$$|w| \geqq |a_1|\, d - |a_2|\, d^2 - |a_3|\, d^3 - \ldots \geqq |a_1|\, d - \frac{M}{\varrho^2}\, d^2 - \frac{M}{\varrho^3}\, d^3 - \ldots$$

$$= |a_1|\, d - M\, \frac{d^2}{\varrho^2}\, \frac{1}{1 - \frac{d}{\varrho}} .$$

Trägt man für d den obigen Wert ein, so erhalten wir für den letzten Ausdruck die Größe

$$\delta = \left(1 - \sqrt{\frac{M}{M + |a_1|\varrho}}\right) \left(|a_1|\varrho - M\sqrt{1 + |a_1|\frac{\varrho}{M}} + M\right) =$$

$$= (\sqrt{M + |a_1|\varrho} - \sqrt{M})^2.$$

Für $|w| < \delta$ ist dann sicher die Umkehrfunktion $z = b_1 w + b_2 w^2 + \ldots$ regulär und natürlich auch schlicht.

Wir fassen die Ergebnisse dieses Kapitels nochmals zusammen:

Sei $w = a_1 z + a_2 z^2 + \ldots$ für $|z| < R$ konvergent. Ist $a_1 \neq 0$, so gibt es eine positive Zahl d, so daß für $|z| < d$ die Funktion $w(z)$ schlicht ist; dort ist dann stets $w'(z) \neq 0$. Die Umkehrfunktion $z = z(w)$ ist auf dem Bildgebiet der w-Ebene gleichfalls regulär und es ist $z'(w) = \dfrac{1}{w'(z)}$.

Das Bildgebiet enthält das Kreisgebiet $|w| < \delta$. Die Potenzreihe $z = b_1 w + b_2 w^2 + \ldots$ ist also für $|w| < \delta$ konvergent, ihre Koeffizienten lassen sich sukzessive aus den a_n berechnen. Für d und δ können die oben berechneten Werte genommen werden, die nur von a_1, ϱ und M abhängen.

Sei z. B. $w(z) = z + a z^2$ mit $a \neq 0$. Dann ist die inverse Funktion

$$z = \frac{1}{2a}\left(-1 + \sqrt{1 + 4aw}\right)$$

und es ist $|z| < \dfrac{1}{2|a|}$ der größte Kreis um den Nullpunkt, so daß niemals zwei zu demselben w gehörige z innerhalb dieses Kreises liegen, m. a. W. so daß $w(z)$ schlicht auf dieser Kreisscheibe ist. Nun ist $w(z)$ ganz und bei beliebigem $\varrho > 0$ gilt für unser $M(\varrho)$ bei $\varrho \to +\infty$

$$\lim \frac{M(\varrho)}{\varrho^2} = |a|;$$

dann ist nach unserer Formel ($a_1 = 1$):

$$d = \varrho\left[1 - \sqrt{1 - \frac{\varrho}{M+\varrho}}\right] = \varrho\left[\frac{1}{2}\frac{\varrho}{M+\varrho} + \ldots\right] \longrightarrow \frac{1}{2|a|}.$$

Weiter ist $z(w)$ für $|w| < \dfrac{1}{4|a|}$ regulär, da innerhalb dieses Kreises die obige Wurzel $\neq 0$ ist. Nach unserer Formel ist gleichfalls:

$$d = (\sqrt{M + \varrho} - \sqrt{M})^2 = 2M + \varrho - 2M\sqrt{1 + \frac{\varrho}{M}} =$$

$$= 2M + \varrho - 2M[1 + \tfrac{1}{2}\frac{\varrho}{M} - \tfrac{1}{8}\frac{\varrho^2}{M^2} + \ldots]$$

$$= \frac{\varrho^2}{4\,M} + \cdots \longrightarrow \frac{1}{4\,|\,a\,|}.$$

Unsere Schranken sind in diesem Fall also genau.

§ 7. Darstellung von Funktionen durch Randwerte.

Sei f (z) regulär für die Halbebene $\Im\,(z) > 0$ und mit Einschluß des Randes stetig; ferner strebe $\dfrac{f\,(z)}{z} \to 0$ gleichmäßig für $z \to \infty$, d. h. für jedes $\varepsilon > 0$ gebe es ein $L > 0$, so daß für $|\,z\,| > L$ stets gilt $\left|\,\dfrac{f\,(z)}{z}\,\right| < \varepsilon$.

Bezeichnet man für ein positives R mit K_R den Halbkreis $|\,\zeta\,| = R$, $\Im\,(\zeta) \geqq 0$, der im Sinn wachsender Argumente von ζ durchlaufen werde, so ist für ein z mit $|\,z\,| < R$ und $\Im\,(z) > 0$ nach der *Cauchy*schen Integralformel

$$\int\limits_{K_R} \frac{f\,(\zeta)\,d\,\zeta}{\zeta - z} + \int\limits_{-R}^{+R} \frac{f\,(\zeta)\,d\,\zeta}{\zeta - z} = 2\,\pi\,i\,f\,(z) \text{ und}$$

$$\int\limits_{K_R} \frac{f\,(\zeta)\,d\,\zeta}{\zeta - \bar z} + \int\limits_{-R}^{+R} \frac{f\,(\zeta)\,d\,\zeta}{\zeta - \bar z} = 0,$$

die zweiten Integrale beidemal auf der reellen Achse genommen. Subtrahiert man diese Gleichungen, so ist für $|\,\zeta\,| = R$

$$\frac{1}{\zeta - z} - \frac{1}{\zeta - \bar z} = \frac{z - \bar z}{\zeta^2} + \frac{z^2 - \bar z^2}{\zeta^3} + \cdots,$$

und die Differenz der Integrale über K_R ist absolut

$$\leqq \operatorname*{Max}_{K_R} \left|\,\frac{f\,(\zeta)}{\zeta}\,\right| \cdot \int\limits_0^\pi \left(\,\left|\,\frac{z - \bar z}{\zeta}\,\right| + \left|\,\frac{z^2 - \bar z^2}{\zeta^2}\,\right| + \cdots\right)|\,\zeta\,|\,d\,\varphi =$$

$$= \operatorname*{Max}_{K_R} \left|\,\frac{f\,(\zeta)}{\zeta}\,\right| (\pi\,|\,z - \bar z\,| + \pi\,|\,z^2 - \bar z^2\,| \cdot \frac{1}{R} + \cdots),$$

strebt also für $R \to \infty$ gegen Null und es ist über die reelle Achse

$$\lim_{R \to \infty} \int\limits_{-R}^{+R} f\,(\zeta)\,(\frac{1}{\zeta - z} - \frac{1}{\zeta - \bar z})\,d\,\zeta = 2\,\pi\,i\,f\,(z)$$

oder weil ja ζ hier reell ist, mit $z = x + i\,y$

$$f(z) = \frac{1}{\pi} \lim_{R \to \infty} \int_{-R}^{+R} f(\zeta) \frac{y}{(\zeta - x)^2 + y^2} \, d\zeta.$$

Hier können wir sofort in Real- und Imaginärteil zerlegen und erhalten mit $f(z) = u(z) + i\,v(z)$ den Realteil

$$u(z) = \frac{1}{\pi} \lim_{R \to \infty} \int_{-R}^{+R} u(\zeta) \frac{y}{(\zeta - x)^2 + y^2} \, d\zeta;$$

diese Formel stellt also die Potentialfunktion u im Innern einer Halbebene durch ihre Randwerte dar.

Umgekehrt liefert nun das rechtsstehende Integral für beliebige reelle, stetige und beschränkte Werte $u(\zeta)$ stets eine Potentialfunktion $u(z)$ im Innern der Halbebene $\Im(z) > 0$, so daß für ein beliebiges reelles ζ_0 die Funktion $u(z)$ mit $z \to \zeta_0$ gegen $u(\zeta_0)$ strebt. Daß das Integral eine Potentialfunktion für $\Im(z) > 0$ liefert, folgt leicht aus

$$\frac{y}{(\zeta - x)^2 + y^2} = \Im\left(\frac{1}{\zeta - z}\right);$$

unter dem Integralzeichen steht also eine Potentialfunktion von $z = x + i\,y$; das reelle Integral von $-R$ bis $+R$ ist daher gleichfalls eine solche und der Grenzübergang $R \longrightarrow \infty$ ist beim Integral und dessen Ableitungen nach x und y ohneweiters möglich.

Beachtet man weiter, daß

$$\pi = \int_{-\infty}^{+\infty} \frac{y}{(\zeta - x)^2 + y^2} \, d\zeta$$

für alle $x, y > 0$ gilt, so ist[1]

$$u(z) - u(\zeta_0) = \frac{1}{\pi} \int_{-\infty}^{+\infty} [u(\zeta) - u(\zeta_0)] \frac{y}{(\zeta - x)^2 + y^2} \, d\zeta.$$

Sei $\varepsilon > 0$ vorgegeben; dann ist mit einem geeigneten δ für $|\zeta - \zeta_0| < \delta$ wegen der Stetigkeit von $u(\zeta)$ die Differenz

$$|u(\zeta) - u(\zeta_0)| < \varepsilon$$

und daher das letztangeschriebene Integral zwischen $\zeta_0 - \delta$ und $\zeta_0 + \delta$ genommen, absolut $< \varepsilon \cdot \pi$. Mit diesem festen δ ist weiter für $|\zeta_0 - x| < \delta$

---

[1] Hier können wir das Integral ohne speziellen Grenzübergang von $-\infty$ bis $+\infty$ erstrecken!

$$\frac{1}{\pi} \int\limits_{\zeta_0+\delta}^{+\infty} [u(\zeta)-u(\zeta_0)]\, \frac{y}{(\zeta - x)^2 + y^2}\, d\,\zeta \,| < \frac{1}{\pi} \cdot 2 \operatorname{Sup} |\,u\,(\zeta)\,| \cdot$$

$$\left(\frac{\pi}{2} - \operatorname{arctg} \frac{\zeta_0 + \delta - x}{y} \right)$$

also für hinreichend kleine $|\,z - \zeta_0\,|$ beliebig klein; das analoge gilt für das Integral von $-\infty$ bis $\zeta_0 - \delta$. Also gilt $u\,(z) \to u\,(\zeta_0)$ für $z \to \zeta_0$.

Ferner ist aus der Integraldarstellung von $u\,(z)$ abzulesen

$$|\,u\,(z)\,| \leqq \sup |\,u\,(\zeta)\,|$$

d. h. u ist auf der Halbebene beschränkt.

Gehen wir zu unsern Ausgangsgleichungen zurück und addieren, so ist für $|\,\zeta\,| = R$

$$\frac{1}{\zeta - z} + \frac{1}{\zeta - \bar z} = \frac{2}{\zeta} + \frac{z + \bar z}{\zeta^2} + \frac{z^2 + \bar z^2}{\zeta^3} + \cdots$$

und wegen unserer Voraussetzung für $f\,(z)$ strebt analog wie oben für $R \to \infty$

$$\int\limits_{K_R} \frac{f\,(\zeta)}{\zeta}\, d\,\zeta + \int\limits_{-R}^{+R} f\,(\zeta)\, \frac{\zeta - x}{(\zeta - x)^2 + y^2}\, d\,\zeta \to \pi\, i\, f\,(z).$$

Wir machen für $f\,(z)$ nun die weitere Voraussetzung, daß das erste (von z unabhängige) Integral für $R \to \infty$ konvergiert

$$\int\limits_{K_R} \frac{f\,(\zeta)}{\zeta}\, d\,\zeta \to \pi\, i\, (u_0 + i\, v_0).$$

Dann ist nach Trennung von Real- und Imaginärteil

$$u\,(z) - u_0 = \frac{1}{\pi} \lim \int\limits_{-R}^{+R} v\,(\zeta)\, \frac{\zeta - x}{(\zeta - x)^2 + y^2}\, d\,\zeta$$

$$v\,(z) - v_0 = - \frac{1}{\pi} \lim \int\limits_{-R}^{+R} u\,(\zeta)\, \frac{\zeta - x}{(\zeta - x)^2 + y^2}\, d\,\zeta,$$

die *Darstellung einer Potentialfunktion im Innern der Halbebene durch die Randwerte der konjugierten Potentialfunktion.*

Zusammen mit der ersten Darstellung von $u\,(z)$ durch die Randwerte $u\,(\zeta)$ ergibt sich

$$f\,(z) - i\, v_0 = \frac{1}{\pi} \lim \int\limits_{-R}^{+R} u\,(\zeta)\, \frac{-\,i\,(\zeta - \bar z)}{(\zeta - x)^2 + y^2}\, d\,\zeta =$$

$$= \frac{1}{\pi\, i} \lim \int\limits_{-R}^{+R} u\,(\zeta)\, \frac{d\,\zeta}{\zeta - z}$$

die Darstellung von $f(z)$ durch die Randwerte des Realteils von $f(z)$, immer unter den angegebenen Voraussetzungen über $f(z)$.

Sei nun umgekehrt $u(\zeta)$ wieder eine stetige beschränkte reelle Funktion, so daß die Integrale $\int\limits_{i}^{+\infty} u(\zeta)\,\dfrac{d\zeta}{\zeta}$ und $\int\limits_{-\infty}^{-1} u(\zeta)\,\dfrac{d\zeta}{\zeta}$ absolut konvergieren; setzt man diese Funktion in das obige Integral ein, so erhält man eine für $\Im(z) > 0$ reguläre Funktion $f(z)$, deren Realteil nach unserer früheren Bemerkung beschränkt ist und bei Annäherung an den Rand gegen die Werte $u(\zeta)$ strebt. v_0 ist dann eine willkürliche reelle Konstante. Selbstverständlich aber wird diese Funktion i. a. weder auf der reellen Achse stetig sein, noch die andern genannten Voraussetzungen für $f(z)$ erfüllen. Es gibt natürlich unendlichviele Funktionen, die für $\Im(z) > 0$ regulär sind und deren Realteil auf der reellen Achse die vorgegebenen Werte $u(\zeta)$ annimmt, aber wie man zeigen kann, nur eine einzige (bis auf eine additive, rein imaginäre Konstante), deren Realteil auf $\Im(z) > 0$ beschränkt ist.

Die entsprechenden Formeln für den Kreis lassen sich durch eine lineare Transformation der Halbebene auf das Innere des Einheitskreises ableiten; noch einfacher ergibt sich etwa die Darstellung einer Potentialfunktion durch ihre Randwerte mit Hilfe der Bemerkung, daß bei einer für $|w| < 1$ regulären und mit Einschluß des Randes C stetigen Potentialfunktion $u(w)$ (Vgl. auch S. 76).

$$u(0) = \frac{1}{2\pi i} \int\limits_{C} u(w)\,\frac{dw}{w}$$

gilt; bei der Transformation

$$w_1 = \frac{w + c}{w\,\bar{c} + 1}, \quad |c| < 1$$

des Einheitskreises in sich geht $w = 0$ in $w_1 = c = r\,e^{i\varphi}$ über; die Ausführung der Transformation in dem Integral liefert mit $w_1 = \varrho\,e^{i\psi}$ schließlich die Darstellung

$$u(r\,e^{i\varphi}) = \frac{1}{2\pi} \int\limits_{0}^{2\pi} u(e^{i\psi})\,\frac{1 - r^2}{1 + r^2 - 2r\cos(\varphi - \psi)}\,d\psi.$$

das sogenannte *Poissonsche Integral*.

Übungsbeispiele.

1. Man berechne aus dem *Cauchy*schen Satz den Wert des Integrals
$\int \dfrac{e^z \cos z}{(1+z^2)\sin z}\, dz$ über den Kreis $|\, z - 2 - i\,| = \sqrt{2}$.

2. Man schreibe die Imaginärteile des Integrals $\int \dfrac{e^{iz}}{z}\, dz$ längs der folgenden Wege auf $(0 < r < R)$ (man verwende $z = |\, z\,|\, .\, e^{i\varphi}$):

a) von $z = r$ bis $z = R$ geradlinig;

b) von $z = R$ bis $z = -R$ längs des Halbkreises $|\, z\,| = R,\ \Im\,(z) \geqq 0$;

c) von $z = -R$ bis $z = -r$ geradlinig;

d) von $z = -r$ bis $z = r$ längs des Halbkreises $|\, z\,| = r,\ \Im\,(z) \geqq 0$.

Die Summe dieser vier Integrale ist $= 0$ (warum?). Schließlich strebe $r \longrightarrow 0$ und $R \longrightarrow +\infty$. Man berechne daraus $\int\limits_0^\infty \dfrac{\sin x}{x}\, dx$. (Im zweiten Integral spalte man das φ-Intervall $[0, \pi]$ in $[0,\ \varepsilon]$, $[\varepsilon,\ \pi - \varepsilon]\ [\pi - \varepsilon,\ \pi]$ mit einem $0 < \varepsilon < \dfrac{\pi}{2}$, und führe dann den Grenzübergang $R \longrightarrow +\infty$ durch!).

3. Man zeige: Sei $f\,(z)$ in G regulär, $\neq 0$ und nichtkonstant. Dann ist stets $|\, f\,(z)\,| > \inf\limits_{z\ \text{in}\ G} |\, f\,(z)\,|$.

4. Seien $f\,(z) = \overset{\infty}{\underset{n=0}{\Sigma}} a_n z^n$, $g\,(z) = \overset{\infty}{\underset{n=0}{\Sigma}} b_n z^n$ für $|\, z\,| < R$ regulär und $M_1\,(\varrho)$, $M_2\,(\varrho)$ die Maxima von $|\, f\,(z)\,|$, bzw. $|\, g\,(z)\,|$ auf $|\, z\,| = \varrho$; dann gilt:
$$|\, a_0 b_1 + a_1 b_{n-1} + \ldots + a_n b_0\,| \leqq \dfrac{M_1\,(\varrho)\, .\, M_2\,(\varrho)}{\varrho^n}.$$

5. Man gebe die ersten 5 Glieder der Reihenentwicklung von $\sqrt{\cos z}$ nach Potenzen von z.

6. Ebenso von der Reihenentwicklung von $\operatorname{ctg} z - \dfrac{1}{z} = \dfrac{z \cos z - \sin z}{z \sin z}$ nach Potenzen von z (man überzeuge sich, daß die Funktion im Nullpunkt regulär ist).

7. Man gebe die Reihenentwicklung von $\left(\dfrac{z-a}{z-b}\right)^\alpha$ nach Potenzen von $z - b$ im unendlichfernen Punkt.

VI. Isolierte Singularitäten.

§ 1. Laurentsche Reihen.

Wir kommen nun zum Verhalten einer Funktion $f(z)$, die in einem Gebiet G regulär sei, bei Annäherung an einen Randpunkt von G. Wir fassen dabei nur den Fall ins Auge, daß es sich um einen isolierten Randpunkt handle, d. h. es soll eine Kreisscheibe um diesen Punkt existieren, in der $f(z)$ eindeutig und regulär sei, mit Ausnahme eben des Mittelpunktes; als Beispiel nennen wir $f(z) = \dfrac{1}{z}$ und den Punkt $z = 0$.

Das wesentliche Hilfsmittel zur Behandlung solcher Stellen bietet eine Erweiterung des Begriffes der Potenzreihe, indem man auch negative Potenzen der Variablen miteinbezieht. Man bezeichnet als *Laurentsche Reihe* einen Ausdruck der Form

$$\sum_{n=-\infty}^{+\infty} a_n\, z^n \quad \text{oder allgemeiner} \quad \sum_{n=-\infty}^{+\infty} a_n\, (z - z_0)^n\,;$$

wir setzen dabei

$$\sum_{n=-\infty}^{+\infty} a_n\, z^n = \sum_{n=0}^{\infty} a_n\, z^n + \sum_{n=1}^{\infty} a_{-n}\, z^{-n}$$

und sagen die *Laurent*sche Reihe konvergiere, wenn beide angeschriebenen Reihen konvergieren, und divergiere, wenn mindestens eine dieser Reihen divergiert. Die Laurentreihe hat also nur dann einen Wert, wenn die beiden angeschriebenen Reihen konvergieren, und dieser ist dann gleich der Summe dieser Reihen.

Das Konvergenzverhalten der ersten Reihe $\sum\limits_{n=0}^{\infty} a_n\, z^n$ ist bekannt: sie konvergiert im Innern des Kreises

$$|z| = R = \frac{1}{\lim \sqrt[n]{|a_n|}}$$

und divergiert im Äußern.

Die zweite Reihe $\sum\limits_{n=1}^{\infty} a_{-n}\, z^{-n}$ ist, wenn nicht alle $a_{-n} = 0$ sind, für $z = 0$ nicht erklärt. Wir setzen $\zeta = \dfrac{1}{z}$ und erhalten

$$\sum_{n=1}^{\infty} a_{-n}\, z^{-n} = \sum_{n=1}^{\infty} a_{-n}\, \zeta^{n},$$

also eine Reihe mit positiven Potenzen; diese konvergiert im Innern des Kreises

$$|\zeta| = R' = \frac{1}{\varlimsup \sqrt[n]{|a_{-n}|}}$$

und divergiert im Äußern. Wieder in z geschrieben konvergiert die Reihe für

$$\left|\frac{1}{z}\right| < R', \quad \text{also } |z| > \frac{1}{R'} = \varlimsup \sqrt[n]{|a_{-n}|}$$

und divergiert für

$$\left|\frac{1}{z}\right| > R', \quad \text{also } |z| < \frac{1}{R'} = \varlimsup \sqrt[n]{|a_{-n}|}.$$

Die Laurentsche Reihe $\sum\limits_{n=-\infty}^{+\infty} a_n\, z^n$ wird daher für $\dfrac{1}{R'} < R$ konvergieren im Ringgebiet

$$\frac{1}{R'} < |z| < R$$

und divergieren für $|z| > R$ und $|z| < \dfrac{1}{R'}$; für $\dfrac{1}{R'} > R$ divergiert sie überall; für $\dfrac{1}{R'} = R$ könnte höchstens Konvergenz auf dem Kreis $|z| = R$ selbst bestehen.

Sei nun $\dfrac{1}{R'} < R$, also die *Laurent*sche Reihe $\sum\limits_{n=-\infty}^{+\infty} a_n\, z^n$ im Kreisring $\dfrac{1}{R'} < |z| < R$ konvergent. Nun konvergiert eine Potenzreihe mit positiven Potenzen innerhalb ihres Konvergenzkreises in jedem konzentrischen Kreis gleichmäßig; daraus folgt sofort:

Die *Laurent*sche Reihe $\sum\limits_{n=-\infty}^{+\infty} a_n\, z^n$ konvergiert in jedem konzentrischen Kreisring

$$\frac{1}{R'} + \varepsilon \leqq |z| \leqq R - \varepsilon \quad (\varepsilon > 0)$$

gleichmäßig. Sie stellt daher eine im Kreisring $\dfrac{1}{R'} < |z| < R$ stetige

Funktion dar. Sie ist ferner in diesem Kreisring regulär: denn $\sum\limits_{n=0}^{\infty} a_n\, z^n$ ist

dort regulär, aber auch $\sum\limits_{n=1}^{\infty} a_{-n}\, z^{-n} = \sum\limits_{n=1}^{\infty} a_{-n}\, \zeta^n$ mit $\zeta = \dfrac{1}{z}$ ist als zu-

sammengesetzte Funktion nach z differenzierbar, also regulär und es ist

$$\frac{d}{dz}\left(\sum_{n=-\infty}^{+\infty} a_n\, z^n\right) = \sum_{n=1}^{\infty} a_n\, n\, z^{n-1} + \sum_{n=1}^{\infty} a_{-n}\, n\, \zeta^{n-1} \cdot \left(-\frac{1}{z^2}\right) =$$

$$= \sum_{\substack{n=-\infty \\ n \neq 0}}^{+\infty} a_n\, n\, z^{n-1}.$$

Die Ableitung der *Laurent*schen Reihe wird also wieder durch die *Lau-rent*sche Reihe der Ableitungen dargestellt; in der Reihe der Ableitungen fehlt dann das Glied mit z^{-1}.

§ 2. Funktionen im Kreisring.

Wir fragen nun umgekehrt, ob eine Funktion $f(z)$, die in einem Kreisring $R_1 < |z| < R_2$ eindeutig und regulär ist, sich stets durch eine *Laurent*sche Reihe darstellen läßt.

Sei z im Ringgebiet $R_1 < |z| < R_2$ fest gewählt und zwei Zahlen R'_1, R'_2 mit

$$0 < R_1 < R'_1 < |z| < R'_2 < R_2$$

bestimmt. Durch zwei Halbstrahlen $\arg \zeta = a$ und $\arg \zeta = a + \pi$ wird das kleinere Ringgebiet in zwei Teile zerlegt:

$$G_1 \text{ mit } R'_1 < |\zeta| < R'_2,\ a < \arg \zeta < a + \pi \text{ und}$$
$$G_2 \text{ mit } R'_1 < |\zeta| < R'_2,\ a + \pi < \arg \zeta < a + 2\pi.$$

Dabei werde a so gewählt, daß der Punkt z in das Gebiet G_1 zu liegen kommt. Nun sind G_1 und G_2 einfachzusammenhängende Gebiete, ihre positiv durchlaufenen Randkurven seien C_1 und C_2. Dann liefert die *Cauchy*sche Formel (Abb. 21)

$$f(z) = \frac{1}{2\pi i}\ (C_1) \int \frac{f(\zeta)\, d\zeta}{\zeta - z} \text{ und}$$

$$0 = \frac{1}{2\pi i}\ (C_2) \int \frac{f(\zeta)\, d\zeta}{\zeta - z}.$$

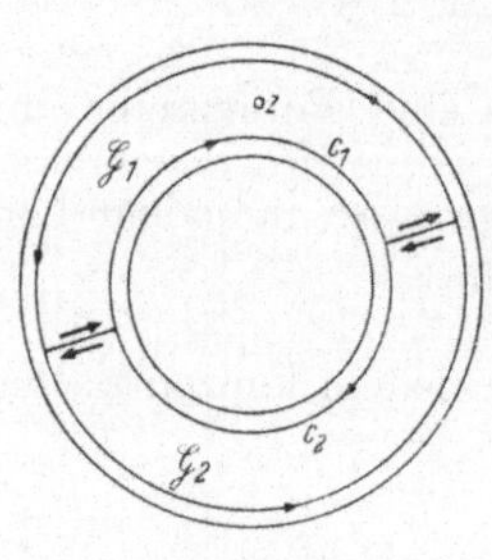

Abb. 21.

Nun haben C_1 und C_2 die Strecken mit $\arg \zeta = a$ und $\arg \zeta = a + \pi$ gemein, die von C_1 und C_2 in entgegengesetzten Sinn durchlaufen werden. Bilden wir daher die Summe der beiden Kurvenintegrale, so heben sich die Integrale über diese Strecken fort und es bleiben die Integrale über die Kreise K_1 mit $|\zeta| = R'_1$ und K_2 mit $|\zeta| = R'_2$, wobei K_1 im negativen, K_2 im positiven Sinn zu durchlaufen ist. Also ist

$$f(z) = \frac{1}{2\pi i}\left[-(K_1)\int \frac{f(\zeta)\,d\zeta}{\zeta - z} + (K_2)\int \frac{f(\zeta)\,d\zeta}{\zeta - z} \right]$$

Nun ist für K_1 $|\zeta| < |z|$, also

$$\frac{1}{\zeta - z} = -\frac{1}{z\left(1 - \frac{\zeta}{z}\right)} = -\frac{1}{z} - \frac{\zeta}{z^2} - \frac{\zeta^2}{z^3} - \cdots$$

welche Reihe gleichmäßig für alle ζ auf K_1 konvergiert; daher ist

$$(K_1)\int \frac{f(\zeta)\,d\zeta}{\zeta - z} = -\sum_{n=1}^{\infty} \frac{1}{z^n}\,(K_1)\int \zeta^{n-1} f(\zeta)\,d\zeta$$

Für K_2 ist $|\zeta| > |z|$, also

$$\frac{1}{\zeta - z} = \frac{1}{\zeta\left(1 - \frac{z}{\zeta}\right)} = \frac{1}{\zeta} + \frac{z}{\zeta^2} + \frac{z^2}{\zeta^3} + \cdots$$

wieder gleichmäßig für alle ζ in K_2, und

$$(K_2)\int \frac{f(\zeta)\,d\zeta}{\zeta - z} = \sum_{n=0}^{\infty} z^n\,(K_2)\int \frac{f(\zeta)\,d\zeta}{\zeta^{n+1}},$$

endlich

$$f(z) = \frac{1}{2\pi i}\sum_{n=1}^{\infty} z^{-n}\,(K_1)\int \zeta^{n-1} f(\zeta)\,d\zeta + \frac{1}{2\pi i}\sum_{n=0}^{\infty} z^n\,(K_2)\int \frac{f(\zeta)\,d\zeta}{\zeta^{n+1}}.$$

worin beide Reihen absolut konvergieren.

Die Koeffizienten von z^n und z^{-n} sind nun ersichtlich nicht vom Radius der Kreise K_1 und K_2 abhängig, wie man schon dem *Cauchy*schen Satz entnimmt. *Es gilt daher einheitlich mit einem beliebigen R mit $R_1 < R < R_2$ und dem Kreis $K: |\zeta| = R$ die Darstellung*

$$f(z) = \frac{1}{2\pi i}\sum_{n=-\infty}^{+\infty} z^n\,(K)\int \frac{f(\zeta)\,d\zeta}{\zeta^{n+1}}$$

als Laurentsche Reihe.

Die gewöhnlichen Potenzreihen können natürlich als Spezialfall der *Laurent*schen Reihen aufgefaßt werden.

Die Darstellung einer im Kreisring $R_1 < |z| < R_2$ eindeutigen und regulären Funktion $f(z)$ als *Laurent*sche Reihe $f(z) = \sum_{-\infty}^{+\infty} a_n z^n$ ist natürlich wieder eindeutig: das folgt, indem man mit z^m multipliziert und über den Kreis $K : |z| = R$ mit $R_1 < R < R_2$ integriert ($z = R e^{i\varphi}$):

$$\int\limits_0^{2\pi} f(R\,e^{i\varphi})\,R^m\,e^{im\varphi}\,d\varphi = \sum_{n=\infty}^{+\infty} a_n\,R^{n+m} \int\limits_0^{2\pi} e^{i\varphi\,(n+m)}\,d\varphi = a_{-m} \cdot 2\pi$$

woraus also wieder folgt:

$$a_{-m} = \frac{1}{2\pi i}\,(K)\,\int f(\zeta)\,\zeta^{m-1}\,d\zeta.$$

Für die Koeffizienten der *Laurent*schen Reihe gelten analoge Abschätzungen, wie für Potenzreihen; es ist für $f(z) = \sum\limits_{n=-\infty}^{+\infty} a_n\,z^n$ in $R_1 < |z| < R_2$ und ein R mit $R_1 < R < R_2$

$$|f(z)|^2 = f(z) \cdot \overline{f(z)} = \sum_{n,\,m=-\infty}^{+\infty} a_n\,\overline{a_m}\,R^{n+m}\,e^{i\varphi\,(n-m)} \quad \text{und}$$

$$\int\limits_0^{2\pi} |f(z)|^2\,d\varphi = \sum_{n=-\infty}^{+\infty} |a_n|^2\,R^{2n} \cdot 2\pi.$$

Sei wieder
$$M(R) = \underset{|z|=R}{\mathrm{Max}}\,|f(z)|,$$

so ist
$$[M(R)]^2 \geqq \sum_{n=-\infty}^{+\infty} |a_n|^2\,R^{2n}$$

und speziell die *Cauchy*sche Ungleichung:

$$|a_n| \leqq \frac{M(R)}{R^n}$$

für alle n.

§ 3. Pole und wesentlich singuläre Stellen.

Wir wenden unsere Ergebnisse auf den Fall an, daß $R_1 = 0$, also $f(z)$ regulär und eindeutig ist für $0 < |z| < R_2$. Der Punkt $z = 0$ bildet, wenn $f(z)$ für $z = 0$ nicht differenzierbar ist, eine isolierte Singularität für $f(z)$. Es sind folgende Fälle zu unterscheiden:

1. In der *Laurent*schen Reihe von $f(z)$ *verschwinden alle Koeffizienten von negativen Potenzen*, wir haben also eine gewöhnliche Potenzreihe, die natürlich auch für $z = 0$ konvergiert und den Wert $a_0 = \lim\limits_{z\to 0} f(z)$ liefert. Ist nun der Funktionswert $f(0)$ gegeben und $= a_0$, so ist $f(z)$ für $z = 0$ differenzierbar. Ist $f(0)$ nicht gegeben, so können wir die Definition von $f(z)$ für $z = 0$ durch die Festsetzung $f(0) = a_0$ ergänzen und $f(z)$ ist dort differenzierbar. Ist endlich $f(0)$ gegeben, aber $\neq a_0$, so spricht man von einer *hebbaren Singularität*: man braucht ersichtlich

nur die Definition von $f(z)$ für $z = 0$ abzuändern, um eine dort differenzierbare Funktion zu erhalten.

2. In der *Laurent*schen Reihe von $f(z)$ sind *nur endlichviele Koeffizienten von negativen Potenzen von Null verschieden*. Der kleinste Exponent von z, für den der Koeffizient $\neq 0$ ist, sei $-n$ ($n > 0$), also $f(z)$ von der Form

$$f(z) = \frac{a_{-n}}{z^n} + \frac{a_{-n+1}}{z^{n-1}} + \ldots + a_0 + a_1 z + a_2 z^2 + \ldots \quad (a_{-n} \neq 0).$$

Man sagt dann, $f(z)$ habe für $z = 0$ einen *Pol von n-ter Ordnung*. Die Glieder mit negativen Potenzen $a_{-n} z^{-n} + a_{-n+1} z^{-n+1} + \ldots + a_{-1} z^{-1}$ faßt man als den *Hauptteil* der Funktion für diesen Pol zusammen. Es ist nun

$$f(z) = z^{-n}(a_{-n} + a_{-n+1} z + \ldots + a_0 z^n + a_1 z^{n+1} + \ldots),$$

wo der Klammerausdruck eine für $|z| < R_2$ konvergente gewöhnliche Potenzreihe darstellt. Wegen $a_{-n} \neq 0$ wird diese für $z = 0$ nicht verschwinden; es gibt weiter auch eine Kreisscheibe $|z| < \varrho$ mit $\varrho > 0$, so daß

$$|a_{-n+1} z + a_{-n+2} z^2 + \ldots| < \tfrac{1}{2}|a_{-n}|,$$

also $|a_{-n} + a_{-n+1} z + a_{-n+2} z^2 + \ldots| > |a_{-n}| - \tfrac{1}{2}|a_{-n}| = \dfrac{|a_{-n}|}{2}$ und

$$|f(z)| > \frac{|a_{-n}|}{2} \cdot \frac{1}{|z|^n} \quad \text{gilt; d. h. aber}$$

die Funktion $f(z)$ wird für hinreichend kleine z beliebig groß

$$f(z) \longrightarrow \infty \ \text{für} \ z \longrightarrow 0,$$

genauer: es ist $\qquad\qquad \lim_{z \to 0} f(z) \cdot z^n = a_{-n} \neq 0,$

$f(z)$ wird wie z^{-n} unendlich groß.

Wegen $a_{-n} \neq 0$ ist $a_{-n} + a_{-n+1} z + \ldots$ etwa für $|z| < R$, $R > 0$ sicher $\neq 0$; bilden wir daher für $0 < |z| < R$ die Funktion $\dfrac{1}{f(z)}$, so wird diese

$$\frac{1}{f(z)} = \frac{z^n}{a_{-n} + a_{-n+1} z + \ldots} = z^n(b_0 + b_1 z + b_2 z^2 + \ldots) \quad (b_0 = \frac{1}{a_{-n}} \neq 0)$$

durch eine für $|z| < R$ konvergente Potenzreihe dargestellt und diese beginnt mit der n-ten Potenz z^n. Beginnt nun die Potenzreihenentwicklung einer Funktion an einer Stelle mit der n-ten Potenz, so spricht man von einer *Nullstelle der Funktion von n-ter Ordnung. Hat also $f(z)$ einen Pol n-ter Ordnung, so hat* $\dfrac{1}{f(z)}$ *dort eine Nullstelle n-ter Ordnung und umgekehrt.*

3. In der *Laurent*schen Reihe von $f(z)$ treten *unendlichviele negative Potenzen* auf; man spricht hier von einer *wesentlich singulären Stelle.* Hier zeigt sich ein von 1 und 2 völlig abweichendes Verhalten von $f(z)$; es gilt nämlich (nach *Weierstraß*): (vgl. S. 75).

Hat $f(z)$ für $z = 0$ eine wesentlich singuläre Stelle, so kommt $f(z)$ innerhalb jedes Kreises um $z = 0$ jedem Wert beliebig nahe; d. h. für beliebiges a, beliebiges $\varepsilon > 0$ und beliebiges $\varrho > 0$ gibt es ein z mit $0 < |z| < \varrho$, so daß $|f(z) - a| < \varepsilon$.

Wäre das nicht der Fall, so gäbe es eine Zahl a, ein $\varepsilon > 0$ und ein $\varrho > 0$, so daß für jedes $0 < |z| < \varrho$ stets $|f(z) - a| \geq \varepsilon$ oder $\left|\dfrac{1}{f(z) - a}\right| \leq \dfrac{1}{\varepsilon}$ wäre. Es ist dann $\dfrac{1}{f(z) - a}$ beschränkt und regulär für $0 < |z| < \varrho$, also in eine *Laurent*sche Reihe entwickelbar

$$\frac{1}{f(z) - a} = \sum_{n=-\infty}^{+\infty} c_n z^n,$$

dabei ist

$$c_n = \frac{1}{2 \pi i} \; (K) \int \frac{d\zeta}{(f(\zeta) - a)\, \zeta^{n+1}}$$

wo K ein Kreis $|\zeta| = \gamma < \varrho$ sei. Es ist nun

$$|c_n| \leq \frac{1}{2\pi} \cdot \frac{1}{\varepsilon} \cdot \frac{2\pi\gamma}{\gamma^{n+1}} = \frac{1}{\varepsilon} \gamma^{-n}$$

also die rechte Seite der Ungleichung bei negativen n beliebig klein durch Wahl von γ. Also ist $c_n = 0$ für $n < 0$ und

$$\frac{1}{f(z) - a} = c_0 + c_1 z + c_2 z^2 + \dots$$

Ist $c_0 \neq 0$, so liegt ersichtlich der Fall 1 vor; ist $c_0 = c_1 = \dots = c_{k-1} = 0$, $c_k \neq 0$, so hat $f(z)$ einen Pol k-ter Ordnung, beides in Widerspruch zur Annahme.

Da nur einer dieser drei Fälle eintreten kann, so gilt: ist $f(z)$ für $0 < |z| < R$ regulär, eindeutig und beschränkt, so ist $f(z)$ — eventuell nach passender Festsetzung von $f(0)$ — in $z = 0$ differenzierbar. Denn es liegt dann der Fall 1 vor. (Satz von *Riemann*.)

Die Glieder mit negativen Potenzen faßt man wieder als Hauptteil der wesentlich singulären Stelle zusammen.

Für den unendlichfernen Punkt ist $\zeta = \dfrac{1}{z}$ zu setzen und die Entwicklung nach ζ zu betrachten:

$$f(z) = \sum_{n=-\infty}^{+\infty} a_n z^n = \sum_{n=-\infty}^{+\infty} a_{-n} \zeta^n:$$

Die Funktion $f(z)$ ist für $|z| > R$ regulär, wenn keine positiven Potenzen von z auftreten, sie hat einen Pol n-ter Ordnung im Unendlichen, wenn $f(z) = a_n z^n + a_{n-1} z^{n-1} + \ldots + a_0 + \ldots\ (a_n \neq 0)$ ist, und sie hat im Unendlichen eine wesentlich singuläre Stelle, wenn unendlichviele positive Potenzen von z auftreten.

Die rationalen Funktionen $\dfrac{P(z)}{Q(z)}$ $(P, Q$ Polynome in $z)$ sind funktionentheoretisch dadurch charakterisiert, daß sie auf der vollen funktionentheoretischen Ebene eindeutig und bis auf endlichviele Pole regulär sind.

Zunächst ist $\dfrac{P(z)}{Q(z)}$ überall regulär, außer eventuell für die Nullstellen des Nenners und den Punkt $z = \infty$. Es gibt nur endlichviele Nullstellen von $Q(z)$: ist $Q(z)$ nichtkonstant, so hat es in $z = \infty$ einen Pol, ist also im Äußern eines Kreises, etwa für $|z| > R$ von Null verschieden; für $|z| \leqq R$ gibt es nur endlichviele Nullstellen von $Q(z)$; sonst müßten diese sich an einer Stelle ζ mit $|\zeta| \leqq R$ häufen und es müßte $Q(\zeta) = 0$ sein, was unmöglich ist, weil eine Nullstelle im Innern eines Gebietes, in dem Q regulär ist, nur isolierte Nullstelle sein kann. Sei also $z = a$ eine k-fache Nullstelle von $Q(z)$:

$$Q(z) = (z-a)^k [a_k + a_{k+1}(z-a) + \ldots]\quad (a_k \neq 0)$$

dann hat

$$\frac{P(z)}{Q(z)} = \frac{b_0 + b_1(z-a) + \ldots}{(z-a)^k [a_k + a_{k+1}(z-a) + \ldots]}$$

für $z = a$ einen Pol k-ter oder niedrigerer Ordnung, je nach dem $b_0 = P(a) \neq 0$ oder $= 0$ ist.

Für $z = \infty$ ist mit $z = \dfrac{1}{\zeta}$

$$\frac{P(z)}{Q(z)} = \frac{p_0 + p_1 z + \ldots + p_n z^n}{q_0 + q_1 z + \ldots + q_m z^m} = \zeta^{m-n} \frac{p_n + p_{n-1}\zeta + \ldots + p_0 \zeta^n}{q_m + q_{m-1}\zeta + \ldots + q_0 \zeta^m}$$

$$(p_n, q_m \neq 0)$$

der unendlichferne Punkt also ein Pol, wenn $m < n$, und zwar dann von der Ordnung $n - m$, sonst aber regulär.

Sei nun umgekehrt $f(z)$ überall eindeutig und bis auf endlichviele Pole regulär. Seien $a_1 \ldots a_k$ die Pole von $f(z)$, $H_1(z)$, $\ldots H_k(z)$ die Hauptteile von $f(z)$ in den Punkten $a_1, \ldots a_k$; wir bilden

$$f(z) - H_1(z) - \ldots - H_k(z);$$

diese Funktion ist überall, auch im Unendlichen regulär, also darf ihre *Laurent*sche Entwicklung $\sum_{n=-\infty}^{+\infty} a_n z^n$ keine negativen Potenzen enthalten, weil die Funktion für $z = 0$ differenzierbar ist, und keine positiven, weil sie im Unendlichen regulär ist; also ist sie konstant und

$$f(z) = H_1(z) + \ldots + H_k(z) + \text{konstant}$$

also rational.

Die damit angegebene Darstellung einer rationalen Funktion als Summe ihrer Hauptteile ist die auch in der Algebra gezeigte *Partialbruchzerlegung*, die hier rein funktionentheoretisch abgeleitet wurde.

Versuchen wir eine solche Darstellung einer Funktion durch die Summe ihrer Hauptteile auch für eine nichtrationale Funktion! Wir wählen hiefür

$$f(z) = \operatorname{ctg} z = \frac{\cos z}{\sin z}.$$

Diese hat im Endlichen nur Pole, und zwar an den Nullstellen der Sinusfunktion, also für $z = n\pi$. Dort ist die Entwicklung

$$\operatorname{ctg} z = \frac{\cos n\pi - \sin n\pi \cdot (z - n\pi) + \ldots}{\sin n\pi + \cos n\pi (z - n\pi) + \ldots} = \frac{1}{z - n\pi} + \text{Glieder, die}$$

für $z = n\pi$ regulär sind. Also ist der Hauptteil, der zum Pol $n\pi$ gehört,

$$H_n(z) = \frac{1}{z - n\pi}.$$

Die Summe aller $H_n(z)$ würde, wenigstens nicht in beliebiger Anordnung, nicht konvergieren. Wir fassen daher zusammen

$$H_n(z) + H_{-n}(z) = \frac{2z}{z^2 - n^2\pi^2} \quad (n \neq 0)$$

und bilden die sicherlich für alle $z \neq n\pi$ konvergente Summe:

$$H_0(z) + \sum_{n=1}^{\infty} [H_n(z) + H_{-n}(z)] = \frac{1}{z} + \sum_{n=1}^{\infty} \frac{2z}{z^2 - n^2\pi^2} = H(z).$$

Die Summe ist dabei gleichmäßig konvergent für jede Kreisscheibe B, die keinen Punkt $n\pi$ enthält (wir brauchen ja nur B durch einen Kreis $|z| = R$ von entsprechendem Radius R einzuschließen, dann ist für $|n|\pi > R$ sicher $\left|\dfrac{2z}{z^2-n^2\pi^2}\right| < \dfrac{2R}{n^2\pi^2-R^2}$ und die Summe darüber konvergiert also gleichmäßig). Dann ist aber das Integral von $H(z)$ über eine Kurve C in B gleich der Summe der Integrale der $H_n(z) + H_{-n}(z)$ über C, und wenn alle diese Integrale verschwinden, so ist auch das Integral über $H(z)$ gleich Null. In Anwendung des Satzes von *Morera* folgt also leicht aus der Regularität der $H_n(z)$ auch die Regularität von $H(z)$ innerhalb von B. Es ist also $H(z)$ schließlich eine für alle $z \neq n\pi$ reguläre Funktion.

Weiter ist $H(z)$ eine periodische Funktion: $H(z+\pi) = H(z)$. Zunächst ist $H_{n+1}(z+\pi) = H_n(z)$, also:

$$H(z+\pi) - H(z) = H_{-1}(z) + \sum_{n=1}^{\infty} [H_{n-1}(z) + H_{-n-1}(z)]$$
$$- H_0(z) - \sum_{n=1}^{\infty} [H_n(z) + H_{-n}(z)]$$

Man sieht sofort, daß die k-ten Partialsummen dieser beiden Reihen sich nur um Glieder unterscheiden, die für $k \longrightarrow \infty$ gegen Null streben; also ist $H(z+\pi) = H(z)$.

Es ist dann $\operatorname{ctg} z - H(z)$ eine im Endlichen überall reguläre, also ganze Funktion, periodisch mit der Periode π und beschränkt; letzteres brauchen wir wegen der Periodizität ersichtlich nur etwa für den „Periodenstreifen" $0 \leqq \Re(z) \leqq \pi$ nachzuweisen; und wegen der Stetigkeit von $\operatorname{ctg} z - H(z)$ brauchen wir die Beschränktheit nur für $|y| > 1$ zu zeigen. Nun ist aber $(z = x + iy)$

$$|\operatorname{ctg} z| = \frac{|e^{iz} + e^{-iz}|}{|e^{iz} - e^{-iz}|} \leqq \frac{e^{|y|} + e^{-|y|}}{e^{|y|} - e^{-|y|}}$$

für $|y| > 1$ sicher beschränkt. Ebenso ist

$$\left| \sum_{n=1}^{\infty} \frac{2z}{z^2-n^2\pi^2} \right| \leqq \sum_{n=1}^{\infty} \frac{2|y| + 2\pi}{|z-n\pi|\,|z+n\pi|} \leqq \sum_{n=1}^{\infty} \frac{2|y| + 2\pi}{|iy-(n-1)\pi|\,|iy+n\pi|}$$
$$< \sum_{n=0}^{\infty} \frac{2|y| + 2\pi}{y^2 + n^2\pi^2},$$

$$\leqq \frac{2}{|y|} + \int_0^{\infty} \frac{2|y|\,du}{y^2+u^2\pi^2} + \sum_{n=0}^{\infty} \frac{2\pi}{n^2\pi^2 + 1} = 3 + \sum_{n=0}^{\infty} \frac{2\pi}{n^2\pi^2 + 1}$$

also auch beschränkt. Also ist $\operatorname{ctg} z - H(z)$ eine ganze, beschränkte

Funktion, also konstant $= c$; da sowohl $\operatorname{ctg} z$ als $H(z)$ ungerade Funktionen sind, $\operatorname{ctg} z - H(z) = -[\operatorname{ctg}(-z) - H(-z)]$, muß $c = 0$ sein. Es gilt also

$$\operatorname{ctg} z = \frac{1}{z} + \sum_{n=1}^{\infty} \frac{2z}{z^2 - n^2 \pi^2}.$$

Wir ziehen daraus noch eine Folgerung. Wir bilden das Integral längs einer rektifizierbaren Kurve C, die keine Punkte $n\pi$ enthalte. Das gibt:

$$(C) \int \operatorname{ctg} z \, dz = (C) \int \frac{d \log \sin z}{dz} \, dz = (C) \int d \log \sin z$$

$$= (C) \int d \log z + \sum_{n=1}^{\infty} (C) \int d \log (z^2 - n^2 \pi^2)$$

oder

$$(C) \int d \log \frac{\sin z}{z} = \sum_{n=1}^{\infty} (C) \int d \log (z^2 - n^2 \pi^2)$$

Wir können dann den Anfangspunkt von C in den Nullpunkt verlegen und haben:

$$\log \frac{\sin z}{z} = \sum_{n=1}^{\infty} \log \left(1 - \frac{z^2}{n^2 \pi^2}\right)$$

Geht man zur Exponentialfunktion über, so liegt es nahe, die rechte Seite als ein *„unendliches Produkt"* zu schreiben

$$\prod_{n=1}^{\infty} \left(1 - \frac{z^2}{\pi^2 n^2}\right);$$

dieses wird also erklärt als Exponentialfunktion, deren Exponent eine konvergente Summe von Logarithmen darstellt. Es ist dann

$$\sin z = z \prod_{n=1}^{\infty} \left(1 - \frac{z^2}{n^2 \pi^2}\right)$$

Wir werden später noch allgemeiner solche Produkte zu betrachten haben und verschieben die genauere Diskussion auf diesen Zeitpunkt.

§ 4. Das Residuum.

Ist $f(z)$ für $0 < |z - a| < R$ eine eindeutige und reguläre Funktion und K ein Kreis $|z - a| = \varrho$ ($0 < \varrho < R$) um den Punkt a, so bezeichnet man das Integral

$$\frac{1}{2\pi i}(K) \int f(z) \, dz$$

als das *Residuum* von $f(z)$ im Punkte a.

Natürlich ist dieses von ϱ unabhängig, wie auch an Stelle des Kreises K eine beliebige geschlossene *Jordan*kurve, die $z = a$ im Innern enthält, genommen werden kann (man vergleiche den Beweis des analogen Satzes bei der *Cauchy*schen Formel, s. S. 69).

Da $f(z)$ in eine *Laurent*sche Reihe entwickelt werden kann, $f(z) = \sum\limits_{n=-\infty}^{+\infty} a_n (z-a)^n$, so ist wegen der gleichmäßigen Konvergenz der Reihe

$$(K)\int f(z)\,dz = \sum_{n=-\infty}^{+\infty} a_n (K)\int (z-a)^n\,dz = \sum_{n=-\infty}^{+\infty} a_n \cdot \int_0^{2\pi} \varrho^{n+1} e^{i\varphi(n+1)} \cdot i\,d\varphi =$$

$$= a_{-1} \cdot 2\pi i.$$

Das Residuum ist also gleich dem -1-ten Koeffizienten in der *Laurent*schen Reihe von $f(z)$.

Sei G ein einfachzusammenhängendes beschränktes Gebiet, $f(z)$ in G eindeutig und regulär, mit Ausnahme höchstens der endlichvielen Punkte $c_1, \ldots c_n$; ferner sei C eine geschlossene rektifizierbare *Jordan*kurve in G, die die Punkte $c_1, \ldots c_n$ im Innern enthalte. Wir bilden $(C)\int f(z)\,dz$. Zerlegen wir das Innere von C durch Polygonzüge in n Teilgebiete, deren jedes einen der Punkte c_j enthalte, und sei C_j die Randkurve des j-ten Teilgebietes mit dem Punkte c_j, so ist in der schon mehrfach angewendeten Beweisführung:

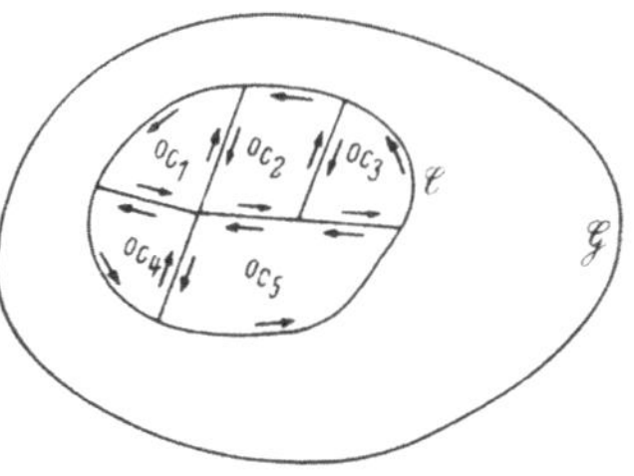

Abb. 22.

$$\frac{1}{2\pi i}(C)\int f(z)\,dz = \frac{1}{2\pi i}\sum_{j=1}^{n}(C_j)\int f(z)\,dz = \sum_{j=1}^{\infty} a_{-1}^{(j)},$$

wo $a_{-1}^{(j)}$ der -1-te Koeffizient der *Laurent*schen Reihe von $f(z)$ in c_j ist.

Das Integral von $f(z)$ über eine geschlossene Kurve C liefert also die mit $2\pi i$ multiplizierte Summe der Residuen von $f(z)$ über die Stellen im Innern von C, an denen $f(z)$ nicht regulär ist.

Sei endlich $f(z)$ für $|z| > R$ eindeutig und regulär mit Ausnahme etwa des Punktes ∞. Wir bilden die *Laurent*sche Reihe $f(z) = \sum\limits_{n=-\infty}^{+\infty} a_n z^n$ für den unendlichfernen Punkt; sei K ein Kreis $|z| = \varrho > R$, wo aber K in negativen Sinn durchlaufen werde, so daß das den Punkt ∞ enthaltende Gebiet zur Linken bleibt; dann ist

$$\frac{1}{2\pi i} \ (K) \int f(z)\, dz = \frac{1}{2\pi i} \sum_{n=-\infty}^{+\infty} a_n \ (K) \int z^n\, dz = -\, a_{-1},$$

also der negative -1-te Koeffizient in der Entwicklung von $f(z)$ im Punkt ∞, das Residuum von $f(z)$ in ∞.

Es ist also hier das Residuum eventuell auch dann $\neq 0$, wenn $f(z)$ dort regulär ist.

Diese etwas künstlich erscheinende Definition des Residuums für $z = \infty$ wird durch folgenden Satz, der durch diese Definition erst ermöglicht wird, gerechtfertigt.

Ist $f(z)$ auf der ganzen Ebene eindeutig und regulär bis auf endlichviele Stellen, so ist die Summe der Residua aller dieser Stellen und des unendlichfernen Punktes gleich Null.

Wir brauchen ja nur einen Kreis K zu ziehen, der alle im Endlichen gelegenen Punkte umfaßt, an denen $f(z)$ nicht regulär ist, und haben:

$$(K) \int f(z)\, dz + (-K) \int f(z)\, dz = 0$$

so ist dies schon der erwähnte Satz.

Die Bedeutung des Residuums liegt darin, daß ein Integral $\int f(z)\, dz$ über eine geschlossene Kurve C sofort auf die Betrachtung der innerhalb C gelegenen isolierten Singularitäten zurückgeführt wird.

Wir geben Beispiele zur Berechnung des Residuums.

Sind $f(z)$, $g(z)$ in einem $z = a$ enthaltenden Gebiet regulär, $g(a) = 0$ und $g'(a) \neq 0$, so ist dort die Entwicklung

$$\frac{f(z)}{g(z)} = \frac{f(a)+f'(a)(z-a)+\ldots}{g'(a)(z-a)+\ldots} = \frac{1}{z-a} \cdot \frac{f(a)+f'(a)(z-a)+\ldots}{g'(a)+\frac{g''(a)}{2}(z-a)+\ldots} =$$

$$= \frac{1}{z-a} \frac{f(a)}{g'(a)} + \text{Glieder, die für } z = a \text{ regulär sind;}$$

also das Residuum von $\dfrac{f(z)}{g(z)}$ für $z = a$ gleich $\dfrac{f(a)}{g'(a)}$.

Es hat z. B. $\dfrac{1}{\sin z}$ einfache Pole für $z = n\pi$ und das Residuum ist dort $\dfrac{1}{\cos n\pi} = (-1)^n$. Ebenso hat $\operatorname{ctg} z = \dfrac{\cos z}{\sin z}$ für $z = n\pi$ das

Residuum $\dfrac{\cos n\pi}{\cos n\pi} = 1$.

Wir berechnen ferner das reelle Integral

$$\int_0^\infty \frac{dx}{1 + x^{2n}}. \qquad (n \text{ ganz} > 0).$$

Wir setzen $f(z) = \dfrac{1}{1 + z^{2n}}$ und erstrecken das Integral $\int f(z)\, dz$ mit $R > 1$ über die reelle Achse von $-R$ bis $+R$ und über den Halbkreis $|z| = R$ mit $0 \leqq \arg z \leqq \pi$ von $+R$ bis $-R$.

Im Innern dieses so begrenzten Halbkreises ist $1 + z^{2n} = 0$ für die n Stellen $z_1 \ldots z_n$ mit $|z_k| = 1$ und den Argumenten: $\dfrac{\pi}{2\,n}, \dfrac{\pi}{2\,n} + \dfrac{\pi}{n},$ $\dfrac{\pi}{2\,n} + \dfrac{2\,\pi}{n}, \ldots \dfrac{\pi}{2\,n} + \dfrac{(n-1)\,\pi}{n}$. Das Residuum von $f(z)$ für die Stelle z_k ist

$$\frac{1}{2\,n\,z_k^{2n-1}} = \frac{-z_k}{2\,n} = -\frac{1}{2\,n}\, e^{i\left[\frac{\pi}{2\,n} + \frac{(k-1)\pi}{n}\right]} = -\frac{1}{2\,n}\, e^{i\,\frac{2\,\pi\,k - \pi}{2\,n}}$$

und die Summe für $k = 1, \ldots n$ ist

$$-\frac{1}{2\,n}\, e^{-\frac{i\,\pi}{2\,n}} \cdot e^{\frac{\pi\,i}{n}}\, \frac{1 - e^{\pi i}}{1 - e^{\frac{i\,\pi}{n}}} = \frac{1}{2\,i\,n \sin \frac{\pi}{2\,n}}.$$

Es ist also (H der Halbkreis von $+R$ bis $-R$)

$$\int_{-R}^{+R} \frac{dx}{1+x^{2n}} + (H) \int_{+R}^{-R} \frac{dz}{1+z^{2n}} = 2\,\pi\,i\, \frac{1}{2\,i\,n \sin \frac{\pi}{2\,n}} = \frac{\pi}{n \sin \frac{\pi}{2\,n}}.$$

Nun ist das Halbkreisintegral

$$\left| (H) \int_{+R}^{-R} \frac{dz}{1+z^{2n}} \right| \leqq \frac{\pi\,R}{R^{2n} - 1}, \quad \text{strebt also für } R \to +\infty \text{ gegen}$$

Null und es ist

$$\int_{-\infty}^{+\infty} \frac{dx}{1 + x^{2n}} = \frac{\pi}{n \sin \frac{\pi}{2\,n}}.$$

Wir kommen zum Begriff des *logarithmischen Residuums:*

Sei $f(z)$ für $0 < |z - a| < R$ eindeutig, regulär und $\neq 0$; ferner sei K ein Kreis $|z - a| = \varrho\ (0 < \varrho < R)$. Dann bezeichnen wir das Integral

$$\frac{1}{2\,\pi\,i}\ (K) \int \frac{f'(z)}{f(z)}\, dz = \frac{1}{2\,\pi\,i}\ (K) \int \frac{d \log f(z)}{dz}\, dz$$

als das *logarithmische Residuum* von $f(z)$ an der Stelle $z = a$; es ist also gleich dem Residuum von $\dfrac{f'(z)}{f(z)}$.

Ist $f(z)$ mit Einschluß von $z = a$ regulär und $f(a) \neq 0$, so ist auch $\dfrac{f'(z)}{f(z)}$ dort regulär und das logarithmische Residuum $= 0$.

Hat $f(z)$ für $z = a$ eine n-fache Nullstelle, also

$$f(z) = a_n (z - a)^n + a_{n+1} (z - a)^{n+1} + \ldots \quad (a_n \neq 0)$$

$$f'(z) = n\, a_n (z - a)^{n-1} + (n+1)\, a_{n+1} (z - a)^n + \ldots,$$

so ist

$$\frac{f'(z)}{f(z)} = \frac{n\, a_n + (n+1)\, a_{n+1} (z - a) + \ldots}{(z - a)\,[a_n + a_{n+1} (z - a) + \ldots]} = \frac{n}{z - a} + \text{Glieder, die für}$$

$z = a$ regulär bleiben.

Wegen $(K)\ \displaystyle\int \frac{dz}{z - a} = 2\,\pi\,i$ gilt also:

Das logarithmische Residuum für eine n-fache Nullstelle von $f(z)$ ist n.

Sei $z = a$ für $f(z)$ ein Pol n-ter Ordnung, so ist

$$f(z) = \frac{a_{-n}}{(z - a)^n} + \frac{a_{-n+1}}{(z - a)^{n-1}} + \ldots \quad (a_{-n} \neq 0)$$

$$f'(z) = \frac{-n\, a_{-n}}{(z - a)^{n+1}} + \frac{-(n-1)\, a_{-n+1}}{(z - a)^n} + \ldots$$

und $$\frac{f'(z)}{f(z)} = \frac{-n\, a_{-n} - (n-1)\, a_{-n+1} (z - a) + \ldots}{(z - a)\,[a_{-n} + a_{-n+1} (z - a) + \ldots]} = \frac{-n}{z - a} +$$

$+$ Glieder, die für $z = a$ regulär bleiben.

Das logarithmische Residuum für einen Pol n-ter Ordnung von $f(z)$ ist $-n$.

Das Gleiche gilt für den unendlichfernen Punkt, wenn wir — wie beim Residuum — den Kreis K mit $|z| = \varrho$ negativ durchlaufen, so daß das Unendliche zur Linken bleibt:

Ist $z = \infty$ eine n-fache Nullstelle, so ist $f(z) = \dfrac{a_{-n}}{z^n} + \dfrac{a_{-n-1}}{z^{n+1}} +$

$+ \ldots (a_{-n} \neq 0)$ und $f'(z) = \dfrac{-n\, a_{-n}}{z^{n+1}} + \dfrac{-(n+1)\, a_{-n-1}}{z^{n+2}} + \ldots$, also

$$\frac{f'(z)}{f(z)} = \frac{-n\, a_{-n} - (n+1)\, a^{-n-1}\,\frac{1}{z} - \ldots}{z\,[a_{-n} + a_{-n-1} \cdot \frac{1}{z} + \ldots]} = \frac{-n}{z} + \frac{1}{z^2}. \ \text{Potenzreihe nach}$$

positiven Potenzen von $\dfrac{1}{z}$

und das logarithmische Residuum wird wieder n.

Ist $z = \infty$ ein n-facher Pol, so ist $f(z) = a_n z^n + a_{n-1} z^{n-1} + \cdots$
$(a_n \neq 0)$ und $f'(z) = n a_n z^{n-1} + (n-1) a_{n-1} z^{n-2} + \cdots$, also

$$\frac{f'(z)}{f(z)} = \frac{n a_n + (n-1) a_{n-1} \frac{1}{z} + \cdots}{z \left[a_n + a_{n-1} \cdot \frac{1}{z} + \cdots \right]} = \frac{n}{z} + \frac{1}{z^2}.$$ Potenzreihe nach po-

sitiven Potenzen von $\frac{1}{z}$ und das logarithmische Residuum wird $-n$.

*Ist G ein einfachzusammenhängendes beschränktes Gebiet, $f(z)$ regulär
in G bis auf endlichviele Pole und C eine geschlossene Jordankurve in G,
so daß keine Nullstelle und kein Pol von $f(z)$ auf C liegt, so ist*

$$\frac{1}{2 \pi i} (C) \int \frac{f'(z)}{f(z)} \, dz = \text{Summe aller Residuen von } \frac{f'(z)}{f(z)} \text{ innerhalb } C =$$

*Summe der Ordnungen aller Nullstellen von $f(z)$ — Summe der Ordnungen
aller Pole von $f(z)$ innerhalb C.* Denn überall sonst ist $f(z)$ regulär $\neq 0$,

also $\dfrac{f'(z)}{f(z)}$ regulär.

Wenden wir dies auf die rationalen Funktionen $f(z) = \dfrac{P(z)}{Q(z)}$
$(P, Q$ Polynome in $z)$ an, die ja bis auf endlichviele Pole überall regulär
sind. Wir schließen durch einen Kreis K mit $|z| = R$ alle Nullstellen
und Pole von $f(z)$, die im Endlichen gelegen sind, ein; dann ist

$$\frac{1}{2 \pi i} (K) \int \frac{f'(z)}{f(z)} \, dz + \frac{1}{2 \pi i} (-K) \int \frac{f'(z)}{f(z)} \, dz = 0,$$

wo das zweite Integral je nach dem Vorzeichen die Ordnung der Nullstelle, bzw. des Pols von $f(z)$ für $z = \infty$ liefert. *Also ist für eine rationale
Funktion $f(z)$ die Summe der Ordnungen aller Nullstellen gleich der Summe
der Ordnungen aller Pole von $f(z)$*; diese ganze Zahl heißt dann die
Ordnung der rationalen Funktion. Betrachtet man für ein beliebiges c
die Funktionen $f(z)$ und $f(z) - c$, so haben diese dieselben Pole, also
die gleiche Ordnung; die Nullstellen der zweiten Funktion $f(z) - c$
sind aber die Stellen $f(z) = c$; also *nimmt eine rationale Funktion jeden
Wert sooft an, als die Ordnung der Funktion ergibt.* Insbesonders nimmt
eine ganze rationale Funktion, also ein Polynom vom Grade n jeden
Wert n-mal an, da es genau einen Pol n-ter Ordnung hat, was wieder
den Fundamentalsatz der Algebra illustriert.

Übungsbeispiele.

1. Man zeige: Hat $f(z)$ einen Pol und $g(z)$ eine wesentliche Singularität
   für $z = a$, so hat $f(z) \cdot g(z)$ dort stets eine wesentliche Singularität.

2. Man entwickle $\dfrac{1}{(z+1)\,(z+2)}$ nach Potenzen von z

    a) für $|z| < 1$ b) für $1 < |z| < 2$ c) für $|z| > 2$.

3. Wo und von welcher Art sind die singulären Stellen von $\sin z \,.\, \sin \dfrac{1}{z}$.

4. Ebenso von der Funktion $\dfrac{e^{z-1}-1}{1-z}$.

5. Hat $f(z)$ für $z = a$ eine wesentliche Singularität, so auch $e^{f(z)}$; man zeige das an Hand des *Weierstraß*schen Satzes für wesentlich singuläre Stellen.

6. Man zeige: Hat $f(z)$ an einer Stelle einen Pol, so ist

$$\frac{f'''}{f''} + \frac{f'}{f} - 2\,\frac{f''}{f'} \text{ dort regulär.}$$

7. Die Ableitung einer bis auf isolierte Singularitäten regulären eindeutigen·Funktion hat überall das Residuum Null.

8. Sei G beschränkt und einfachzusammenhängend und $f(z)$ in G bis auf Pole regulär; was bedeutet das Integral

$$(C) \int z\,\frac{f'}{f}\,d\,z,$$

wo C eine geschlossene, alle Nullstellen und Pole von f vermeidende Kurve in G ist?

9. Man berechne das Integral $\displaystyle\int \frac{\operatorname{ctg} z}{z\,(z+1)}\,dz$ über den Kreis $|z| = 2$.

10. Ebenso das Integral $\displaystyle\int \frac{e^{\sin z}\,z}{\cos 2z}\,dz$ über den Kreis $|z| = 1$.

11. Man bestimme die Pole, deren Ordnungen, Residuen und die Ordnung der Funktion:

$$z - \frac{z^2}{z-1} + \frac{z^3}{(z+1)^2} - \frac{z^4}{(z-1)^3}$$

und stelle die Funktion als Summe ihrer Hauptteile dar.

12. Man zeige: Eine auf der ganzen Ebene reguläre eindeutige und schlichte Funktion ist notwendig linear.

VII. Reihen von Funktionen.

§ 1. Der Weierstraßsche Doppelreihensatz.

Bereits im Anfang haben wir gezeigt, daß eine gleichmäßig konvergente Reihe von stetigen Funktionen wieder stetig ist. Ein analoger Satz für differenzierbare Funktionen ist im Reellen nicht richtig: eine gleichmäßig konvergente Reihe von differenzierbaren Funktionen ist i. a. nicht differenzierbar: man denke nur an gleichmäßig konvergente *Fourier*sche Reihen, die eine Kurve mit Ecken darstellen, also nicht differenzierbar sind. Dagegen gilt ein solcher Satz im Komplexen; es ist dies der sogenannte *Doppelreihensatz von Weierstraß*, der auf Grund der bisher gewonnenen Resultate äußerst einfach zu beweisen ist.

In einem Gebiete G seien die Funktionen $f_1(z)$, $f_2(z)$, $\ldots$ regulär, es konvergiere überall $\sum\limits_{n=1}^{\infty} f_n(z) = f(z)$, und zwar gleichmäßig in jedem beschränkten und abgeschlossenen Bereich in G. Dann ist $f(z)$ regulär in G, die Reihe der k-ten Ableitungen $f_n^{(k)}(z)$ konvergiert gleichfalls in G und liefert die k-te Ableitung der Summe:

$$\sum\limits_{n=1}^{\infty} f_n^{(k)}(z) = f^{(k)}(z).$$

Der erste Teil des Satzes — daß $f(z)$ in G regulär ist — würde fast unmittelbar aus dem Satz von *Morera* folgen: wir zeigen aber gleich allgemein den ganzen Satz.

Sei C eine geschlossene rektifizierbare *Jordan*kurve in G, deren Inneres gleichfalls ganz in G liege; z sei ein Punkt innerhalb C. Dann ist nach der *Cauchy*schen Formel

$$f_n^{(k)}(z) = \frac{k!}{2\pi i} (C) \int \frac{f_n(\zeta)\, d\zeta}{(\zeta - z)^{k+1}}.$$

Nun ist $\sum\limits_{n=1}^{\infty} f_n(\zeta)$, also auch $\sum\limits_{n=1}^{\infty} f_n(\zeta) \cdot \dfrac{1}{(\zeta - z)^{k+1}}$ für alle ζ auf C gleichmäßig konvergent; es ist ja $|\zeta - z| \geq$ Abstand d des Punktes z von C und $d > 0$; wir können unsere Formel daher rechts, also auch links über n summieren:

$$\frac{k!}{2\pi i} \sum_{n=1}^{\infty} (C) \int \frac{f_n(\zeta)\, d\zeta}{(\zeta - z)^{k+1}} = \frac{k!}{2\pi i} (C) \int \frac{f(\zeta)\, d\zeta}{(\zeta - z)^{k+1}} = \sum_{n=1}^{\infty} f_n^{(k)}(z).$$

Für $k = 0$ ist dies $= \sum_{n=1}^{\infty} f_n(z) = f(z)$, woraus sofort die Regularität von $f(z)$ innerhalb C folgt. Für $k > 0$ ist aber

$$f^{(k)}(z) = \frac{k!}{2\pi i} (C) \int \frac{f(\zeta)\, d\zeta}{(\zeta - z)^{k+1}} = \sum_{n=1}^{\infty} f_n^{(k)}(z) \quad q.\ e.\ d.$$

Sei schließlich B eine beschränkte abgeschlossene Menge innerhalb G; der Abstand der Menge B vom Rande $B\,(G)$ ist dann $d > 0$. Wir überdecken die Ebene mit einem quadratischen Gitter, so daß die Diagonale der Quadrate $< d$ ist. Die Menge Q aller der abgeschlossenen Quadratflächen, die mit B Punkte gemein haben, liegt ganz in G; der Rand R von Q besteht aus endlichvielen Polygonen; der Abstand der Mengen B und R ist nach Konstruktion $\delta > 0$. Nehmen wir in der obigen Rechnung statt C die Polygonsumme R, so ist für alle z von B und alle ζ von R gleichmäßig $|z - \zeta| \geqq \delta$ und die obigen Integralsummen und daher auch $\sum_{n=1}^{\infty} f_n^{(k)}(z)$ konvergieren gleichmäßig für alle z in B.

Mit demselben Beweis können wir einen viel weitertragenden Satz zeigen: *Seien $f_1(z)$, $f_2(z)$, ... in G regulär, C eine rektifizierbare geschlossene Jordankurve in G, deren Inneres ganz in G liegt. Ferner konvergiere $\sum_{n=1}^{\infty} f_n(\zeta) = f(\zeta)$ gleichmäßig auf C. Dann konvergiert $\sum_{n=1}^{\infty} f_n(z)$ auch im Innern von C, und zwar gleichmäßig gegen eine Funktion $f(z) = \sum_{n=1}^{\infty} f_n(z)$, die innerhalb C regulär ist, bei Annäherung an den Randpunkt ζ gegen $f(\zeta)$ strebt und für welche innerhalb C wieder $f^{(k)}(z) = \sum_{n=1}^{\infty} f_n^{(k)}(z)$ gilt.*

Wir wenden das Prinzip vom Maximum des absoluten Betrages an. Sei $s_n(z) = \sum_{j=1}^{n} f_j(z)$; nach Voraussetzung gibt es zu jedem $\varepsilon > 0$ ein $n(\varepsilon)$, so daß für $n > n(\varepsilon)$ und jedes m und für jedes ζ auf C gilt

$$|s_{n+m}(\zeta) - s_n(\zeta)| < \varepsilon.$$

Betrachten wir die Funktionen innerhalb und auf C, so nimmt $s_{n+m}(z) - s_n(z)$ das Maximum seines absoluten Betrages nicht innerhalb C an; also wird dieses Maximum auf C angenommen; also ist für alle z innerhalb und auf C

$$|s_{n+m}(z) - s_n(z)| < \varepsilon$$

für $n > n(\varepsilon)$ und beliebiges m; d. h. aber die $s_n(z)$ konvergieren, und zwar gleichmäßig für alle z innerhalb und auf C: $s_n(z) \to \sum\limits_{n=1}^{\infty} f_n(z) = f(z)$.

Wegen der gleichmäßigen Konvergenz ist $f(z)$ natürlich innerhalb und auf C stetig; alles andere folgt wie oben.

Es folgt also die Konvergenz im Innern von C schon aus der gleichmäßigen Konvergenz auf C.

Die praktische Bedeutung des *Weierstraß*schen Satzes liegt darin, daß man bei einer gleichmäßig konvergenten Reihe von Funktionen deren Ableitungen ohneweiters summieren kann, um die Ableitung der Summe zu erhalten. Sind insbesonders die Glieder dieser Reihe Potenzreihen, so braucht man nur die Koeffizienten der Glieder mit gleichhohen Potenzen zu sammeln, um die Koeffizienten der Potenzreihe der Summe zu haben. Weil hier also Reihen von Potenzreihen betrachtet werden, spricht man auch vom „Doppelreihensatz".

Wir geben einige Beispiele. Es ist die Reihe

$$\operatorname{ctg} z = \frac{1}{z} + \sum_{n=1}^{\infty} \left(\frac{1}{z - n\pi} + \frac{1}{z + n\pi} \right)$$

gleichmäßig konvergent in jedem abgeschlossenen beschränkten Bereich, der keine Punkte $n\pi$ enthält. Also liefert die Differentiation die ebenso konvergente Reihe:

$$\frac{1}{\sin^2 z} = \frac{1}{z^2} + \sum_{n=1}^{\infty} \left[\frac{1}{(z - n\pi)^2} + \frac{1}{(z + n\pi)^2} \right],$$

wofür wir, weil sowohl der erste, wie der zweite Ausdruck unter der Klammer für sich konvergiert, auch schreiben können

$$\frac{1}{\sin^2 z} = \sum_{n=-\infty}^{+\infty} \frac{1}{(z - n\pi)^2}.$$

Für $z = \dfrac{\pi}{2}$, bzw. $\dfrac{\pi}{6}$ erhalten wir die Reihen

$$\frac{\pi^2}{8} = 1 + \frac{1}{3^2} + \frac{1}{5^2} + \ldots \quad \text{und} \quad \frac{\pi^2}{9} = \sum_{-n=\infty}^{\infty} \frac{1}{(6n-1)^2} = 1 + \frac{1}{5^2} + \frac{1}{7^2} + \ldots$$

Wir betrachten die Funktion $\operatorname{ctg} z - \dfrac{1}{z} = \sum\limits_{n=1}^{\infty} \dfrac{2z}{z^2 - n^2\pi^2}$, die für $|z| < \pi$ sicher regulär ist. Ihre Potenzreihendarstellung gewinnen wir nach dem *Weierstraß*schen Satz, indem wir entwickeln:

$$\frac{2z}{z^2 - n^2\pi^2} = \frac{-2z}{n^2\pi^2 \left(1 - \frac{z^2}{n^2\pi^2}\right)} = -\frac{2z}{n^2\pi^2} \left(1 + \frac{z^2}{n^2\pi^2} + \frac{z^4}{n^4\pi^4} + \ldots \right),$$

also

$$\operatorname{ctg} z = \frac{1}{z} - \frac{2\,z}{\pi^2} \sum_{n=1}^{\infty} \frac{1}{n^2} - \frac{2\,z^3}{\pi^4} \sum_{n=1}^{\infty} \frac{1}{n^4} - \cdots$$

Entwickeln wir andererseits $\operatorname{ctg} z = \dfrac{\cos z}{\sin z} = \dfrac{1 - \frac{z^2}{2!} + \frac{z^4}{4!} - \cdots}{z\left(1 - \frac{z^2}{3!} + \frac{z^4}{5!} - \cdots\right)} =$

$$= \frac{1}{z}\left(c_0 + c_2\, z^2 + c_4\, z^4 + \cdots\right)$$

so ist $1 - \dfrac{z^2}{2!} + \dfrac{z^4}{4!} - \cdots = \left(c_0 + c_2\, z^2 + c_4\, z^4 + \cdots\right)\left(1 - \right.$

$$\left. - \frac{z^2}{3!} + \frac{z^4}{5!} - \cdots\right)$$

und
$$c_0 \cdot 1 = 1$$

$$-\frac{c_0}{3!} + c_2 = -\frac{1}{2!}$$

$$\frac{c_0}{5!} - \frac{c_2}{3!} + c_4 = \frac{1}{4!} \quad \text{usf.}$$

Es ist also $c_0 = 1$, $c_2 = -\dfrac{1}{3}$, $c_4 = -\dfrac{2}{90}$ usf. Der Vergleich mit der obigen Entwicklung liefert

$$\sum_{n=1}^{\infty} \frac{1}{n^2} = \frac{\pi^2}{6}, \quad \sum_{n=1}^{\infty} \frac{1}{n^4} = \frac{\pi^4}{90}, \quad \sum_{n=1}^{\infty} \frac{1}{n^6} = \frac{\pi^6}{945} \quad \text{usf.}$$

§ 2. Der Satz von Vitali.

Im vorigen Kapitel haben wir gesehen, daß eine Reihe von Funktionen, die in einem Gebiet G regulär sind und auf einer geschlossenen *Jordan*kurve C in G eine gleichmäßig konvergente Summe haben, dann auch im Innern von C gleichmäßig konvergiert und eine reguläre Funktion darstellt. Der Satz von *Vitali*, den wir nun beweisen, leitet aus sehr viel geringeren Voraussetzungen (Konvergenz nur in einer Punktfolge mit einem Häufungspunkt im Innern von G und Beschränktheit der Teilsummen) sehr viel mehr ab: gleichmäßige Konvergenz in jedem abgeschlossenen beschränkten Bereich von G. Der Satz lautet also:

Die Funktionen $f_1(z)$, $f_2(z)$, … seien in einem Gebiet G regulär; ihre Teilsummen $s_n(z) = \sum\limits_{j=1}^{n} f_j(z)$ seien in G gleichmäßig beschränkt:

$$| s_n(z) | \leqq M$$

und die Reihe $\sum\limits_{n=1}^{\infty} f_n(z)$ konvergiere für die Punkte $z_1, z_2, \ldots$ einer Folge in G, die gegen einen Punkt z_0 in G konvergiert. Dann ist $\sum\limits_{n=1}^{\infty} f_n(z)$ überall in G konvergent, und zwar sogar gleichmäßig in jedem abgeschlossenen beschränkten Bereich in G.

Schon aus dem *Weierstraß*schen Satz folgt dann, daß $\sum\limits_{n=1}^{\infty} f_n(z)$ in G regulär ist.

Sei der Einfachheit halber $z_0 = 0$, also $\lim z_n = 0$. Wir zeigen zunächst die Konvergenz von $\sum\limits_{n=1}^{\infty} f_n(z)$ innerhalb eines Kreises $| z | = R$ ($R > 0$), so daß $| z | \leqq R$ ganz in G liegt. Es sei nach $z = 0$ entwickelt

$$s_\lambda(z) = \sum_{n=0}^{\infty} a_n^{(\lambda)} z^n;$$

nach der *Cauchy*schen Ungleichung ist

$$| a_n^{(\lambda)} | \leqq M R^{-n}.$$

Wir behaupten: es konvergiert

$$\lim_{\lambda \to \infty} a_n^{(\lambda)} = a_n.$$

Zunächst ist für $n = 0$

$$| a_0^{(\lambda)} - a_0^{(\mu)} | = | s_\lambda(0) - s_\mu(0) | \leqq | s_\lambda(0) - s_\lambda(z_k) | + | s_\lambda(z_k) - s_\mu(z_k) | + | s_\mu(z_k) - s_\mu(0) |$$

k sei so groß, daß $| z_k | < R$ gilt. Nun ist für $| z | < R$ nach der *Cauchy*schen Ungleichung für den Punkt z:

$$| s'_\lambda(z) | \leqq \frac{M}{R - | z |}$$

also $\qquad | s_\lambda(0) - s_\lambda(z_k) | = | \int_0^{z_k} s'_\lambda(z)\, dz | \leqq \frac{M | z_k |}{R - | z_k |};$

die gleiche Ungleichung für den Index μ angeschrieben liefert dann

$$| s_\lambda(0) - s_\mu(0) | \leqq \frac{2 M | z_k |}{R - | z_k |} + | s_\lambda(z_k) - s_\mu(z_k) |.$$

Wir wählen bei vorgegebenem $\varepsilon > 0$ nun k weiter so groß, daß der erste Ausdruck rechts $< \dfrac{\varepsilon}{2}$ wird und mit diesem festen k wählen wir λ und μ

so groß, daß der zweite Ausdruck $< \dfrac{\varepsilon}{2}$ wird (es konvergiert ja $s_\lambda (z_k)$ für $\lambda \to \infty$). Also ist die Folge der $s_\lambda (0) = a_0^{(\lambda)}$ konvergent

$$a_0 = \lim_\lambda a_0^{(\lambda)}.$$

Wir betrachten nun die Funktionen $\dfrac{s_\lambda (z) - s_\lambda (0)}{z}$; diese sind regulär in G; ihre absoluten Beträge sind für $|z| = R$ sicher $\leqq \dfrac{2\,M}{R}$, also sind auch für $|z| \leqq R$ die Beträge gleichmäßig $\leqq \dfrac{2\,M}{R}$. Ferner konvergieren die Folgen $\dfrac{s_\lambda (z) - s_\lambda (0)}{z}$ für jedes $z = z_k$ mit $\lambda \to \infty$. Also ist wegen

$$\frac{s_\lambda (z) - s_\lambda (0)}{z} = a_1^{(\lambda)} + a_2^{(\lambda)} z + \ldots$$

mit derselben Schlußweise wie oben nunmehr die Folge der $a_1^{(\lambda)}$ konvergent

$$a_1 = \lim_\lambda a_1^{(\lambda)}$$

Analog gilt für jedes n dann

$$a_n = \lim_\lambda a_n^{(\lambda)}$$

und wegen $| a_n^{(\lambda)} | \leqq M\, R^{-n}$ gilt auch

$$| a_n | \leqq M\, R^{-n};$$

bilden wir mit diesen a_n die Potenzreihe $\overset{\infty}{\underset{n=0}{\Sigma}} a_n\, z^n$, so konvergiert diese sicher für $|z| < R$. Wir zeigen, daß die Partialsummen $s_\lambda (z)$ für $|z| < R$ gegen $\overset{\infty}{\underset{n=0}{\Sigma}} a_n\, z^n$ streben. Wegen $| a_n^{(\lambda)} - a_n | \leqq 2\,M\,R^{-n}$ ist:

$$| s_\lambda (z) - \overset{\infty}{\underset{n=0}{\Sigma}} a_n\, z^n | \leqq \overset{m}{\underset{n=0}{\Sigma}} | a_n^{(\lambda)} - a_n |\, | z |^n + \overset{\infty}{\underset{n=m+1}{\Sigma}} 2\,M\, | \frac{z}{R} |^n.$$

Der zweite Summand wird durch Wahl von m beliebig klein; mit diesem festen m aber wird der erste Summand durch Wahl von λ gleichfalls beliebig klein; also ist wirklich für $|z| < R$

$$\overset{\infty}{\underset{n=0}{\Sigma}} a_n\, z^n = \lim_\lambda s_\lambda (z).$$

Nun war R nur kleiner als der Abstand d des Nullpunktes vom Rand von G vorausgesetzt; also gilt diese Konvergenz überhaupt für $|z| < d$.

Es folgt sofort, daß die $s_\lambda(z)$ überall in G konvergieren: sei z ein beliebiger Punkt in G; wir verbinden 0 mit z durch einen Polygonzug Π in G. Der Abstand der Menge Π vom Rande des Gebietes G sei δ; es ist $d \geqq \delta > 0$. Wir unterteilen Π durch endlichviele Punkte $p_1 = 0$, p_2, $\ldots p_n = z$ mit $|p_i - p_{i-1}| < \delta$ $(i = 2, \ldots n)$. In der Kreisscheibe K_1 mit $|z - p_1| < \delta$ konvergiert die Folge der $s_\lambda(z)$; daher auch in p_2 und in der Kreisscheibe um p_2, die noch in K_1 liegt; nach dem eben Bewiesenen konvergiert dann die Folge der $s_\lambda(z)$ auch im Kreis K_2 mit $|z - p_2| < \delta$, also auch in p_3 usf.; also auch in z.

Sei schließlich B ein abgeschlossener beschränkter Bereich in G. Würde die Folge der $s_\lambda(z)$ in B nicht gleichmäßig konvergieren, so gäbe es ein $\varepsilon > 0$, so daß zu jedem natürlichen n ein q_n in B und zwei natürliche Zahlen λ_n und $\mu_n > n$ existierten mit $|s_{\lambda_n}(q_n) - s_{\mu_n}(q_n)| \geqq \varepsilon$. Da B abgeschlossen und beschränkt ist, haben die q_n einen Häufungspunkt in B: wir können gleich annehmen $q_n \to q_0$. Nun ist

$$|s_{\lambda_n}(q_n) - s_{\mu_n}(q_n)| \leqq |s_{\lambda_n}(q_n) - s_{\lambda_n}(q_0)| + |s_{\lambda_n}(q_0) - s_{\mu_n}(q_0)| +$$
$$+ |s_{\mu_n}(q_0) - s_{\mu_n}(q_n)|.$$

Die erste Differenz ist in Anwendung der *Cauchy*schen Ungleichung, wenn $D > 0$ der Abstand des Punktes q_0 vom Rand des Gebietes G ist, und sobald $|q_n - q_0| < D$ gilt:

$$\left| \int_{q_0}^{q_n} s'_{\lambda_n}(z)\, dz \right| \leqq \frac{M\, |q_n - q_0|}{D - |q_n - q_0|}$$

Dieselbe Abschätzung gilt für die dritte Differenz. Wir wählen n so groß, daß die erste und dritte Differenz $< \dfrac{\varepsilon}{3}$ wenden, was wegen $q_n \to q_0$ möglich ist. Ferner wählen wir n so groß, daß die zweite Differenz $< \dfrac{\varepsilon}{3}$ wird, was wegen der Konvergenz der $s_\lambda(q_0)$ für $\lambda \to \infty$ möglich ist. Dann ist aber $|s_{\lambda_n}(q_n) - s_{\mu_n}(q_n)| < \varepsilon$ und der Widerspruch hergestellt.

§ 3. Unendliche Produkte.

Wir beschäftigen uns mit den ganzen Funktionen, also den im Endlichen überall regulären Funktionen $f(z)$. Hat $f(z)$ im Unendlichen einen Pol n-ter Ordnung, ist sie also ein Polynom n-ter Ordnung, so hat sie nach unserem Satz über rationale Funktionen auch n Nullstellen, etwa $\alpha_1, \ldots \alpha_n$, welche natürlich auch zum Teil oder alle zusammenfallen können; dann ist $\dfrac{f(z)}{(z - \alpha_1) \ldots (z - \alpha_n)}$ eine überall, auch im Unendlichen reguläre, also auch beschränkte Funktion, also konstant $= c$ und $f(z)$ hat die Gestalt

$$f(z) = c\,(z - \alpha_1) \ldots (z - \alpha_n).$$

Es liegt nahe, eine ähnliche Darstellung auch für die ganzen transcendenten Funktionen $f(z) = \sum\limits_{n=0}^{\infty} a_n z^n$ zu versuchen, die unendlich viele positive Potenzen und daher im Unendlichen eine wesentlich singuläre Stelle haben. Indessen braucht eine ganze Funktion keine Nullstellen zu haben, wie z. B. e^z oder $e^{g(z)}$, wo $g(z)$ eine ganze Funktion ist. Daraus folgt sofort, daß eine ganze Funktion durch ihre Nullstellen jedenfalls nur bis auf Funktionen der Art $e^{g(z)}$ bestimmt sein kann, die als Faktoren hinzutreten können. Andererseits gibt es ganze Funktionen mit unendlichvielen Nullstellen, wie $\sin z$, $e^z - 1$, u. ä. Diese Nullstellen können sich natürlich im Endlichen nirgends häufen, da in dem Gebiet, in dem $f(z)$ regulär ist, eine Nullstelle nur isoliert auftreten kann. Wir fragen, ob dies auch die einzige Bedingung für die Nullstellen einer ganzen Funktion ist, und zeigen:

Sei (a_n) eine Folge von Punkten, die im Endlichen keinen Häufungspunkt besitzen. Dann gibt es stets ganze Funktionen, die diese und nur diese Punkte als Nullstellen haben.

Natürlich brauchen die a_n nicht alle verschieden zu sein: tritt ein Punkt mehrmals, etwa k-mal auf, so wird die zu konstruierende Funktion diesen Punkt als k-fache Nullstelle aufweisen.

Zunächst einiges Allgemeines von *unendlichen Produkten*. Sei $p_1(z)$, $p_2(z)$, $\ldots$ eine Folge von Funktionen auf einer Menge M, so heißt das unendliche Produkt

$$\prod_{n=1}^{\infty} p_n(z) \equiv p_1(z) \cdot p_2(z) \ldots$$

konvergent im Punkt z, wenn von einem Index an, etwa für $n > N$ alle $p_n(z) \neq 0$ sind und die Teilprodukte $p_{N+1}(z) \cdot p_{N+2}(z) \ldots p_{N+m}(z)$ für $m \to \infty$ einen von 0 verschiedenen Grenzwert $P_N(z)$ haben; das Produkt $p_1(z) \cdot p_2(z) \ldots p_N(z) \cdot P_N(z)$ heißt dann der Wert des Produktes $\prod\limits_{n=1}^{\infty} p_n(z)$.

Das Produkt ist daher nur dann $= 0$, wenn einer der Faktor $p_n(z)$ gleich Null ist.

Die Konvergenzbedingung für das Produkt $\prod\limits_{n=1}^{\infty} p_n(z)$ läuft also darauf hinaus, daß für einen Index N die Reihe $\sum\limits_{n=N+1}^{\infty} \log p_n(z)$ konvergiert; wir nehmen dabei stets $-\pi < \arg p_n(z) \leqq +\pi$, also den Hauptwert des Arguments, um eine Divergenz dieser Reihe nur aus der Wahl der Argumente zu vermeiden; im Fall der Konvergenz des Produktes muß ja $p_n(z) \to 1$ streben und die Argumente $\arg p_n(z)$ streben $\to 0$.

Nun sind die Reihen $\sum\limits_{n=N+1}^{\infty} \log p_n(z)$ und $\sum\limits_{n=N+1}^{\infty} [1 - p_n(z)]$ stets gleichzeitig absolut konvergent oder nicht. Denn aus der absoluten Konvergenz einer der beiden Reihen folgt $p_n(z) \to 1$ und daher $\dfrac{\log p_n(z)}{1 - p_n(z)} \to -1$, woraus die absolute Konvergenz auch der anderen Reihe folgt.

Ein Produkt $\prod\limits_{n=1}^{\infty} p_n(z)$ heißt absolut konvergent, wenn $\prod\limits_{n=1}^{\infty} [1 + |\, 1 - p_n(z)\, |]$ konvergiert. Das ist dann der Fall, wenn für einen Index N die Reihe $\sum\limits_{n=N+1}^{\infty} \log [1 + |\, 1 - p_n(z)|]$ konvergiert; also nach dem eben Gesagten, wenn $\sum\limits_{n=N+1}^{\infty} |\, 1 - p_n(z)\, |$ konvergiert. Das Produkt $\prod\limits_{n=1}^{\infty} p_n(z)$ konvergiert dann auch im gewöhnlichen Sinn und es lassen sich in diesem Fall die Glieder des Produktes genau so ohne Änderung der Konvergenz oder des Wertes des Produktes umordnen, wie dies bei den absolut konvergenten Reihen der Fall ist.

Schließlich heißt ein Produkt $\prod\limits_{n=1}^{\infty} p_n(z)$ gleichmäßig konvergent in M, wenn es einen Index N gibt, so daß für $n > N$ und z beliebig auf M stets $p_n(z) \neq 0$ ist und die Folge der Teilprodukte $p_{N+1}(z)\, p_{N+2}(z) \dots$ $\dots p_{N+m}(z)$ mit $m \to \infty$ gleichmäßig in M konvergiert: auch dies läuft wieder darauf hinaus, daß die Reihe $\sum\limits_{n=N+1}^{\infty} \log p_n(z)$ in M gleichmäßig konvergiert.

Wir kommen zu unserer Konstruktion einer ganzen Funktion mit den Nullstellen $a_1, a_2, \dots$ Sei $a \neq 0$. Dann ist für $|z| < |a|$

$$\log \left(1 - \frac{z}{a}\right) = -\frac{z}{a} - \frac{z^2}{2\,a^2} - \cdots$$

und mit einem natürlichen k

$$\left(1 - \frac{z}{a}\right) e^{\frac{z}{a} + \frac{z^2}{2\,a^2} + \cdots + \frac{z^k}{k\,a^k}} = e^{-\frac{z^{k+1}}{(k+1)\,a^{k+1}} - \cdots} = G\,(z, a, k).$$

Hier steht nun links eine ganze, nur für $z = a$ verschwindende Funktion; diese ist für $|z| < |a|$ der Exponentialfunktion rechts gleich; der Exponent ist nun für $|z| < \frac{1}{2}\,|a|$ dem absoluten Betrag nach

$< \dfrac{1}{2^{k+1}} + \dfrac{1}{2^{k+2}} + \cdots = \dfrac{1}{2^k}$, also $G\,(z, a, k)$ für $|z| < \frac{1}{2}\,|a|$ durch Wahl von k beliebig nahe an 1,

$$G\,(z, a, k) = 1 + \eta$$

mit $|\eta| < e^{\frac{1}{2^k}} - 1$.

Seien die Zahlen a_n sämtlich $\neq 0$ (andernfalls schreiben wir dem zu bildenden Produkt die Potenz z^{k_0} voraus, wenn die Null k_0-mal auftritt). Wir bilden dann das unendliche Produkt

$$G\,(z) = \prod_{n=1}^{\infty} G\,(z, a_n, k_n) = \prod_{n=1}^{\infty} \left(1 - \frac{z}{a_n}\right) e^{\frac{z}{a_n} + \cdots + \frac{z^{k_n}}{k_n\,a_n^{k_n}}},$$

worin wir die k_n so wählen können, daß dieses Produkt für jeden beschränkten, abgeschlossenen Bereich B gleichmäßig konvergiert. Wir schließen B durch einen Kreis $|z| = R$ ein; da sich die a_n im Endlichen nirgends häufen sollen, gibt es ein N, so daß für $n > N$ gilt $|a_n| > 2\,R$. Dann ist für $n > N$ und $|z| \leqq R < \frac{1}{2}\,|a_n|$

$$G\,(z, a_n, k_n) = 1 + \eta_n \text{ mit } |\eta_n| < e^{\frac{1}{2^{k_n}}} - 1.$$

Wählen wir etwa $k_n = n$, so ist $\sum\limits_{n} |\eta_n|$ konvergent, also auch das Produkt $\prod\limits_{n=1}^{\infty} G\,(z, a_n, k_n)$, und zwar absolut und gleichmäßig für $|z| \leqq R$; denn es ist ja dann auch $\sum\limits_{n=N+1}^{\infty} \log\,(1 + \eta_n)$ gleichmäßig konvergent. Dann ist $G\,(z)$ aber auch für $|z| < R$ regulär; dies folgt ebenfalls aus der Regularität von $\sum\limits_{n=N+1}^{\infty} \log\,(1 + \eta_n)$ und der Regularität der $G\,(z, a_n, k_n)$.

Also ist $G(z)$ eine ganze Funktion, die genau an den Stellen $a_1, a_2, \ldots$ verschwindet; denn die $G(z, a_n, k_n)$ verschwinden nur für $z = a_n$.

Natürlich braucht man mit den k_n i. a. gar nicht so weit zu gehen, um die Konvergenz des Produkts sicherzustellen. Es ist für $|z| \leqq R < \frac{1}{2}|a_n|$ der Exponent in $G(z, a_n, k_n)$ dem absoluten Betrag nach

$$\left|\frac{z^{k_n+1}}{(k_n+1)\,a_n^{k_n+1}} + \ldots\right| < \frac{1}{k_n+1}\left|\frac{R}{a_n}\right|^{k_n+1} \cdot 2$$

Es genügt also die k_n so groß zu wählen, daß

$$\sum_{n=1}^{\infty} \frac{1}{k_n+1}\left|\frac{R}{a_n}\right|^{k_n+1}$$

für jedes R konvergiert. Wachsen z. B. die a_n so stark an, daß $\sum\limits_{n=1}^{\infty}\frac{1}{|a_n|}$ konvergiert, so können wir alle $k_n = 0$ setzen und es konvergiert bereits $\prod\limits_{n=1}^{\infty}(1 - \frac{z}{a_n})$. Soll eine ganze Funktion mit den Nullstellen $0, \pm\,\pi$, $\pm\,2\,\pi, \ldots$ aufgestellt werden, so können wir $k_n = 1$ setzen; denn $\sum\limits_{n=1}^{\infty}(\frac{R}{n})^2$ ist konvergent. Wir haben dann, indem wir die positiven und negativen Nullstellen getrennt schreiben,

$$G(z) = z\prod_{n=1}^{\infty}(1 - \frac{z}{n\,\pi})\,e^{\frac{z}{n\,\pi}} \cdot \prod_{n=1}^{\infty}(1 + \frac{z}{n\,\pi})\,e^{-\frac{z}{n\,\pi}}$$

Hierin können wir die beiden Produkte multiplizieren, indem wir die n-ten Glieder beiderseits multiplizieren und haben (S. 100).

$$G(z) = z\prod_{n=1}^{\infty}(1 - \frac{z^2}{n^2\,\pi^2}) = \sin z.$$

Gehen wir umgekehrt von einer ganzen Funktion $f(z)$ mit den Nullstellen 0 von der Ordnung k_0, dann $a_1, a_2, \ldots$ aus, jede Nullstelle so oft gezählt, als ihre Ordnung angibt. Bilden wir das Produkt

$$G(z) = z^{k_0}\prod_{n=1}^{\infty}G(z, a_n, k_n)$$

so haben $G(z)$ und $f(z)$ dieselben Nullstellen, also ist $\dfrac{f(z)}{G(z)}$ eine ganze, nirgends verschwindende Funktion. Nehmen wir einen der Werte des $\log\dfrac{f(0)}{G(0)}$ her und setzen, auf jeder Gerade $\arg z = $ const. vom **Nullpunkt** ausgehend, stetig die Werte $\arg \dfrac{f(z)}{G(z)}$ fest, so ist $\log \dfrac{f(z)}{G(z)}$ überall eindeutig bestimmt und regulär, also eine ganze Funktion $\gamma(z)$. Es gilt daher:

Jede ganze Funktion $f(z)$ mit den Nullstellen $0, a_1, a_2, \ldots$ läßt sich in der Form darstellen:

$$f(z) = e^{\gamma(z)}\, z^{k_0} \prod_{n=1}^{\infty} \left(1 - \frac{z}{a_n}\right) e^{\dfrac{z}{a_n} + \cdots + \dfrac{z^{k_n}}{k_n\, a_n^{k_n}}}$$

wo $\gamma(z)$ eine ganze Funktion ist (Produktdarstellung der ganzen Funktionen von Weierstraß).

§ 4. Partialbruchreihen.

Wir betrachten Funktionen $f(z)$, die auf der Ebene überall regulär sind bis auf Pole, welche sich im Endlichen nirgends häufen sollen; solche Funktionen heißen *meromorph*. Fast unmittelbar ergibt sich:

Jede meromorphe Funktion $f(z)$ ist als Quotient zweier ganzer Funktionen darstellbar. Man braucht nur eine ganze Funktion $h(z)$ zu bilden, welche an sämtlichen Polen von $f(z)$ Nullstellen aufweist, und zwar von denselben Ordnungen wie sie die Pole von $f(z)$ haben; eine solche Funktion kann nach dem vorigen Kapitel konstruiert werden. Dann aber ist $f(z) \cdot h(z)$ überall regulär, also eine ganze Funktion $g(z)$ und

$$f(z) = \frac{g(z)}{h(z)}.$$

Eine andere Darstellung der meromorphen Funktionen ergibt sich in Analogie zu den rationalen Funktionen durch Partialbruchreihen, wie wir sie für $\operatorname{ctg} z$ und $\dfrac{1}{\sin^2 z}$ schon aufgestellt haben. Diese Partialbruchreihen setzen sich aus den Hauptteilen der meromorphen Funktionen an ihren Polen zusammen, wobei wir aber i. a. zu den Hauptteilen noch gewisse konvergenzerzeugende Glieder werden hinzufügen müssen, genau so wie wir bei der *Weierstraß*schen Produktdarstellung der ganzen Funktionen gewisse Faktoren zur Sicherstellung der Konvergenz dazu nehmen mußten.

Natürlich ist eine meromorphe Funktion $f(z)$ durch Angabe ihrer Pole und Hauptteile nicht eindeutig festgelegt: denn jede Funktion $f(z) +$ beliebige ganze Funktion hat ja dieselben Pole und Hauptteile. Wir fragen nun weiter, ob man die Pole und Hauptteile einer meromorphen Funktion beliebig vorgeben kann, mit der alleinigen Einschränkung, daß die Pole sich im Endlichen nirgends häufen sollen. (Sollen nur endlichviele Pole vorgeschrieben werden, so kommt man ja schon mit einer rationalen Funktion, der Summe der Hauptteile, aus.) Das ist nun tatsächlich der Fall:

Sei (a_n) eine Folge von paarweise verschiedenen Punkten, die sich im Endlichen nirgends häufen sollen. Ferner sei für jedes a_n eine rationale Funktion mit a_n als einzigen Pol vorgegeben:

$$H_n(z) = \frac{A_1^{(n)}}{z - a_n} + \cdots + \frac{A_{k_n}^{(n)}}{(z - a_n)^{k_n}}.$$

Dann gibt es stets eine meromorphe Funktion $H(z)$, welche genau an den Stellen $a_1, a_2, \ldots$ Pole hat, und zwar für $z = a_n$ mit dem Hauptteil $H_n(z)$.

Sei $a_n \neq 0$. Dann ist $H_n(z)$ für $|z| < |a_n|$ regulär, läßt sich also dort in eine Potenzreihe nach z entwickeln, die für $|z| \leq \frac{1}{2}|a_n|$ gleichmäßig konvergiert. Wir können also einen Index l_n bestimmen, so daß für die Partialsumme der ersten l_n Glieder unserer Potenzreihe $s_{l_n}^{(n)}(z)$ für $|z| \leq \frac{1}{2}|a_n|$ gilt:

$$|H_n(z) - s_{l_n}^{(n)}(z)| < \varepsilon_n,$$

wo $\varepsilon_n > 0$ eine vorgegebene Zahl ist. Nun ist $H_n(z) - s_{l_n}^{(n)}(z)$ eine meromorphe (sogar rationale) Funktion mit dem einzigen Pol a_n im Endlichen und dem Hauptteil $H_n(z)$ für diesen Pol. Ist einer der Punkte $a_n = 0$, so setzen wir die entsprechende Funktion $s_{l_n}^{(n)} \equiv 0$. Wir bilden nun

$$H(z) = \sum_{n=1}^{\infty} [H_n(z) - s_{l_n}^{(n)}(z)],$$

wobei wir die ε_n so wählen, daß $\sum_{n=1}^{\infty} \varepsilon_n$ konvergiert. Dann konvergiert die angeschriebene Summe, und zwar gleichmäßig für jeden Kreis $|z| \leq R$ nach Ausschluß der darin enthaltenen a_n. Wir brauchen ja nur die endlichvielen Glieder wegzulassen, für die $|a_n| < 2R$ ist; für alle andern n aber ist mit $|z| \leq R \leq \frac{1}{2}|a_n|$ ja

$$|H_n(z) - s_{l_n}^{(n)}(z)| < \varepsilon_n,$$

also die Summe gleichmäßig konvergent, also nach *Weierstraß* für $|z| < R$ regulär, da ja die einzelnen Glieder dort regulär sind. Die weggelassenen Glieder sind rationale Funktionen, die genau an den Stellen a_n mit $|a_n| < 2R$ Pole mit den Hauptteilen $H_n(z)$ haben.

Also ist $H(z)$ überall regulär, mit Ausnahme der Pole a_n, an denen $H(z)$ den Hauptteil $H_n(z)$ hat.

Es folgt sofort: *Jede meromorphe Funktion $f(z)$ mit den Polen (a_n) und den zugehörigen Hauptteilen $H_n(z)$ läßt sich in der Form darstellen*

$$f(z) = \sum_{n-1}^{\infty} [H_n(z) - s_{l_n}^{(n)}(z)] + \text{ganze Funktion.}$$

Man nennt diese Darstellung die *Partialbruchdarstellung von Mittag-Leffler*. Als Beispiel nehmen wir die Partialbruchentwicklung von $\dfrac{1}{\sin z}$. Die einfachen Pole liegen bei $n\pi$ mit den Hauptteilen $\dfrac{(-1)^n}{z - n\pi}$ (n ganze Zahl). Nun ist für $n \neq 0$ und $|z| < |n\pi|$

$$\frac{1}{z - n\pi} = -\frac{1}{n\pi} - \frac{z}{n^2\pi^2} - \frac{z^2}{n^3\pi^3} - \cdots$$

und es konvergiert schon

$$\sum_{\substack{n=-\infty \\ n \neq 0}}^{+\infty} \left[\frac{1}{z - n\pi} + \frac{1}{n\pi}\right](-1)^n = z \sum_{\substack{n=-\infty \\ n \neq 0}}^{+\infty} \frac{(-1)^n}{n\pi(z - n\pi)}$$

und zwar gleichmäßig für $|z| \leq R$. Also ist

$$\frac{1}{\sin z} = \frac{1}{z} + \sum_{\substack{n=-\infty \\ n \neq 0}}^{+\infty} \left[\frac{1}{z - n\pi} + \frac{1}{n\pi}\right](-1)^n + h(z)$$

wo $h(z)$ eine ganze Funktion ist. Nimmt man die Glieder mit $+n\pi$ und $-n\pi$ zusammen, so wird

$$\frac{1}{\sin z} = \frac{1}{z} + \sum_{n=1}^{\infty} \frac{2z(-1)^n}{z^2 - n^2\pi^2} + h(z).$$

Man sieht nun, ähnlich wie bei der Darstellung des $\operatorname{ctg} z$ (s. S. 98), daß $h(z + 2\pi) = h(z)$ und $h(z)$ beschränkt ist. Also ist $h(z)$ constant und wegen $h(-z) = -h(z)$ schließlich $= 0$. Also ist

$$\frac{1}{\sin z} = \frac{1}{z} + \sum_{n=1}^{\infty} \frac{2z(-1)^n}{z^2 - n^2\pi^2} = \frac{1}{z} + \sum_{n=-\infty}^{+\infty} \left[\frac{1}{z - n\pi} + \frac{1}{n\pi}\right](-1)^n$$

Zusammen mit der Produktentwicklung der ganzen Funktionen können wir eine Reihe von Anwendungen geben.

Sei (a_n) eine Folge von paarweise verschiedenen Punkten, die sich nicht im Endlichen häufen; ferner (A_n) eine Folge beliebiger Zahlen. Es gibt dann stets eine ganze Funktion $f(z)$, die an den Stellen a_n die Werte A_n annimmt: $f(a_n) = A_n$. Wir konstruieren zunächst eine ganze

Funktion $h(z)$ mit den einfachen Nullstellen $a_1, a_2, \ldots$. Es ist $h'(a_n) = c_n \neq 0$; dann konstruieren wir eine meromorphe Funktion $g(z)$ mit den Polen $a_1, a_2, \ldots$ und den Hauptteilen $H_n(z) = \dfrac{A_n}{c_n(z-a_n)}$ für $z = a_n$; dann ist $f(z) = g(z) \cdot h(z)$ ganz und es ist $f(a_n) = A_n$. Natürlich ist diese Lösung nicht eindeutig: wir können beliebige ganze Funktionen mit den Nullstellen $a_1, a_2, \ldots$ hinzufügen.

Sei (a_n) eine Folge von paarweise verschiedenen Punkten, die sich nicht im Endlichen häufen; zu jedem a_n sei eine natürliche Zahl k_n gegeben und $k_n + 1$ Zahlen $A_0^{(n)}, A_1^{(n)}, \ldots A_{k_n}^{(n)}$. Dann gibt es eine ganze Funktion $f(z)$, so daß für $z = a_n$ gilt: $f(a_n) = A_0^{(n)}, f'(a_n) = A_1^{(n)}, \ldots$ $f^{(k_n)}(a_n) = A_{k_n}^{(n)}$. Wir konstruieren zunächst eine ganze Funktion $h(z)$, die für die Stellen a_n genau $k_n + 1$-fache Nullstellen hat. Dann bestimmen wir eine meromorphe Funktion $g(z)$, die für die Stellen a_n Pole der Ordnung $k_n + 1$ hat mit Hauptteilen, deren Koeffizienten wir so bestimmen können, daß $h(z) \cdot g(z)$ für $z = a_n$ die vorgeschriebene Anfangsentwicklung aufweist. Man überzeuge sich, daß die $k_n + 1$ Koeffizienten des Hauptteils sich eindeutig dadurch bestimmen.

§ 5. Der Satz von Mittag-Leffler.

Es liegt nahe, nun auch eine beliebige Verteilung der Polstellen a_n in Betracht zu ziehen, wenn nur die a_n isoliert sind, d. h. wenn es zu jedem a_n eine Kreisscheibe gibt, die keinen Punkt a_m ($m \neq n$) enthält. Wir denken uns wieder zu jedem a_n einen Hauptteil vorgegeben und fragen, ob es Funktionen $f(z)$ gibt, welche diese Pole a_n mit den vorgeschriebenen Hauptteilen haben. Selbstverständlich werden die $f(z)$ an den Häufungspunkten der a_n jedenfalls nicht differenzierbar sein.

Um ein einfaches Beispiel für die zu betrachtenden Funktionen zu geben, für das die Konvergenz keine Schwierigkeit bereitet, nehmen wir $f(z) = \sum\limits_{n=1}^{\infty} \dfrac{c_n}{z - \frac{1}{n}}$, wo die c_n eine konvergente Summe $\sum\limits_{n=1}^{\infty} |c_n|$ haben. Es konvergiert dann die Reihe für $f(z)$ in jedem abgeschlossenen beschränkten Bereich, der den Nullpunkt nicht enthält, gleichmäßig und es ist $f(z)$ überall regulär, außer an den Stellen $\dfrac{1}{n}$, wo $f(z)$ einfache Pole mit den Residuen c_n hat, und in dem Häufungspunkt 0 dieser Stellen; der Nullpunkt ist natürlich weder ein Pol noch eine wesentlich singuläre Stelle. Wir können dieses Beispiel noch modifizieren, indem wir statt der Punkte $\dfrac{1}{n}$ Punkte a_n nehmen, die isoliert sind und sich etwa gegen eine Kurve häufen.

Der Satz von *Mittag-Leffler* besagt nun folgendes:

Sei (a_n) eine Folge von Punkten, die isoliert liegen, so daß kein a_n Häufungspunkt der Folge sei. Zu jedem a_n sei eine rationale Funktion mit a_n als einzigen Pol gegeben

$$H_n(z) = \frac{A_1^{(n)}}{z - a_n} + \frac{A_2^{(n)}}{(z - a_n)^2} + \cdots + \frac{A_{k_n}^{(n)}}{(z - a_n)^{k_n}}$$

Dann gibt es stets eine Funktion $f(z)$, die an den Stellen a_n Pole mit den Hauptteilen $H_n(z)$ hat.

Wir können ohne Einschränkung der Allgemeinheit annehmen, daß der unendlichferne Punkt weder ein Punkt a_n noch ein Häufungspunkt der a_n ist: andernfalls brauchen wir ja nur durch eine lineare Transformation einen geeigneten Punkt ins Unendliche zu verlegen.

Die Menge der Häufungspunkte der a_n sei M. M ist abgeschlossen und enthält nach Voraussetzung keinen Punkt a_n. Der Punkt a_n habe von M den Abstand ϱ_n; es ist $\varrho_n > 0$. Weil M abgeschlossen ist, gibt es zu jedem a_n einen Punkt c_n aus M, so daß $|a_n - c_n| = \varrho_n$ ist: das ist also ein dem Punkt a_n nächstgelegener Punkt von M. Wir schlagen um c_n einen Kreis K_n vom Radius $2\varrho_n$, also $|z - c_n| = 2\varrho_n$. Dieser Kreis enthält also a_n im Innern. Wir zeigen zunächst: Ist ϱ eine Zahl > 0, so gibt es nur endlichviele Kreise K_n, deren Radius $2\varrho_n > \varrho$ ist. Denn es gibt nur endlichviele a_n mit einem Abstand $> \dfrac{\varrho}{2}$ von M; wären es unendlichviele, so hätten diese (als beschränkte Menge) einen Häufungspunkt, der von M dann einen Abstand $\geqq \dfrac{\varrho}{2}$ hätte, während er doch zu M gehören müßte. Damit aber ein Punkt a_n zu einem Kreis K_n mit einem Radius $> \varrho$ Anlaß gibt, muß $\varrho_n > \dfrac{\varrho}{2}$, also der Abstand a_n von der Menge $M > \dfrac{\varrho}{2}$ sein, was also nur für endlichviele a_n zutrifft.

Nun ist $H_n(z)$ überall (auch in ∞) regulär außer für $z = a_n$. Wir können daher $H_n(z)$ im Äußern von $|z - c_n| = \varrho_n$ entwickeln, also nach negativen Potenzen von $z - c_n$:

$$H_n(z) = \sum_{k=1}^{\infty} \frac{B_k^{(n)}}{(z - c_n)^k} \qquad \text{für } |z - c_n| > \varrho_n$$

Die Reihe konvergiert daher im Äußern von K_n gleichmäßig und es gibt zu einem vorgegebenen $\varepsilon_n > 0$ einen Index k_n, so daß für die k_n-te Partialsumme der Reihe $s_{k_n}^{(n)}(z)$ gilt

$$|H_n(z) - s_{k_n}^{(n)}(z)| < \varepsilon_n \text{ für } |z - c_n| \geqq 2\,\varrho_n.$$

Wir bilden die Summe

$$f(z) = \sum_{n=1}^{\infty} [H_n(z) - s_{k_n}^{(n)}(z)],$$

indem wir die ε_n so wählen, daß $\sum_{n=1}^{\infty} \varepsilon_n$ konvergiert. Dann konvergiert die angeschriebene Summe, und zwar gleichmäßig in jedem abgeschlossenen Bereich B, der keinen Punkt aus M enthält. Denn die Mengen B und M (M ist beschränkt!) haben dann einen positiven Abstand d, es gibt nur endlichviele Kreise K_n mit einem Radius $> d$, mit Ausnahme dieser also liegt B im Äußern von allen K_n: $|z - c_n| \geqq 2\,\varrho_n$ für welche $|H_n(z) - s_{k_n}^{(n)}(z)| < \varepsilon_n$ gilt. Also konvergiert die Reihe gleichmäßig in B. Es ist dann $f(z)$ überall — auch im Unendlichen — regulär mit Ausnahme der Punkte von M und der Stellen a_n, an denen $f(z)$ Pole mit den Hauptteilen $H_n(z)$ aufweist.

Übungsbeispiele.

1. Man zeige, daß $\sum\limits_{n=1}^{\infty} \dfrac{z^n}{1 - z^n}$ für $|z| < 1$ regulär ist und $= \sum\limits_{n=1}^{\infty} \varphi(n)\, z^n$, wo $\varphi(n)$ die Anzahl der Teiler von n ist.

2. Man zeige, daß $\sum\limits_{n=1}^{\infty} \dfrac{z^n}{1 - z^{2n}}$ sowohl für $|z| < 1$ als für $|z| > 1$ eine reguläre Funktion darstellt.

3. Aus der Partialbruchdarstellung des $\operatorname{ctg} z = i\,\dfrac{e^{iz} + e^{-iz}}{e^{iz} - e^{-iz}}$ leite man die analoge Darstellung der Funktion $\dfrac{1}{e^z - 1}$ ab und diskutiere diese.

4. Aus der Partialbruchdarstellung von $\dfrac{1}{\sin z}$ lassen sich durch gliedweises Differenzieren die Koeffizienten der *Laurent*entwicklung

$$\frac{1}{\sin z} = \frac{1}{z} + \sum_{n=0}^{\infty} a_n\, z^n$$

bestimmen. Man stelle die a_n so dar und berechne mit Hilfe der Reihenentwicklung von $\sin z$ direkt die ersten Glieder; man gewinnt damit Reihendarstellungen für $\pi^2, \pi^4, \ldots$ (vgl. für die ctg-Reihe S. 100).

5. Man stelle $\cos z$ als *Weierstraß*sches Produkt dar.

6. Man gebe die Produktdarstellung einer ganzen Funktion an, die an den Stellen $0, -1, -2, \ldots$ einfache Nullstellen hat.

VIII. Analytische Fortsetzung.

Während bisher stets Funktionen in einem festen Gebiet der funktionentheoretischen Ebene untersucht wurden, sollen jetzt auch Funktionen, die auf verschiedenen Gebieten definiert sind, miteinander in Beziehung gesetzt werden, und zwar geschieht dies mit Hilfe des von *Weierstraß* ausgebildeten Verfahrens der *analytischen Fortsetzung*. Dieser für die gesamte Funktionentheorie fundamentale Begriff gestattet es nämlich, zwei Funktionen, etwa $f_1(z)$ auf einem Gebiet G_1 und $f_2(z)$ auf einem Gebiet G_2, als analytisch *aequivalent* oder *nichtaequivalent* zu erklären und damit den Begriff der Gesamtheit einer analytischen Funktion zu schaffen; von hier aus werden dann auch die mehrdeutigen Funktionen behandelt werden.

§ 1. Analytisch aequivalente Funktionen.

Zunächst ein einfacher, aber grundsätzlich wichtiger Satz:

Seien in einem Gebiet G zwei reguläre, eindeutige Funktionen $f_1(z)$ und $f_2(z)$ gegeben und in einem (nichtleeren) Teilgebiet G' von G sei $f_1(z) = f_2(z)$. Dann ist in G stets $f_1(z) = f_2(z)$.

Es ist also $f_1(z) - f_2(z) = f(z)$ in G regulär und eindeutig und $f(z) = 0$ in G'. Wir bilden die Menge M aller z in G, für die $f(z) = f'(z) = f''(z) = \ldots = 0$, also die Funktion $f(z)$ samt allen Ableitungen verschwindet. Die Menge M ist offen: denn zu jedem z_0 aus M gehört wegen der Regularität von $f(z)$ eine Kreisscheibe um z_0 in G, in der $f(z)$ durch die *Taylor*entwicklung von $f(z)$ in z_0 dargestellt wird; diese ist aber $\equiv 0$; also ist auch in den Punkten dieser Kreisscheibe $f(z) = f'(z) = \ldots = 0$, d. h. M ist offen. Wegen der Stetigkeit von $f(z)$

und aller Ableitungen $f^{(k)}(z)$ in G ist aber auch die Menge aller nicht zu M gehörenden Punkte von G, die Menge $G - M$ offen: denn für jeden Punkt z_0 von $G - M$ ist ein $f^{(k)}(z_0) \neq 0$, also ist auch für eine Kreisscheibe um z_0 sicher $f^{(k)}(z) \neq 0$. Es ist also $G = M + (G - M)$ eine Zerlegung von M in zwei fremde offene Mengen, was wegen des Zusammenhanges von G und weil M die nichtleere Menge G' enthält, nur möglich ist, wenn $G - M$ leer, also $G = M$ ist.

Wir geben nun die folgende Erklärung:

Sei für $i = 1, 2, \ldots n$ auf einem Gebiet G_i der funktionentheoretischen Ebene eindeutige und reguläre Funktion $f_i(z)$ gegeben. Ferner möge G_1 mit G_2 ein (nichtleeres) Gebiet Γ_1 gemein haben, auf dem stets $f_1(z) = f_2(z)$ gilt; G_2 mit G_3 ein (nichtleeres) Gebiet Γ_2, auf dem stets $f_2(z) = f_3(z)$ gilt; usw. schließlich G_{n-1} mit G_n ein (nichtleeres) Gebiet Γ_{n-1}, auf dem stets $f_{n-1}(z) = f_n(z)$. Dann sagen wir, daß die Funktionen $f_1(z)$ auf G_1 und $f_n(z)$ auf G_n auseinander durch analytische Fortsetzung hervorgehen, oder kurz ausgedrückt, daß sie analytisch aequivalent sind.

Es ist damit zwischen den Funktionen $f_1(z)$ auf G_1 und $f_n(z)$ auf G_n eine Beziehung definiert, die reflexiv ist (jede Funktion $f(z)$ auf G ist zu sich selbst analytisch aequivalent), symmetrisch (ist $f_1(z)$ auf G_1 mit $f_2(z)$ auf G_2 analytisch aequivalent, so ist es auch $f_2(z)$ auf G_2 mit $f_1(z)$ auf G_1) und schließlich transitiv (ist $f_1(z)$ auf G_1 mit $f_2(z)$ auf G_2 analytisch aequivalent und $f_2(z)$ auf G_2 mit $f_3(z)$ auf G_3 analytisch aequivalent, so ist es auch $f_1(z)$ auf G_1 mit $f_3(z)$ auf G_3). Besteht für zwei Funktionen $f(z)$ auf G_1 und $g(z)$ auf G_2 keine solche Beziehung, so heißen die Funktionen *analytisch nichtaequivalent* oder *getrennt*.

Bei unserer obigen Erklärung brauchen die Funktionen $f_i(z)$ und $f_{i+1}(z)$, wie ausdrücklich betont sei, nicht auf der ganzen Menge, die G_i und G_{i+1} gemein haben, übereinstimmen, sondern bloß auf einem nichtleeren Teilgebiet Γ_i; es können ja G_i und G_{i+1} mehrere nicht zusammenhängende Gebiete gemeinhaben. Für die analytische Fortsetzung ist es nun wesentlich, in welchem dieser gemeinsamen Gebiete $f_i(z)$ und $f_{i+1}(z)$ übereinstimmen.

Diese gemeinsamen Teilgebiete Γ_1 von G_1 und G_2, Γ_2 von G_2 und G_3 bis Γ_{n-1} von G_{n-1} und G_n nennen wir die *Zwischengebiete* zwischen den analytisch aequivalenten Funktionen $f_1(z)$ auf G_1 und $f_n(z)$ auf G_n. Durch Angabe der Zwischengebiete ist die zu $f_1(z)$ auf G_1 analytisch aequivalente Funktion $f_n(z)$ auf G_n (falls eine solche existiert) jedenfalls eindeutig festgelegt. Dies folgt sofort aus dem anfangs bewiesenen Satz.

Daß durch eine und dieselbe analytische Darstellung keineswegs
immer analytisch aequivalente Funktionen geliefert werden, zeigt
schon die durch das Integral

$$f(z) = (C) \int \frac{d\zeta}{\zeta - z}$$

gegebene Funktion, wo C der Einheitskreis $|\zeta| = 1$ sei: es ist ja $f(z) =$
$= 2\pi i$ für $|z| < 1$ und $f(z) = 0$ für $|z| > 1$. Diese Funktionen sind
aber sicher nicht analytisch aequivalent. Noch einfacher: die beiden
durch $\sqrt{z^2}$ definierten Funktionen z und $-z$ sind natürlich getrennt.
Anderseits werden analytisch aequivalente Funktionen in verschiedenen
Gebieten durch verschiedene Darstellungen gegeben werden, wie z. B.

$$f_1(z) = 1 + z + z^2 + \ldots \quad \text{für } |z| < 1 \text{ und } f_2(z) = -\frac{1}{z} - \frac{1}{z^2} - \ldots$$

für $|z| > 1$. Diese Funktionen sind analytisch aequivalent, da beide

$$= \frac{1}{1-z}$$ sind; diese Funktion ist aber regulär für $z \neq 1$, also sowohl

für $|z| < 1$ als für $|z| > 1$.

Mit zwei Funktionen $f_1(z)$ auf G_1 und $f_2(z)$ auf G_2 sind auch die Ableitungen $f'_1(z)$ auf G_1 und $f'_2(z)$ auf G_2 analytisch aequivalent. Natürlich ist die konstante Funktion $f(z) = c$, weiter jedes Polynom $P(z)$
in z für zwei verschiedene Gebiete G_1 und G_2 stets analytisch aequivalent. Sind ferner zwei Funktionen $f_1(z)$ auf G_1 und $f_n(z)$ auf G_n
analytisch aequivalent und ebenso $g_1(z)$ auf G_1 und $g_n(z)$ auf G_n analytisch aequivalent, und zwar mit denselben Zwischengebieten, dann
ist auch jedes Polynom $P(f_1(z), g_1(z))$ auf G_1 analytisch aequivalent
dem Polynom $P(f_n(z), g_n(z))$ auf G_n. Besteht daher etwa zwischen
$f_1(z) = f_1$ und $g_1(z) = g_1$ auf G_1 eine algebraische Gleichung $P(f_1, g_1) = 0$,
so gilt die nämliche Gleichung für die analytisch aequivalenten Funktionen f_n, g_n auf G_n, also $P(f_n, g_n) = 0$. Das analoge gilt für alle algebraischen Differentialgleichungen zwischen $f_1(z)$ und $g_1(z)$. Genügen
endlich $f_1(z) = f_1$ und $g_1(z) = g_1$ einer Funktionalgleichung $F(f_1, g_1) = 0$
in G_1, wo F eine eindeutige reguläre Funktion ihrer Argumente ist
und zwar für das ganze Wertgebiet der $f_i(z)$, $g_i(z)$, die diese Funktionen bei der analytischen Fortsetzung in $G_1, \ldots G_n$ annehmen,
so gilt auch für die analytisch aequivalenten Funktionen $f_n(z) = f_n$,
$g_n(z) = g_n$ in G_n die Funktionalgleichung $F(f_n, g_n) = 0$. Dasselbe gilt
für alle Differentialgleichungen zwischen $f_1(z)$ und $g_1(z)$ und weiter

auch für beliebig viele Funktionen $f_1(z)$, $g_1(z)$, $h_1(z)$, ... die sich alle in derselben Weise analytisch fortsetzen lassen. Diese hierin zum Ausdruck kommende Fortdauer von analytischen Beziehungen zwischen analytischen Funktionen nennt man auch das *Prinzip von der Permanenz der Funktionalgleichungen bei analytischer Fortsetzung.*

Dieses kommt dann zur Geltung, wenn in verschiedenen Gebieten für analytisch aequivalente Funktionen verschiedene Darstellungen gegeben werden; hat man eine Funktionalgleichung für ein Gebiet nachgewiesen, so folgt die Gültigkeit dieser von selbst für alle analytisch aequivalenten Funktionen in den andern Gebieten.

Die Gesamtheit aller Funktionen $f(z)$ auf Gebieten G, die untereinander analytisch aequivalent sind, stellt eine analytische Funktion F dar; alle $f(z)$ auf Gebieten G, die zu einer solchen Gesamtheit gehören, gehen aus einer beliebigen unter ihnen durch analytische Fortsetzung hervor; man spricht daher auch von einer *monogenen analytischen Funktion* nach einer Ausdrucksweise von *Weierstraß.* Damit wird der bisher verwendete Begriff einer auf einem Gebiet der Ebene eindeutigen regulären Funktion erweitert.

Es entsteht nun die Aufgabe, aus einer Funktion $f(z)$ auf G die sämtlichen analytisch aequivalenten Funktionen zu gewinnen. Die praktische Durchführung dieser Aufgabe geschieht mit Hilfe der Potenzreihen.

Wir gehen aus von einer Potenzreihe

$$f(z) = \sum_{n=0}^{\infty} a_n z^n,$$

die für $|z| < R$ ($R > 0$) konvergiere. Sei $0 < |a| < R$, so ist

$$z^n = \sum_{k=0}^{n} \binom{n}{k} (z-a)^k a^{n-k}$$

und

$$f(z) = \sum_{n=0}^{\infty} a_n \left[\sum_{k=0}^{n} \binom{n}{k} (z-a)^k a^{n-k} \right].$$

Solange nun $|z-a| + |a| < R$ ist, also $\sum_{k=0}^{n} \binom{n}{k} |z-a|^k |a|^{n-k} = (|z-a| + |a|)^n < R^n$, können wir die Reihe für $f(z)$ umordnen und schreiben

$$f(z) = \sum_{k=0}^{\infty} (z-a)^k \sum_{n=k}^{\infty} a_n \binom{n}{k} a^{n-k} = \sum_{k=0}^{\infty} (z-a)^k \frac{f^{(k)}(a)}{k!}.$$

Die Reihe konvergiert also sicher für $|z-a| + |a| < R$, d. h. innerhalb des größten Kreises um a, dessen Inneres ganz in $|z| < R$ liegt. Dies folgt auch schon aus der Regularität von $f(z)$ für $|z| < R$. Es kann aber vorkommen, daß diese neue Potenzreihe nach $z - a$ in einen größeren Kreis konvergiert, der also z. T. über den Kreis $|z| < R$ hinausragt. Dann konvergieren also die beiden Potenzreihen innerhalb zweier Kreise, die ein Kreiszweieck miteinander gemein haben, in welchen die Potenzreihen die selben Werte haben. Dann stellen die beiden Potenzreihen analytisch aequivalente Funktionen dar.

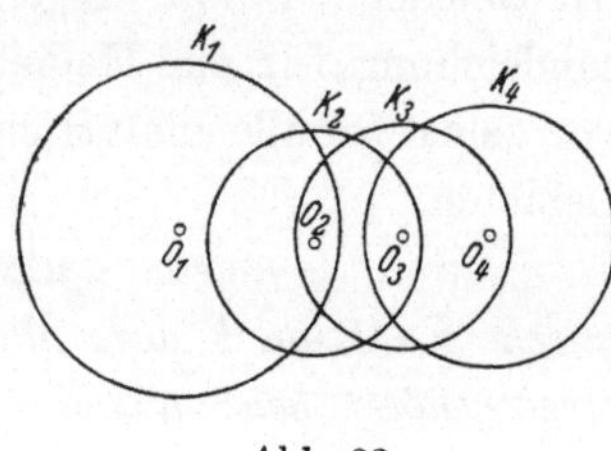

Abb. 23.

Die Iteration dieses Verfahrens liefert dann eine Kette von ineinandergreifenden Kreisen (Abb. 23) K_1, K_2, ..., so daß K_n den Mittelpunkt von K_{n+1} enthält und K_n den Konvergenzkreis einer zu $f(z)$ in $|z| < R$ analytisch aequivalenten Potenzreihe darstellt.

Ist $f(z)$ im Gebiet G regulär und eindeutig, so läßt sich $f(z)$ in jedem Punkt von G in eine Potenzreihe entwickeln; je zwei solche Potenzreihen sind natürlich analytisch aequivalent; denn das Gebiet G, auf dem $f(z)$ regulär ist, umfaßt ja zumindest ein Teilgebiet vom Konvergenzkreis jeder der beiden Punkte. Wir können nun auch, wenn wir nur mit Potenzreihen operieren, von einem beliebigen Punkt a in G ausgehend durch analytische Fortsetzung durch eine Kette von endlichvielen Kreisen innerhalb G zu jedem beliebigen Punkt b in G gelangen. Wir verbinden a und b durch einen Polygonzug Π in G. Der Abstand der Menge Π vom Rand des Gebietes G sei d; es ist $d > 0$. Wir denken uns auf Π endlichviele Punkte gewählt, $z_1 = {} = a, z_2, \ldots z_n = b$, so daß $|z_i - z_{i-1}| < d$ für $i = 2, \ldots n$. Die Potenzreihenentwicklung von $f(z)$ in jedem Punkt z_i konvergiert sicher in einem Kreis K_i mit $|z - z_i| < d$, also für $i = 1, \ldots n - 1$ auch für z_{i-1}. Also kommt man

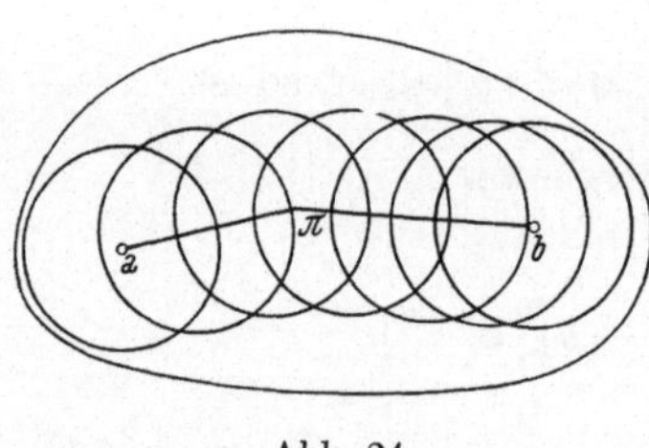

Abb. 24.

durch endlichviele Kreise und entsprechende Potenzreihenentwicklungen von a nach b. (Abb. 24.)

Schließlich noch ein Satz über die Eindeutigkeit der analytischen Fortsetzung innerhalb eines einfachzusammenhängenden Gebietes, den man auch als *Monodromiesatz* bezeichnet.

Sei G ein beschränktes einfachzusammenhängendes Gebiet und in einem Teilgebiet G_1 von G eine reguläre eindeutige Funktion $f(z)$ gegeben. Wenn *nun f (z) überhaupt auf das ganze Gebiet G analytisch fortgesetzt werden kann, so ist dann f (z) auf G eine eindeutige Funktion.*

Wir zeigen also, daß wir bei analytischer Fortsetzung ausgehend von G_1 über beliebige Gebiete $G_2 \ldots G_n$ in G und wieder endigend mit G_1 auf die anfänglichen Werte von f (z) in G_1 zurückkommen. Verfolgen wir etwa die Werte von f (z) längs eines geschlossenen Polygonzuges Π innerhalb G. Der Abstand des Polygons Π vom Rand B (G) ist $d > 0$. Die sämtlichen beschränkten Gebiete, die Π begrenzt, liegen alle in G; wir zerlegen diese wie schon mehrfach durch gerade Strecken in endlichviele Dreiecke, deren Seitenlängen stets $< d$ seien. Ist z_0 ein Punkt innerhalb oder auf einem solchen Dreieck D, so ist der Abstand des Punktes z_0 von B (G) $\geq d$. Kommt man also bei der analytischen Fortsetzung nach z_0, so konvergiert die Potenzreihe von f (z) in z_0 in einem Kreis vom Radius $\geq d$, der Kreis umfaßt also das ganze Dreieck D. Bei Durchlaufung des Randes von D erhalten wir dann am Ende denselben Wert von f (z) wie am Anfang: denn an allen Stellen von D treffen wir ja die durch die Potenzreihe in z_0 gegebenen Werte von f (z). Statt eine Dreiecksseite von D zu durchlaufen, können wir also entsprechend die beiden andern Seiten von D durchlaufen. Führt man dies bei der Durchlaufung von Π aus (Π ist aus endlichvielen solchen Dreiecksseiten zusammengesetzt), so fallen alle an Π grenzenden Dreiecksflächen fort; iteriert man den Vorgang, so sieht man unmittelbar, daß bei Durchlaufung von Π ebensowenig eine Änderung von f (z) eintreten kann, wie bei Durchlaufung eines Dreiecks D.

Der Satz gilt auch für nichtbeschränkte einfachzusammenhängende Gebiete G, sofern man den Punkt ∞ zur Ebene mitzählt; etwa für das Äußere eines Kreises, wenn f (z) auch über den unendlichfernen Punkt fortgesetzt werden kann; man braucht sich den Sachverhalt ja nur an der Zahlenkugel zu überlegen.

Sei z. B. f (z) eine ganze Funktion und stets $\neq 0$. Wir können also zu jedem z die unendlichvielen Werte des log f (z) bilden und wir können in jedem Kreis die Werte von log f (z), etwa ausgehend von einem festgewählten Wert im Mittelpunkt des Kreises so annehmen, daß sie stetig verlaufen; dann ist log f (z) in diesem Kreis auch regulär; aus dem Monodromiesatz ergibt sich, daß log f (z) auf der ganzen Ebene eine eindeutige und reguläre Funktion ist, sobald wir an einer Stelle den log f(z) wählen und von da aus analytisch fortsetzen. Es ist also dann log f(z) eine ganze Funktion $= g$ (z) und f (z) in der Form darstellbar:
$$f (z) = e^{g(z)}.$$

Analoge Überlegungen gelten für die n-te Wurzel: es ist $\sqrt[n]{f(z)}$ eine ganze Funktion, sobald wir an einer Stelle die Wurzel beliebig wählen und von da an die Werte von $\sqrt[n]{f(z)}$ weiterverfolgen.

§ 2. Die Riemannschen Flächen.

Wir kommen nunmehr zu den mehrdeutigen Funktionen wie $\sqrt[n]{z}$ oder $\log z$. Wir haben solche zwar auch schon bisher betrachtet, aber stets nur in solchen Gebieten, für welche diese Funktionen eindeutig gewählt werden konnten, wie z. B. $\sqrt[n]{z}$ für $|z - R| < R$. Das Mittel, die mehrdeutigen Funktionen in ihrer Gesamtheit untersuchen zu können, liefert uns die analytische Fortsetzung.

Wir gehen von einer Funktion $f(z)$ auf einem Gebiet G der z-Ebene aus und denken uns diese auf alle möglichen Arten analytisch fortgesetzt; wir erhalten so eine Anzahl von Funktionen $g(z)$ auf Gebieten H. Die Gesamtheit aller dieser Funktionen stellt eine monogene analytische Funktion F dar. *Wir betrachten die Menge $\mathfrak{F}_0$ der Punkte aller möglichen Gebiete H, auf denen eine Funktion $g(z)$ von F definiert ist; dabei soll ein Punkt p_1 des Gebietes G_1 mit der Funktion $f_1(z)$ und ein Punkt p_2 des Gebietes G_2 mit der Funktion $f_2(z)$ dann und nur dann als gleich gelten (in $\mathfrak{F}_0$ identifiziert werden), wenn erstens die zugehörigen z-Werte von p_1 und p_2 gleich sind, und zweitens die zugehörigen Funktionen $f_1(z)$ und $f_2(z)$ samt allen Ableitungen für p_1 und p_2 übereinstimmen:* $f_1(z) = f_2(z)$ und $f_1^{(k)}(z) = f_2^{(k)}(z)$ für alle k. Im allgemeinen werden also zu einem z mehrere, eventuell unendlichviele Punkte p auf $\mathfrak{F}_0$ gehören.

Die Definition der Konvergenz einer Folge von Punkten auf $\mathfrak{F}_0$ führen wir zurück auf die Konvergenz in der z-Ebene. Ein Gebiet H der z-Ebene, auf dem eine Funktion $g(z)$ aus F definiert ist, liefert für jedes z einen Punkt p auf $\mathfrak{F}_0$; wir sagen kurz, das Gebiet H mit der Funktion $g(z)$ trage den Punkt p auf $\mathfrak{F}_0$. Dann definieren wir:

Eine Folge von Punkten p_1, p_2, ... auf $\mathfrak{F}_0$ heißt konvergent gegen den Punkt p_0 auf $\mathfrak{F}_0$, in Zeichen $p_n \to p_0$, wenn jedes Gebiet H mit einer Funktion $g(z)$ aus F, welches den Punkt p_0 trägt, auch fast alle p_n trägt (d. h. alle p_n mit endlichvielen Ausnahmen).

Daraus folgen sofort die Begriffe abgeschlossen und offen für Teilmengen von $\mathfrak{F}_0$. Diese so mit einer Limesdefinition versehene Menge $\mathfrak{F}_0$ nennen wir das *Regularitätsgebiet* der Funktion F.

Wenn es für eine Folge (p_n) von Punkten aus $\mathfrak{F}_0$, deren zugehörige z-Werte $z_n \to z_0$ (eventuell $\to \infty$) konvergieren, zwar Gebiete H mit Funktionen $g(z)$ aus F gibt, welche fast alle p_n tragen, aber keines dieser Gebiete einen Limes der p_n in $\mathfrak{F}_0$ trägt, so bestimmt die Folge (p_n) einen *singulären Punkt* von $\mathfrak{F}_0$, den wir durch (p_n) bezeichnen. Zwei solche singuläre Punkte (p'_n) und (p''_n) in $\mathfrak{F}_0$ sollen gleich sein, wenn die zu den p'_n und p''_n gehörigen z'_n und z''_n gegen dasselbe z_0 streben und für jedes Gebiet H_1 mit einer Funktion $g_1(z)$ von F, das die Punkte p'_n trägt, und jedes Gebiet H_2 mit einer Funktion $g_2(z)$ von F, das die p''_n trägt, die Funktionen $g_1(z)$ und $g_2(z)$ analytisch aequivalent sind mit Zwischengebieten, die alle in einem beliebig kleinen Kreis um z_0 gewählt werden können.

Sei durch eine Folge (p_n) eine singuläre Stelle von $\mathfrak{F}_0$ gegeben mit den zugehörigen Koordinaten $z_n \longrightarrow z_0$; die Punkte p_n mögen auf einem Gebiet H mit der Funktion $g(z)$ liegen. Gibt es dann ein $\varepsilon > 0$, so daß wir die Funktion $g(z)$ auf beliebige Gebiete innerhalb des Kreisringes K mit $0 < |z - z_0| < \varepsilon$ unbeschränkt analytisch fortsetzen können, so sagen wir, daß die durch (p_n) bestimmte singuläre Stelle eine *isolierte* singuläre Stelle sei.

Bei $z_0 = \infty$ haben wir für K das Äußere eines Kreises (ohne den Punkt ∞) zu nehmen.

Wir bilden nun für eine solche isolierte singuläre Stelle (p_n) zu jedem $z \neq z_0$ in K die Menge aller zugehörigen p von $\mathfrak{F}_0$, sofern sie zu Funktionen gehören, die durch analytische Fortsetzung in K aus der Funktion $g(z)$ im Gebiet H hervorgehen, welches die p_n trägt. Die Anzahl der verschiedenen p bei festem z ist dann eine natürliche Zahl n (einschließlich der Null) oder unendlich. Wir bilden dann die Menge G_n der z, für welche die Zahl der zugehörigen verschiedenen p gleich n ist, bzw. die Menge G_ω der z mit unendlichvielen p. Es ist dann die Menge $0 < |z - z_0| < \varepsilon$

$$K = G_0 + G_1 + G_2 + \ldots + G_\omega$$

Die G_n und G_ω sind paarweise fremd.

Gibt es ein z in K mit n verschiedenen p, so lassen sich die entsprechenden Funktionen, da in K ja keine singuläre Stellen existieren sollen, in ganz K analytisch fortsetzen und ihre Entwicklungen sind dort überall verschieden: wären zwei von ihnen an einer Stelle gleich, so wären diese Funktionen ja auch in einer Kreisscheibe um diese Stelle und damit überall in K identisch. Also gibt es überall in K mindestens

n Punkte p zu jedem z und da an einer Stelle genau n verschiedene p existieren, so gibt es überall in K genau n verschiedene: also ist G_n für jedes n entweder leer oder gleich der ganzen Menge K.

Die Menge G_0 ist sicher leer: wir haben ja die Ausgangsfolge (p), deren $z_n \to z_0$ streben. Daraus folgt aber nach dem vorangehenden, daß überall in K Punkte p existieren. Wegen $K = G_0 + G_1 \ldots + G_\omega$ gilt schließlich auch für die Menge G_ω, daß sie entweder leer oder gleich der Menge K ist.

Zu jeder isolierten singulären Stelle mit dem z-Wert z_0 von $\mathfrak{F}_0$ gibt es eine natürliche Zahl n oder ω, so daß in einer gewissen Kreisscheibe um z_0 jedem $z \neq z_0$ genau n, bzw. unendlichviele p auf $\mathfrak{F}_0$ entsprechen.
Wir diskutieren die einzelnen Fälle:

A. Ist $n = 1$, so haben wir den Fall einer für $0 < |z - z_0| < \varepsilon$ eindeutigen regulären Funktion, den wir schon früher betrachtet haben; es liegt dann entweder ein Pol oder eine wesentlich singuläre Stelle vor. Im Fall eines Poles ordnen wir dann auch dem Punkt z_0 einen Punkt p_0 auf $\mathfrak{F}_0$ zu, den Limes der Folge $p_1, p_2, \ldots$, die die Singularität bestimmt. Die so erweiterte Menge nennen wir auch den *Rationalitätsbereich* $\mathfrak{F}_1$ der Funktion F.

B. Ist $n > 1$, so haben wir n verschiedene Funktionen $g_1(z), \ldots$ $\ldots g_n(z)$ in K. Nach unserer Definition der singulären Stelle gehen alle $g_i(z)$ in K durch analytische Fortsetzung auseinander hervor. (Selbstverständlich können einem z_0 auch mehrere singuläre Stellen oder auch reguläre und singuläre Stellen von $\mathfrak{F}_0$ entsprechen; wir erhalten alsdann zwei oder mehrere *Zweige* von Funktionen, die nicht durch analytische Fortsetzung innerhalb K auseinander hervorgehen.) Verfolgen wir die diesen Entwicklungen entsprechenden Punkte $P_1 \ldots P_n$ auf $\mathfrak{F}_0$ längs einer Kurve $|z - z_0| = \varepsilon_1 < \varepsilon$ um z_0. Da für ein z nur n Punkte p bestehen, gehen nach einem vollen Umlauf die $P_1, \ldots P_n$ in $P_{i_1}, \ldots P_{i_n}$ über, wo die $i_1 \ldots i_n$ eine Permutation der Zahlen $1, \ldots n$ darstellen. Dabei muß $i_1 \neq 1$ und ebenso $i_j \neq j$ sein: ginge P_1 bei einem Umlauf wieder in P_1 über, so würde $g_1(z)$ überhaupt in K eindeutig sein, könnte also nicht durch analytische Fortsetzung in die andern $g_i(z)$ übergehen. Aus demselben Grund kann P_1 erst nach n vollen Umläufen wieder in P_1 übergehen; würde P_1 schon nach $k < n$ Umläufen wieder in P_1 übergehen, so würden die k Funktionen $g_i(z)$, in die $g_1(z)$ dabei übergeht, nicht durch analytische Fortsetzung in die restlichen $n-k$ Funktionen übergehen. Würde aber P_1 erst nach $k > n$

Umläufen in P_1 zurückkehren, so müßte einer der Punkte $P_2 \ldots P_n$ nach weniger als n Umläufen in sich zurückkehren. Also kehren alle P_i nach genau n Umläufen in sich zurück und die $i_1 \ldots i_n$ sind eine *zyklische Permutation der Zahlen* $1, \ldots n$, welche nach n-maliger Anwendung die ursprüngliche Anordnung ergibt. Wir können insbesonders die P_i so numeriert denken, daß bei einmaligem Umlauf P_1 in P_2, P_2 in P_3, $\ldots$ P_n in P_1 übergeht.

Dasselbe Verhalten zeigt nun die Funktion $\sqrt[n]{z - z_0}$. Setzen wir $\zeta = e^{\frac{2\pi i}{n}}$, so multipliziert sich bei Durchlaufung des Kreises $|z - z_0| = \varepsilon_1$ die Wurzel mit ζ; wir brauchen ja bloß $z - z_0 = \varepsilon_1 e^{i\varphi}$ zu setzen und das φ um 2π zu vermehren. Es gehören also zu $P_1 \ldots P_n$ der Reihe nach die Wurzeln $w_1 = \sqrt[n]{z - z_0},\ w_2 = w_1 \zeta,\ w_3 = w_1 \zeta^2,\ \ldots w_n = w_1 \zeta^{n-1}$. Es sind daher die folgenden Summen *eindeutige Funktionen von z auf K:*

$$g_1(z) + g_2(z) + \ldots + g_n(z) = R_0(z)$$
$$g_1(z)\, w_1 + g_2(z)\, w_2 + \ldots + g_n(z)\, w_n = R_1(z)$$
$$g_1(z)\, w_1^2 + g_2(z)\, w_2^2 + \ldots + g_n(z)\, w_n^2 = R_2(z)$$
$$\cdots\cdots\cdots\cdots\cdots\cdots\cdots\cdots\cdots\cdots$$
$$g_1(z)\, w_1^{n-1} + g_2(z)\, w_2^{n-1} + \ldots + g_n(z)\, w_n^{n-1} = R_{n-1}(z)$$

Die Koeffizientendeterminante der $g_i(z)$ ist mit $w_k = \zeta^{k-1} \sqrt[n]{z - z_0}$

$$D = \begin{vmatrix} 1 & 1 & \ldots & 1 \\ w_1 & w_2 & \ldots & w_n \\ & & & \\ & & & \\ w_1^{n-1} & w_2^{n-1} & \ldots & w_n^{n-1} \end{vmatrix} = (z - z_0)^{\frac{n-1}{2}} \begin{vmatrix} 1 & 1 & \ldots & 1 \\ 1 & \zeta & \ldots & \zeta^{n-1} \\ \cdot & \cdot & & \\ \cdot & \cdot & & \\ 1 & \zeta^{n-1} & \ldots & \zeta^{(n-1)^2} \end{vmatrix}$$

Das Quadrat der letzten Determinante ergibt sich am einfachsten so: setzt man

$$\zeta^{jk} = a_{jk}, \text{ so ist } \sum_{j=0}^{n-1} a_{jk}\, a_{jl} = \sum_{j=0}^{n-1} \zeta^{j(k+l)} = n \text{ für}$$

$k + l = 0$ oder n und $= 0$ für $k + l \neq 0,\ n$ $(k, l = 0, 1, \ldots n-1)$. Also ist nach dem Multiplikationssatz für Determinanten $|a_{jk}|^2 =$

$$= \begin{vmatrix} n & 0 & \ldots & 0 \\ 0 & 0 & & n \\ \cdot & \cdot & & \\ \cdot & \cdot & & \\ 0 & n & \ldots & 0 \end{vmatrix} = n^n\, (-1)^{\frac{(n-1)(n-2)}{2}}$$

und

$$D^2 = (z - z_0)^{n-1}\, n^n\, (-1)^{\frac{(n-1)(n-2)}{2}}$$

also eine eindeutige Funktion von z und $\neq 0$ in K.

Berechnet man $g_i(z)$ aus den angeschriebenen Gleichungen, so wird

$$g_i(z) = \frac{(-1)^{\frac{(n-1)(n-2)}{2}}}{n^n\,(z-z_0)^{n-1}} \begin{vmatrix} 1 & 1 & \ldots & 1 \\ w_1 & w_2 & \ldots & w_n \\ \cdot & \cdot & & \cdot \\ \cdot & \cdot & & \cdot \\ w_1^{n-1} & w_2^{n-2} & \ldots & w_n^{n-1} \end{vmatrix} \begin{vmatrix} 1 & \ldots R_0(z) & \ldots & 1 \\ w_1 & \ldots R_1(z) & \ldots & w_n \\ \cdot & \cdot & & \cdot \\ \cdot & \cdot & & \cdot \\ w_1^{n-1} & \ldots R_{n-1}(z) & \ldots & w_{n-1}^n \end{vmatrix}$$

wo rechts die $R_0(z), \ldots R_{n-1}(z)$ in die i-te Spalte einzutragen sind. Da bei beliebiger Vertauschung von w_j und w_k mit $j \neq k$, und $j, k \neq i$ rechts das Produkt umgeändert bleibt und die symmetrischen Funktionen der $w_1, \ldots w_{i-1}, w_{i+1}, \ldots w_n$ sich wieder durch z und w_i darstellen lassen, so haben wir schließlich $g_i(z)$ *als eindeutige Funktion von z und w_i,* oder wegen $z = z_0 + w_i^n$ *als eindeutige Funktion von w_i*

$$g_i(z) = R(w_i),$$

d. i. *der dem Punkt P_i von $\mathfrak{F}_0$ entsprechenden Wurzel $\sqrt[n]{z - z_0}$.*

Wir wollen diese Verhältnisse nun auch mehr anschaulich behandeln. Zu jedem z in K gehören n verschiedene w; um zwischen den z- und w. Punkten eine beiderseits eindeutige Beziehung herzustellen, denken wir uns die Kreisscheibe K (also ohne den Mittelpunkt z_0) in n Exemplaren übereinandergelegt und haben damit für jedes z in K n verschiedeen übereinanderliegende Punkte, die den verschiedenen Werten von w entsprechen sollen. Diese n Kreisscheiben haben wir dann so zu verbinden, daß man bei n-maliger Durchlaufung eines Kreises um z_0 alle n-Kreisscheiben durchläuft und sodann wieder zur ersten Kreisscheibe kommt. Anschaulich kann man sich das so ausgeführt denken, daß man n Kreisscheiben aus Papier ausschneidet, übereinanderlegt, sämtliche n Scheiben vom Mittelpunkt aus längs eines Radius aufschneidet und die bei jeder Scheibe, so entstehenden beiden Ränder an die folgende, bzw. die vorangehende Scheibe anschließt. Die n-te Scheibe wäre so mit der n—1-ten und der ersten Scheibe zu verbinden.

Analytisch läßt sich dies verfolgen, indem wir $z - z_0 = r\, e^{i\varphi}$ setzen und $0 < r < \varepsilon$ nehmen; je zwei Punkte mit gleichem r, aber um $2\pi j$ verschiedenen Argument gehören zu gleichem z, sollen aber als verschieden gelten, wenn die Argumente nicht um $2\pi n k$ (k ganz) differieren. Dann erhalten wir gerade eine n-fach überdeckte Kreisscheibe

mit den gewünschten Zusammenhangsverhältnissen. Setzen wir
$$w = \sqrt[n]{z - z_0} = \sqrt[n]{r}\, e^{\frac{i\varphi}{n}} = \varrho\, e^{i\psi},$$ so wird die j-te Kreisscheibe, etwa mit

$$0 < r < \varepsilon,\ 2\,\pi\,(j-1) \leqq \varphi < 2\,\pi\,j$$

auf den Kreissektor

$$0 < \varrho < \sqrt[n]{\varepsilon},\ \frac{2\,\pi}{n}\,(j-1) \leqq \psi < \frac{2\,\pi}{n}\,j$$

abgebildet; die zu identifizierenden Halbstrahlen $\varphi = 0$ und $\varphi = 2\,\pi\,n$ gehen in den Halbstrahl $\psi = 0$ über. Es werden also die n Kreisscheiben über K auf eine volle Kreisscheibe (ohne den Mittelpunkt) der w-Ebene abgebildet. Diese Abbildung ist für $0 < |z - z_0| < \varepsilon$, bzw. $0 < |w| < \sqrt[n]{\varepsilon}$ beiderseits konform, da ja $w = \sqrt[n]{z - z_0}$ differenzierbar ist und die Ableitung nicht verschwindet. Für $z = z_0$, bzw. $w = 0$ hört die Winkeltreue natürlich auf: zwei Kurven, die sich in $w = 0$ unter dem Winkel α treffen, werden nach Übergang zu den z sich in z_0 unter dem Winkel $\alpha\,n$ treffen; es ist $z = z_0 + w^n$ zwar differenzierbar für $w = 0$, hat aber dort eine verschwindende Ableitung.

Die n-fache Überdeckung der z-Ebene für die Menge K entspricht genau dem Bau von $\mathfrak{F}_0$ an dieser Stelle. Sind die $g_i\,(z)$ die Werte von F auf den einzelnen Kreisscheiben, so übertragen wir die Werte, indem wir $z = z_0 + w^n$ setzen, auf die entsprechenden Punkte der einzelnen Kreissektoren der w-Ebene in der oben angegebenen Art und es ist
$$g_i\,(z) = g\,(z_0 + w^n)\ \text{für}\ 0 < |w| < \sqrt[n]{\varepsilon}\ \text{eindeutig und regulär, also}$$
nach einer *Laurent*schen Reihe entwickelbar $= \sum\limits_{k=-\infty}^{+\infty} a_k\, w^k$.

Wir ordnen nun dem singulären Punkt mit der Koordinate z_0 einen Punkt p_0 zu, den Limes aller Folgen $p_1, p_2, \ldots$, die diesen singulären Punkt bestimmen; die um alle solchen singulären Punkte p_0 vermehrte Menge $\mathfrak{F}_0$ nennen wir die zur Funktion F gehörige *Riemannsche Fläche* $\mathfrak{F}$. Man nennt dabei p_0 einen *Verzweigungspunkt* der Fläche $\mathfrak{F}$, und zwar von der *Ordnung* $n - 1$, wenn hier n Kreisscheiben, die man auch als Blätter der Fläche bezeichnet, zusammenhängen. Die Funktion $w = \sqrt[n]{z - z_0}$, durch welche diese n Kreisscheiben auf die einfache Kreisscheibe abgebildet werden, bezeichnet man auch als den *lokaluniformisierenden Parameter der Riemannschen Fläche im Punkt p_0:* Mit dessen

Hilfe läßt sich also unsere Funktion F in eine *Laurent*sche Reihe $\sum\limits_{k=-\infty}^{\infty} a_k\, w^k$ entwickeln.

Sind nur endlichviele negative Potenzen vorhanden und m der größte Index mit $a_{-m} \neq 0$, so sagen wir, daß die Funktion F an dieser singulären Stelle einen Pol m-ter Ordnung aufweist. Sind keine negativen Potenzen vorhanden, so sagen wir, daß F an dieser Stelle sich regulär verhält.

C. Betrachten wir endlich den Fall, daß $K = G_\omega$ ist, also jedem z in K unendlichviele Punkte p in $\mathfrak{F}_0$ und Entwicklungen $g(z)$ unserer Funktion F zugeordnet sind. Alle diese $g(z)$ sollen durch analytische Fortsetzung in K auseinander hervorgehen. Um diese zu erhalten, nehmen wir einen Punkt P_0 und die Entwicklung der zugehörigen Funktion $g_0(z)$ her und verfolgen die Funktion längs eines Kreises $|z - z_0| = r = $ constant. Nach n-maliger positiver Durchlaufung des Kreises erhalten wir den Punkt P_n mit der Funktion $g_n(z)$, nach n-maliger negativer Durchlaufung den Punkt P_{-n} und die Funktion $g_{-n}(z)$. Keine zwei Punkte P_n und P_n' $(n \neq n')$ sind gleich: wäre etwa $P_n = P_n'$ für ein $n' > n$, so wären auch die Entwicklungen $g_n(z)$ und $g_{n'}(z)$ identisch in z, also auch die Funktionen $g_n(z) = g_{n'}(z)$ im Kreis K; wieder folgt durch analytische Fortsetzung für jedes ganze m dann $g_{n+m}(z) = g_{n'+m}(z)$, also auch $P_{n+m} = P_{n'+m}$ und es gäbe für ein festes z nur endlichviele verschiedene P, etwa $P_n, P_{n+1}, \ldots P_{n'-1}$.

Als Beispiel für diese Funktionen nehmen wir $w = \log(z - z_0)$; für die unendlichvielen Werte des Logarithmus gilt dann $w_n(z) = w_0(z) + 2\pi i n$. Sei nun $z - z_0 = r\, e^{i\varphi}$ und $\log(z - z_0) = \log r + i\varphi$ $(r > 0)$. Denken wir uns den Kreis $0 < |z - z_0| < \varepsilon$ wieder in unendlichvielen Exemplaren K_j, die etwa den Ungleichungen

$$0 < r < \varepsilon, \quad 2\pi j \leqq \varphi < 2\pi (j + 1) \quad (j \text{ ganz}, -\infty < j < +\infty)$$

entsprechen. Man hat dann jedes K_j längs $\varphi = 2\pi j$ aufzuschneiden und die beiden Ränder dem stetigen Verlauf von φ gemäß an K_{j-1} und K_{j+1} anzuschließen. Bei Durchlaufung von $|z - z_0| = r = $ constant bleibt der Realteil von $\log z$ konstant, während der Imaginärteil bei jedem Umlauf um 2π zunimmt *(logarithmische Wendeltreppe)*.

Durch $w = \log(z - z_0)$ wird K_j eineindeutig und konform abgebildet auf den Parallelstreifen

$$-\infty < \Re(w) < \log \varepsilon$$

$$2\pi j \leqq \Im(w) < 2\pi (j + 1),$$

die Gesamtheit aller K_j also auf die Halbebene

$$-\infty < \Re(w) < \log \varepsilon.$$

Die auf $\mathfrak{F}_0$ eindeutige und reguläre Funktion F mit den Werten $g_j(z)$ auf K_j wird dann auf dieser Halbebene eindeutig und regulär, wenn wir die Werte von $g_j(z)$ auf die entsprechenden Punkte der Parallelstreifen übertragen: $g_j(z) = g(z_0 + e^w)$.

Man nennt eine solche singuläre Stelle von $\mathfrak{F}_0$ eine *logarithmische Verzweigungsstelle* und $w = \log(z - z_0)$, durch welchen die unendlichvielen Kreisscheiben (Blätter) um z_0 auf die Halbebene abgebildet werden, den *lokaluniformisierenden Parameter dieser Stelle.*

§ 3. Fortsetzung von Potenzreihen über den Rand des Konvergenzkreises.

Sei $f(z) = \sum\limits_{n=0}^{\infty} a_n z^n$ für $|z| < R$ $(R > 0)$ konvergent. Wir bilden für jedes $|a| < R$ die Entwicklung von $f(z)$ nach $z - a$ und den zugehörigen Konvergenzkreis $|z - a| = R(a)$, dessen Inneres wir mit U_a bezeichnen. Die Vereinigung aller dieser offenen Mengen U_a sei U. Die Menge U ist wieder offen und einfachzusammenhängend. In U ist dann durch analytische Fortsetzung die Funktion $f(z)$ regulär und eindeutig nach dem Monodromiesatz. U enthält zwar das Innere, aber nicht den ganzen Rand des Konvergenzkreises $|z| = R$ der ursprünglichen Reihe: würde nämlich dieser Kreis ganz in U liegen, so hätte die abgeschlossene Begrenzung von U vom Nullpunkt einen Abstand $R + d > R$; es wäre der Kreis $|z| < R + d$ in U enthalten, also $f(z)$ für diesen Kreis regulär und der Konvergenzradius von $f(z)$ im Nullpunkt mindestens $R + d$, gegen die Voraussetzung.

Es gibt auf dem Rande des Konvergenzkreises einer Funktion $f(z)$ stets mindestens einen singulären Punkt, über den also $f(z)$ nicht fortgesetzt werden kann.

Dieser Satz ist eigentlich selbstverständlich, denn wir wissen ja, daß eine Potenzreihe im größten Kreis konvergiert, der noch ganz im Regularitätsgebiet der Funktion liegt; d. h. aber, daß dieser Kreis bis zum nächsten singulären Punkt reicht. (Die Menge der singulären Punkte ist ja natürlich abgeschlossen, also gibt es zu jedem Punkt einen nächsten singulären Punkt.)

Die Gesamtheit der singulären Punkte (auf der Ebene oder der *Riemann*schen Fläche) stellt die *natürliche Grenze* der Funktion dar. Ein einfaches Beispiel, in dem die natürliche Grenze der Einheitskreis ist, stellt die Funktion dar:

$$f(z) = \sum_{n=0}^{\infty} z^{2^n} = z + z^2 + z^4 + z^8 + \cdots$$

Der Konvergenzradius ist 1. Es gibt sicher einen singulären Punkt α mit $|\alpha| = 1$ (z. B. den Punkt $\alpha = 1$: denn bei reellem gegen 1 wachsendem z strebt $f(z) \to +\infty$). Dann ist aber auch $\alpha \cdot \zeta_n^k$ (mit $\zeta_n = e^{\frac{2\pi i}{2^n}}$, n ganz > 0, k ganz) ein singulärer Punkt; denn ersetzt man z durch $z \cdot \zeta_n^k$, so bleibt die Reihe für $f(z)$ vom n-ten Glied an ersichtlich unverändert, hat also dieselben singulären Punkte wie die ursprüngliche Reihe. Also sind alle Punkte $\alpha\,\zeta_n^k$ singuläre Punkte; diese liegen aber dicht auf dem Einheitskreis und $f(z)$ kann über kein Intervall dieses Kreises hinaus fortgesetzt werden.

Daß jede Kurve C, die den Rand eines Gebietes G bildet, auch als natürliche Grenze einer in G regulären Funktion auftreten kann, davon kann man sich leicht überzeugen: sei etwa $a_1\, a_2 \ldots$ eine Folge von Punkten in G und $b_1, b_2, \ldots$ eine Folge von Punkten auf C; die a_n seien so gewählt, daß sie gegen jeden Punkt von C sich häufen; ferner sei $\sum_{n=1}^{\infty} |a_n - b_n|$ konvergent. Dann ist das Produkt

$$\prod_{n=1}^{\infty} \frac{z - a_n}{z - b_n} = \prod_{n=1}^{\infty} \left(1 + \frac{b_n - a_n}{z - b_n}\right)$$

in G überall konvergent und stellt eine in G reguläre Funktion dar; sie hat C als natürliche Grenze, da in einem regulären Punkt sich die Nullstellen einer regulären Funktion nicht häufen können.

Zwischen dem Konvergenzverhalten der Potenzreihen auf dem Rande des Konvergenzkreises und der Fortsetzbarkeit der Funktion über den Rand hinaus besteht keine direkte Beziehung: die Reihe $\sum_{n=1}^{\infty} \frac{z^{n+1}}{n(n+1)} = (1-z)\log(1-z) + z$ konvergiert für alle Punkte des Konvergenzkreises $|z| = 1$, sie ist regulär für $z \neq 1$ und singulär für $z = 1$; die Reihe $\sum_{n=0}^{\infty} z^n = \frac{1}{1-z}$ divergiert für alle Punkte des Konvergenzkreises $|z| = 1$, ist regulär für $z \neq 1$ und singulär für $z = 1$. Indes läßt sich aus den Koeffizienten der Potenzreihe auf die Lage der singulären Punkte schließen; wir bringen hier nur den einfachen Satz von *Pringsheim*:

Die Potenzreihe $f(z) = \sum_{n=0}^{\infty} a_n z^n$ habe den Konvergenzradius 1 und es seien alle a_n reell $\geqq 0$. Dann ist 1 ein singulärer Punkt von $f(z)$.

Denn die Reihen

$$\sum_{n=0}^{\infty} a_n z^n = \sum_{n=0}^{\infty} a_n \left[(z - \varrho) + \varrho\right]^n = \sum_{n=0}^{\infty} \sum_{k=0}^{n} a_n \binom{n}{k} (z - \varrho)^k \varrho^{n-k} =$$

$$= \sum_{k=0}^{\infty} \frac{f^{(k)}(\varrho)}{k!} (z - \varrho)^k$$

haben für $0 < \varrho < 1$ und reelle $z > \varrho$ lauter positive Glieder, sind also alle gleichzeitig konvergent und divergent, insbesonders für $z > 1$ divergent. Also kann $f(z)$ für $z = 1$ nicht regulär sein.

Man kann diese Aussage noch etwas verschärfen: Hat die Reihe $\sum_{n=0}^{\infty} \Re(a_n) z^n$ den Konvergenzradius 1 und ist $\Re(a_n) \geqq 0$, so ist 1 singulärer Punkt für $f(z) = \sum_{n=0}^{\infty} a_n z^n$. Denn das Verhalten von $\sum_{n=0}^{\infty} \Im(a_n) z^n$ ändert nichts an der Divergenz der mit $\Re(a_n)$ statt a_n oben angeschriebenen Reihen für $z > 1$.

Übungsbeispiele.

1. Man bestimme die Verzweigungsstellen der folgenden Funktionen:

$$w = \sqrt[3]{(z-a)(z-b)(z-c)}, \quad \sqrt[3]{(z-a)(z-b)^2}, \quad \sqrt[6]{(z-a)(z-b)^2(z-c)^3}$$

$$\log(z-a)^2, \quad \log\frac{1-z^2}{1+z^2}, \quad \sqrt{z+\sqrt{z}} \quad \text{(man führe hier } \sqrt[4]{z} = t \text{ ein).}$$

2. Sei $\sum_{n=0}^{\infty} a_n z^n$ für $|z| < 1$ regulär; führt man $z = \dfrac{\zeta}{1-\zeta} = \sum_{k=1}^{\infty} \zeta^k$ und

$$z^n = \sum_{k=0}^{\infty} (-1)^k \binom{-n}{k} \zeta^{n+k} = \sum_{k=0}^{\infty} \binom{n+k-1}{k} \zeta^{n+k} \quad \text{in die Reihe ein, so}$$

erhält man

$$\sum_{l=0}^{\infty} b_l \zeta^l \quad \text{mit} \quad b_l = \binom{l-1}{l} a_0 + \binom{l-1}{l-1} a_1 + \binom{l-1}{l-2} a_2 + \ldots + \binom{l-1}{0} a_l.$$

Diese Reihe konvergiert sicher für $|\zeta| < \frac{1}{2}$, weil das entsprechende $|z| < 1$ ist. Der Punkt $z = 1$ ist dann und nur dann ein regulärer Punkt, wenn der Konvergenzradius von $\sum_{l=0}^{\infty} b_l \zeta^l$ größer als $\frac{1}{2}$ ist. (Man zeichne die Kreise $|\zeta| = $ const. in der z-Ebene!).

3. Weisen die folgenden Funktionen Verzweigungen auf oder bestehen sie aus mehreren getrennten Funktionen oder sind sie eindeutig: $\cos\sqrt{z}$, $\cos\sqrt[n]{z}$ (n ganz > 2), $\sqrt{z}\sin\sqrt{z}$, $\sqrt{e^z}$, $\log e^z$, $\log(e^z + 1)$.

4. Man zeige: Ist $f(z)$ für $|z| < 1$ regulär und schlicht mit $f(0) = 0$, so besteht $\sqrt{f(z^2)}$ aus zwei getrennten schlichten Funktionen. (Man beachte, daß $f(z) = a_1 z + a_2 z^2 + \ldots$ mit $a_1 \neq 0$ und $\sqrt{f(z^2)}$ eine Funktion ist!)

IX. Untersuchung spezieller Funktionen.

§ 1. Die konforme Abbildung zweier Gebiete.

Wir haben uns bei der Besprechung der inversen Funktionen bereits mit den schlichten Abbildungen durch reguläre Funktionen beschäftigt; dabei haben wir uns auf die Abbildung im Kleinen beschränkt, d. h. auf Funktionen, die auf einer hinreichend kleinen Kreisscheibe um den betrachteten Punkt regulär und schlicht waren. Wir kommen nun zu einem Satz, der über die Abbildung im Großen eine Aussage macht:

Sei $w = f(z)$ auf dem Gebiet G regulär und sei C eine rektifizierbare geschlossene Jordankurve in G, welche durch $w = f(z)$ wieder auf eine rektifizierbare geschlossene Jordankurve C' der w-Ebene abgebildet werde. Das Innere von C gehöre ganz zu G. Dann wird auch das Innere von C durch $w = f(z)$ auf das Innere von C', und zwar schlicht abgebildet.

Der Beweis erfolgt am einfachsten durch das logarithmische Residuum. Sei $w = \alpha$ ein Punkt im Inneren von C', also

$$(C') \quad \int \frac{dw}{w - \alpha} = 2\pi i.$$

Nun ist dieses Kurvenintegral aber, wenn wir nur von der vorausgesetzten Abbildung der Kurven C und C' durch $w = f(z)$ Gebrauch machen, gleich

$$(C) \quad \int \frac{f'(z)\,dz}{f(z) - \alpha} = 2\pi i:$$

d. h. aber, $f(z)$ nimmt den Wert α genau einmal innerhalb der Kurve C an. Andererseits wird jeder Punkt $z = a$ im Innern von C durch $w = f(z)$ auf einen Punkt $f(a) = b$ im Innern von C' abgebildet; läge b im Äußern von C', so wäre

$$(C') \quad \int \frac{dw}{w - b} = 0$$

im Widerspruch dazu, daß der Wert b von $f(z)$ im Innern von C angenommen wird, also

$$(C) \quad \int \frac{f'(z)\,dz}{f(z)-b} \; \neq \; 0 \text{ ist.}$$

Würde endlich für ein z_0 im Innern von C der Punkt $w_0 = f(z_0)$ auf C' liegen, so gehört zu jedem w einer hinreichend kleinen Kreisscheibe um w_0 auch ein z, das beliebig nahe an z_0, also auch innerhalb C liegt (wie gleich anschließend nochmals auseinandergesetzt wird). Also gäbe es dann auch Punkte im Innern von C, die auf Außenpunkte von C' abgebildet werden. Es wird also wirklich das Innere von C schlicht auf das Innere von C' abgebildet.

Wir können unsern Satz noch erweitern, indem wir die Funktion $f(z)$ nur im Innern von C regulär und $f(z)$ wie $f'(z)$ mit Einschluß von C stetig annehmen; durch $w = f(z)$ werde C wieder auf eine geschlossene, rektifizierbare *Jordan*kurve C' abgebildet. Dann bildet $f(z)$ das Innere von C schlicht auf das Innere von C' ab. Der Beweis bleibt dabei wörtlich gleich; ebenso auch für den Fall, daß $f'(z)$ an gewissen, endlichvielen Stellen von C eine „integrierbare" Unstetigkeit aufweist: existiert das (reelle) Integral $\int |f'(z)|\,ds$ über die Kurve C (s-Bogenlänge auf C); dann existiert auch das Integral $(C) \int \dfrac{f'(z)\,dz}{f(z)-\alpha}$ und auch es ist $= (C') \int \dfrac{dw}{w-\alpha}$. Gerade diese Fälle spielen bei den Anwendungen, wie wir bald sehen werden, oft eine Rolle.

Nach unsern früheren Ergebnissen (S. 81) ist für $w = f(z)$ als schlichte Funktion innerhalb von C stets $f'(z) \neq 0$. Selbstverständlich ist aber das Nichtverschwinden der Ableitung einer Funktion in einem Gebiete G noch nicht hinreichend, daß die Funktion eine schlichte Abbildung dieses Gebietes vermittelt: das ist nur etwa für hinreichend kleine Kreisscheiben um einen Punkt der Fall. Ein einfaches Beispiel: sei G durch die Ungleichungen gegeben ($z = r\,e^{i\varphi}$)

$$0 < a < r < b, \quad -\frac{\pi}{2} < \varphi < +\frac{\pi}{2}.$$

Dann ist $f(z) = z^n$ (n ganz > 2) dort überall regulär, es ist $f'(z) \neq 0$, aber es ist $z_1^n = z_2^n$ für $z_1 = r\,e^{i\frac{\pi}{n}}$ und $z_2 = r\,e^{-i\frac{\pi}{n}}$.

Gehen wir nun dazu über, die Abbildung einer Funktion $w = f(z)$ in einer Kreisscheibe um den Punkt z_0 zu betrachten ohne jetzt speziell $f'(z_0) \neq 0$ vorauszusetzen.

Sei $f(z) = c_0 + c_n (z - z_0)^n + \ldots (c_n \neq 0)$ für $|z - z_0| < R$. Dann gehört zu jedem z dieses Kreises ein Wert von w; geben wir nun umgekehrt einen Wert $w \neq c_0$ in hinreichender Nähe von c_0 vor. Dann gibt es dazu n verschiedene Werte von $t = \sqrt[n]{w - c_0}$. Nun ist

$$w - c_0 = (z - z_0)^n \left[c_n + c_{n+1} (z - z_0) + \ldots \right]$$

also

$$t = (z - z_0)\sqrt[n]{c_n + c_{n+1} (z - z_0) + \ldots},$$

wo die Wurzel rechts bei einmal fest gewählter $\sqrt[n]{c_n}$, bei hinreichend kleinem $z - z_0$ nach der binomischen Reihe eine eindeutige reguläre Funktion von z darstellt. Also lassen sich nach dem Satz über inverse Funktionen $z - z_0$ und t in hinreichender Nähe der Nullpunkte schlicht aufeinander abbilden. Jedem Wert von $w \neq c_0$ entsprechen dann n Werte von t, also auch von z und die bei $w = c_0$ verzweigte n-blättrige Kreisscheibe um c_0 wird auf ein schlichtes Gebiet der t-, bzw. z-Ebene abgebildet in der Weise, wie sie im vorigen Abschnitt ausführlich dargestellt wurde.

Wie man schließlich von der damit erklärten Abbildung im Kleinen auf die Abbildung im Ganzen schließen kann, lehrt wieder die analytische Fortsetzung: es werden die Teilgebiete, für welche die Abbildung bekannt ist, aneinandergeheftet und in den gemeinsamen Gebieten identifiziert, wie es beim Aufbau der *Riemann*schen Fläche geschehen ist. Bevor wir dies an Beispielen ausführen, soll noch ein allgemeines Prinzip der konformen Abbildung besprochen werden, das sogenannte *Spiegelungsprinzip von Schwarz.*

Nimmt eine Potenzreihe $\sum\limits_{n=0}^{\infty} a_n z^n = f(z)$ für reelle z stets reelle Werte an, so sind die a_n alle reell: denn die a_n sind ja die durch $n!$ geteilten n-ten Ableitungen von $f(z)$ für $z = 0$, die wir längs der reellen Achse bilden können, die also stets reell sind. Für konjugiert komplex liegende z-Werte sind nun auch die $a_n z^n$, also auch die $f(z)$ konjugiert komplex:

$$f(\bar{z}) = \overline{f(z)}.$$

Nimmt man weiter die Potenzreihenentwicklungen von $f(z)$ in konjugiert komplexen Punkten, so sind die Koeffizienten der beiden Entwicklungen wieder konjugiert komplex. Bei analytischer Fortsetzung über konjugiert komplex liegende Gebiete erhalten wir daher immer wieder zu konjugiert komplexen z-Werten wieder konjugiert komplexe Werte von $f(z)$.

Diese Überlegungen lassen sich nun auch für zusammengesetzte Funktionen durchführen, wobei an Stelle der reellen Achse eine beliebige analytische Kurve tritt. Zunächst der Begriff der analytischen Kurve: Sei $z(t)$ für ein Gebiet G der t-Ebene, das die Strecke $a \leq t \leq b$ der reellen Achse umfasse, regulär, so nennt man die Kurve $z = z(t)$ (t reell, $a \leq t \leq b$) der z-Ebene eine *reguläre* oder *analytische Kurve C. Sind nun t und $\bar{t}$ konjugiert komplexe Punkte in G, so bezeichnet man die entsprechenden Punkte $z(t)$ und $z(\bar{t})$ der z-Ebene als spiegelbildlich zu C gelegen.*

Man überzeugt sich, daß z. B. für einen Kreis K die spiegelbildlich zu K gelegenen Punkte mit den in Bezug auf K inversen Punkten zusammenfallen (s. S. 30), es gilt ja für einen Kreis K stets die Darstellung

$$z = \frac{\alpha t + \beta}{\nu t + \delta}$$

mit einem reellen Parameter t; dann aber sind

$$\frac{\alpha t + \beta}{\nu t + \delta} \quad \text{und} \quad \frac{\alpha \bar{t} + \beta}{\nu \bar{t} + \delta} \quad \text{in Bezug auf } K \text{ invers liegende Punkte.}$$

Ist $\tau = \tau(t)$ eine in G reguläre Funktion und reell für reelle t, dann ist $\tau(\bar{t}) = \overline{\tau(t)}$ und ebenso auch für die Umkehrungsfunktion $t(\bar{\tau}) = \overline{t(\tau)}$; die Definition der zu C spiegelbildlichen Punkte ist unabhängig von der Wahl des Parameters t der Kurve C: $z(\bar{t}) = z(t(\bar{\tau}))$ ist spiegelbildlich zu $z(t) = z(t(\tau))$ in Bezug auf C. Das Gebiet Γ der z-Ebene möge die reguläre Kurve C mit $z = z(t)$ $a \leq t \leq b$) enthalten, wo $z(t)$ regulär in einem das Intervall $a \leq t \leq b$ enthaltenden Gebiet der t-Ebene sei. In Γ sei die Funktion $w = f(z)$ regulär und bilde C auf die Kurve C' mit $w = f(z(t))$ ab. Dann gehen bei der Abbildung spiegelbildlich zu C gelegene Punkte $z(t)$ und $z(\bar{t})$ wieder in spiegelbildlich zu C' gelegene Punkte $f(z(t))$ und $f(z(\bar{t}))$ über.

Nun ein wichtiger Satz zur analytischen Fortsetzung über eine analytische Kurve hinaus.

Sei $f(z)$ in einem Gebiet G regulär und ein Teil der Begrenzung von G durch ein abgeschlossenes Intervall $\bar{I}$ mit $a \leq x \leq b$ der reellen Achse gegeben, so daß für jeden Punkt des (offenen) Intervalls I mit $a < x < b$ eine Halbkreisscheibe um x als Mittelpunkt mit $y > 0$ zu G gehört. Bei Annäherung an einen Punkt x von $\bar{I}$ strebe $f(z)$ gegen stetige reelle Werte $F(x)$ auf $\bar{I}$. Dann ist $f(z)$ über I hinaus analytisch fortsetzbar, d. h. es ist

*$f(z)$ auch in einem I enthaltenden Gebiet noch regulär und es ist für I
$f(z) = F(x)$ und für die Fortsetzung $f(\bar{z}) = \overline{f(z)}$.*

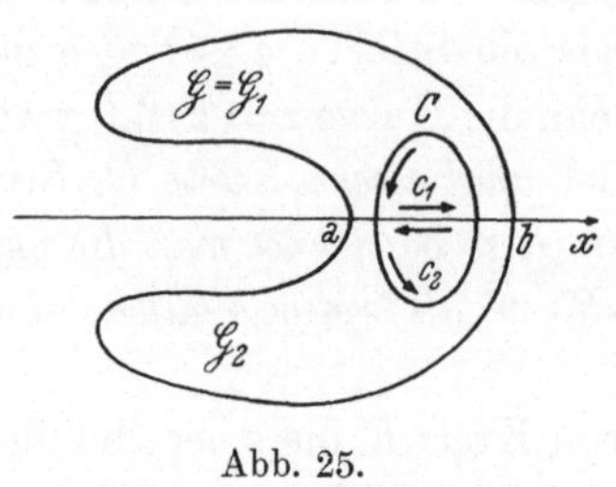

Abb. 25.

Wir nehmen den — offenen — Teil von G, der auf der oberen Halbebene $y > 0$ liegt, etwa G_1, bilden dessen Spiegelbild zur reellen Achse, es sei dies die Menge G_2 und setzen $U = G_1 + G_2 + I$. (Abb. 25.) Man erkennt sofort, daß U offen ist. Wir ergänzen ferner die Definition von $f(z)$ für I und G_2, indem wir definieren:

$$f(z) = F(x) \text{ für die Punkte von } I$$

$$f(\bar{z}) = \overline{f(z)} \text{ für die Punkte von } G_2.$$

Es ist ersichtlich $f(z)$ in U stetig. Wir zeigen, daß $f(z)$ auch regulär ist in jedem Gebiet von U. Wir brauchen das natürlich nur für das I enthaltende Gebiet U_1 zeigen und verwenden dazu den Satz von *Morera*. Wir beweisen also $(C) \int f(z)\, dz = 0$ für jede geschlossene rektifizierbare doppelpunktfreie Kurve C in U_1, deren Innengebiet Γ ganz zu U_1 gehört. Sei Γ_1 die Teilmenge von Γ mit $y > 0$, Γ_2 die mit $y < 0$; ferner C_1 die Begrenzungen von Γ_1, C_2 die von Γ_2. Dann ist, wenn die Kurven C_1 und C_2 jeweils im positiven Sinn durchlaufen werden: $C = C_1 + C_2$, wobei entgegengesetzt durchlaufene Intervalle der reellen Achse sich wegheben sollen. Also ist

$$(C) \int f(z)\, dz = (C_1) \int f(z)\, dz + (C_2) \int f(z)\, dz = 0$$

wie nach dem Satz von *Cauchy* aus der Regularität von $f(t)$ in G_1 und in G_2 und aus der Stetigkeit von $f(z)$ mit Einschluß der reellen Achse folgt. Daraus folgt aber wieder die Regularität von $f(z)$ im Gebiet U.

Es ist bemerkenswert, daß aus der Annahme von stetigen reellen Randwerten längs der reellen Achse schon die Regularität für diese Stellen folgt, also auch die unbeschränkte Differenzierbarkeit dieser Randwerte.

Wir werden dieses Spiegelungsprinzip noch oft bei der konformen Abbildung anzuwenden haben.

§ 2. Die konforme Abbildung durch ein Polynom.

Sei

$$z(w) = a_0 + a_1 w + \ldots + a_n w^n \quad (a_n \neq 0, n > 1)$$

ein Polynom n-ten Grades. Zu jedem z gehören dann im allgemeinen n

verschiedene w, die wir mit $w_1(z)$, $\ldots w_n(z)$ bezeichnen; es ist also

$$z(w) = a_n (w - w_1(z)) (w - w_2(z)) \ldots (w - w_n(z)).$$

Wir werden sehen, daß diese Funktionen $w_i(z)$ stets analytisch aequivalent sind, also durch analytische Fortsetzung auseinander hervorgehen. Wir denken uns die z-Ebene wieder in n Exemplaren als *Riemann*sche Fläche, so daß jedem z n Punkte $p_1 \ldots p_n$ zugeordnet sind, die den Werten $w_1(z)$, $\ldots w_n(z)$ entsprechen. Um den Zusammenhang dieser n Blätter festzustellen, fragen wir nach den Stellen z, für welche zwei von den Werten $w_i(z)$ zusammenfallen. Die entsprechenden Werte w erhalten wir, wenn wir die Ableitung des Polynoms $z(w)$ gleich Null setzen (das sind dann auch die Stellen, für welche die Abbildung $w \to z$ nicht mehr im kleinen schlicht und konform ist)

$$\frac{d\,z(w)}{d\,w} = a_1 + 2\,a_2\,w + \ldots + n\,a_n\,w^{n-1} = 0.$$

Diese Gleichung habe die Wurzeln α_1, $\ldots \alpha_{n-1}$, wobei wir die eventuell auftretenden mehrfachen Wurzeln entsprechend oft anschreiben; tritt α_i etwa k-mal auf, so fallen für das zugehörige $z(\alpha_i)$ $k+1$ Werte $w_j(z)$ zusammen. Diese $n-1$ w-Werte bestimmen die z-Werte

$$z(\alpha_i) = a_0 + a_1\,\alpha_i + \ldots + a_n\,\alpha_i^n = \beta_i \quad (i = 1, \ldots n-1).$$

Nur an diesen Stellen $z = \beta_i$ können also Verzweigungspunkte der *Riemann*schen Fläche auftreten, abgesehen von dem separat zu behandelnden Punkt ∞. Für alle diese Stellen treten aber auch wirklich Verzweigungen auf. Zu den k gleichen Wurzeln, etwa $w = \alpha_1 = \alpha_2 = \ldots = \alpha_k$ gehört ein $z(\alpha_1) = \ldots = z(\alpha_k) = \beta_1$ und $k+1$ gleiche Werte $w_j(\beta_1)$, etwa $w_1(\beta_1) = \ldots = w_{k+1}(\beta_1) = \alpha_1$. Es ist dann $\dfrac{dz(\alpha_1)}{d\,w} = \ldots = $

$$= \frac{d^k\,z(\alpha_1)}{d\,w^k} = 0 \text{ und}$$

$$z(w) - \beta_1 = a_0 + a_1\,w + \ldots + a_n\,w^n - a_0 - a_1\,\alpha_1 - \ldots - a_n\,\alpha_1^n =$$
$$= (w - \alpha_1)^{k+1} [c_0 + c_1(w - \alpha_1) + \ldots + c_{n-k-1}(w - \alpha_1)^{n-k-1}]$$

mit $c_0 \neq 0$ und

$$\sqrt[k+1]{z - \beta_1} = (w - \alpha_1)\,\sqrt[k+1]{c_0 + c_1(w - \alpha_1) + \ldots + c_{n-k-1}(w - \alpha_1)^{n-k-1}},$$

wo bei einmal fest gewählter $\sqrt[k+1]{c_0}$ rechts für hinreichend kleine $w - \alpha_1$ eine eindeutige reguläre Funktion von w steht. Dadurch ist aber $z = \beta_1$ als Verzweigungspunkt der Ordnung k gekennzeichnet: bei Umlaufung von β_1 erhalten wir der Reihe nach die $k+1$ verschiedenen Werte von $w_j(z)$, die zu den $k+1$ Blättern der *Riemann*schen Fläche um den Punkt β_1 gehören.

Die Summe der Ordnungen der Verzweigungspunkte β ist gleich der Anzahl der α_i, also $n-1$.

Nun der Punkt ∞. Für $z \to \infty$ streben ersichtlich alle $w_i(z)$ gleichfalls $\to \infty$. Es ist dann

$$\frac{1}{z(w)} = \frac{1}{w^n} \cdot \frac{1}{a_n + \dfrac{a_{n-1}}{w} + \cdots + \dfrac{a_0}{w^n}} = \frac{1}{w^n}\left[\frac{1}{a_n} + \frac{c_1}{w} + \cdots\right]$$

also

$$\sqrt[n]{\frac{1}{z}} = \frac{1}{w}\sqrt[n]{\frac{1}{a_n} + \frac{c_1}{w} + \cdots},$$

wo rechts für festgewählte $\sqrt[n]{\dfrac{1}{a_n}}$ eine eindeutige reguläre Funktion von w für hinreichend große w steht. Dann ist aber $z = \infty$ ein Verzweigungspunkt, und zwar von der Ordnung $n-1$, in welchem alle n Blätter zusammenhängen; bei Durchlaufung eines hinreichend großen Kreises kommt man der Reihe nach zu allen verschiedenen $w_i(z)$.

Die Summe der Ordnungen aller Verzweigungspunkte ist also $2n-2$.

Die so erhaltene n-blättrige *Riemann*sche Fläche mit $2n-2$ Verzweigungen ist also das konforme Abbild der w-Ebene; konform mit Ausnahme der $n-1$-Stellen $w = a_i$ und des Punktes $w = \infty$, welche auf Verzweigungspunkte der *Riemann*schen Fläche abgebildet werden, wobei natürlich die Winkeltreue verloren geht.

§ 3. Die periodischen Funktionen.

Ist mit einem festen $\omega \neq 0$ für eine Funktion $f(z)$ stets

$$f(z + \omega) = f(z)$$

so heißt die Funktion *periodisch* mit der Periode ω. In den Funktionen e^z, $\sin z$, $\operatorname{tg} z$ haben wir Beispiele solcher Funktionen kennengelernt. Ihre Perioden waren $2\pi i$, 2π, π. Wir verfolgen nun zunächst die Abbildung der z-Ebene durch die Funktion $w = e^z$. Zerlegt man $z = x + iy$, so ist

$$w = e^x(\cos y + i \sin y).$$

Jede Strecke $x = c$ mit der Länge 2π, etwa $y_0 \leqq y < y_0 + 2\pi$ wird auf der w-Ebene in einen vollen Kreis um den Nullpunkt mit dem Radius

e^c übergeführt; jede Strecke $y = c'$ wird auf eine Teilstrecke der Halbgeraden arg $w = c'$ abgebildet.

Jeder Parallelstreifen

$$y_0 + (n - 1)\, 2\,\pi \leqq y < y_0 + n\, 2\,\pi$$

wird auf die volle w-Ebene mit Ausschluß der Punkte 0 und ∞ schlicht abgebildet, d. h. es wird jedes $w \neq 0, \infty$ genau einmal angenommen. Die volle z-Ebene wird auf die bei 0 und ∞ verzweigte unendlichvielblättrige *Riemann*sche Fläche konform abgebildet.

Durchläuft man die Gerade $x = c$ mit $-\infty < y < +\infty$, so wird auf der w-Ebene der Kreis $|w| = e^c$ unendlichoft durchlaufen, indem man dabei jedes Blatt der Fläche passiert.

Sei nun $f(z)$ eine beliebige meromorphe Funktion und periodisch mit der Periode $2\,\pi\,i$ (das bedeutet keine Einschränkung, da wir bei einer Periode ω statt z einfach $z' = \dfrac{2\,\pi\,i}{\omega}\, z$ einführen können). Wir setzen $e^z = w$; dann ist

$$f(z) = f(\log w) = \varphi(w)$$

eine in w *eindeutige* Funktion (da ja den unendlichvielen Werten des $\log w$ bei festem w nur ein $f(z)$ entspricht). Ferner ist $\varphi(w)$ für $w \neq 0, \infty$ *bis auf Pole regulär*. Umgekehrt entspricht jeder eindeutigen und für $w \neq 0, \infty$ bis auf Pole regulären Funktion $\varphi(w)$ eine *meromorphe Funktion $f(z) = \varphi(e^z)$ mit der Periode $2\,\pi\,i$.*

So entspricht z. B. $\varphi(w) = w$ die Funktion $f(z) = e^z$

$$\varphi(w) = \frac{i}{2}\,(w - w^{-1}) \qquad f(z) = \sin i\,z$$

$$\varphi(w) = \frac{1}{2}\,(w + w^{-1}) \qquad f(z) = \cos i\,z$$

$$\varphi(w) = i\,\frac{w^2 - 1}{w^2 + 1} \qquad f(z) = \operatorname{tg} i\,z$$

$$\varphi(w) = e^{\tfrac{1}{w}} \qquad\qquad f(z) = e^{e^{-z}} \qquad \text{usf.}$$

Wichtige Spezialfälle ergeben sich, wenn $\varphi(w)$ *eine rationale Funktion von w* ist. Sei n die Ordnung der rationalen Funktion, so nimmt $\varphi(w)$ jeden Wert genau n-mal an; *dann nimmt auch $f(z)$ in jedem Periodenstreifen $y_0 \leqq y < y_0 + 2\,\pi$ der z-Ebene jeden Wert genau n-mal an:* ausgenommen sind allerdings die Werte von $\varphi(w)$, welche für $w = 0$

und ∞ erhalten werden, und welche im Periodenstreifen nicht angenommen werden, da ja $w = e^z$ die Werte 0 und ∞ niemals annimmt.

In den oben angeführten Funktionen sind die Ordnungen von $\varphi(w)$

für $f(z) = e^z$ gleich 1   (0 und ∞ werden nicht angenommen)

$f(z) = \sin i\,z$ gleich 2   (∞ wird nicht angenommen)

$f(z) = \cos i\,z$ gleich 2   (∞ wird nicht angenommen)

$f(z) = \mathrm{tg}\, i\,z$ gleich 2   (i und $-i$ werden nicht angenommen).

Zur Untersuchung dieser periodischen Funktionen gebraucht man die *Riemann*sche Fläche von $\varphi(w) = \zeta$: zu jedem ζ gehören n Werte von w, wenn n die Ordnung von $\varphi(w)$ ist; die *Riemann*sche Fläche $\mathfrak{F}_\zeta$ hat also n Blätter. Betrachtet man nun $f(z) = \varphi(w)$ als Funktion von z, so hat man weiter zu jedem w unendlichviele Werte von $\log w = z$; wir haben daher die eben gebildete *Riemann*sche Fläche $\mathfrak{F}_\zeta$ in unendlichvielen Exemplaren zu nehmen, jedes derselben schneiden wir längs einer Kurve auf, die einer Verbindungslinie von $w = 0$ bis $w = \infty$ entspricht, und heften nun längs der so entstehenden Ränder die Exemplare von $\mathfrak{F}_\zeta$ so aneinander, wie es im einfachsten Fall bei $f(z) = e^z$ mit der schlichten w-Ebene geschieht, um auf die *Riemann*sche Fläche von $\log w = z$ (also der Umkehrung von e^z) zu kommen.

So besteht die *Riemann*sche Fläche $\mathfrak{F}_\zeta$ von $\zeta = \dfrac{i}{2}(w - w^{-1})$ oder

$$w = -i\,\zeta + \sqrt{1 - \zeta^2}$$

aus zwei Blättern mit den Verzweigungspunkten $\zeta = \pm 1$, während im Unendlichen die Fläche unverzweigt ist. Da den Punkten $w = 0$ und ∞ die zwei Punkte $\zeta = \infty$ entsprechen, verbinden wir diese Punkte (etwa längs der imaginären Achse) und schneiden längs dieser Kurve auf; entlang dieser Schnitte sind die unendlichvielen zweiblättrigen Flächen aneinander zu heften, um die *Riemann*sche Fläche von $i\,z = \arcsin \zeta = i \log(-i\,\zeta + \sqrt{1 - \zeta^2})$ zu erhalten.

Weiter ist die *Riemann*sche Fläche von $\zeta = i\,\dfrac{w^2 - 1}{w^2 + 1}$ oder

$$w = \sqrt{\dfrac{1 - i\,\zeta}{1 + i\,\zeta}}$$

zweiblättrig mit den Verzweigungspunkten $\zeta = \pm i$; den Punkten $w = 0$ und ∞ entsprechen $\zeta = \pm i$; wir schneiden also die Fläche längs einer Strecke von $+ i$ bis $— i$ auf und heften die unendlichvielen Exemplare von $\mathfrak{F}_\zeta$ längs dieser Schnitte aneinander; damit erhalten wir die *Riemann*sche Fläche von $i z = \operatorname{arctg} \zeta = \dfrac{i}{2} \log \dfrac{1 - i \zeta}{1 + i \zeta}$, welche also nur logarithmische Verzweigungen in $\pm i$ aufweist.

Seien allgemein $\varphi_1 (w)$ und $\varphi_2 (w)$ zwei rationale Funktionen mit den Ordnungen n_1 und n_2. Die *Riemann*sche Fläche von w als Funktion von φ_1 hat dann n_1 Blätter, zu jedem Wert von φ_1 gehören n_1 Werte w, etwa $w_1 \ldots w_{n_1}$ und dementsprechend n_1 Werte $\varphi_2 (w_1), \ldots \varphi_2 (w_{n_1})$. Die elementarsymmetrischen Funktionen dieser $\varphi_2 (w_j)$ sind also eindeutige Funktionen von φ_1 und haben nur endlichviele Singularitäten, da ja $\varphi_2 (w)$ nur für endlichviele w singulär wird und diesen w-Stellen nur endlichviele φ_1-Werte entsprechen; diese Singularitäten sind aber sicher nur Pole, also sind die elementarsymmetrischen Funktionen der $\varphi_2 (w_j)$ rationale Funktionen von φ_1; dann ist aber

$$\prod_{j=1}^{n_1} [\varphi_2 — \varphi_2 (w_j)] = R (\varphi_1, \varphi_2)$$

eine rationale Funktion von φ_1 und φ_2, die nur dann verschwindet, wenn zu einem φ_1 das φ_2 einen der n_1 möglichen φ_2-Werte $\varphi_2 (w_j)$ annimmt. *Es genügen also zwei rationale Funktionen $\varphi_1 (w)$ und $\varphi_2 (w)$ einer Variablen w einer algebraischen Gleichung mit von w unabhängigen Koeffizienten.*

Haben daher zwei periodische Funktionen $f_1 (z)$ und $f_2 (z)$ eine gemeinsame Periode und sind die entsprechenden Funktionen $\varphi_1 (w)$ und $\varphi_2 (w)$ rational, so genügen $f_1 (z)$ und $f_2 (z)$ einer algebraischen Gleichung mit von z unabhängigen Koeffizienten.

Zwischen $f (z_1)$ und $f (z_1 + z_2)$ und ebenso zwischen $f (z_2)$ und $f (z_1 + z_2)$ bestehen also algebraische Gleichungen mit von z_1, bzw. z_2 unabhängigen Koeffizienten; daraus folgt schließlich:

Ist für eine periodische Funktion $f (z)$ das zugehörige $\varphi (w)$ rational, so genügen für beliebige z_1 und z_2 die drei Funktionen $f (z_1 + z_2)$, $f (z_1)$, $f (z_2)$ einer algebraischen Gleichung

$$G [f (z_1 + z_2), f (z_1), f (z_2)] = 0;$$

man sagt darum, daß $f (z)$ ein *algebraisches Additionstheorem* besitzt.

Nun noch etwas allgemeines. Mit einer Periode ω der Funktion $f (z)$ sind natürlich auch $— \omega$, ferner $\pm 2 \omega$, $\pm 3 \omega$, $\ldots$ Perioden; sind damit alle Perioden der Funktion angegeben, so heißt die Funktion auch *einfachperiodisch* und ω eine *primitive* Periode.

Neben diesen werden wir im letzten Abschnitt noch sogenannte *doppelperiodische* Funktionen kennenlernen, deren Perioden von der Gestalt sind $n\,\omega_1 + m\,\omega_2$ (n, m ganz, $\dfrac{\omega_2}{\omega_1}$ nicht reell). Für diese Funktionen ist natürlich, wenn wir etwa mit $\omega_1 = \omega$ unser Verfahren anwenden, das $\varphi\,(w)$ nicht mehr eine rationale Funktion (denn eine solche Funktion nimmt dann jeden Wert in einem „Periodenstreifen" unendlichoft an). Für solche Funktionen werden wir dann andere Darstellungen bringen.

§ 4. Abbildung der Halbebene auf ein Dreieck.

Seien a, b, c reell und $a < b < c$, ferner α, β, γ reell, positiv und
$$\alpha + \beta + \gamma = 1.$$
Wir bilden
$$f\,(z) = (z - a)^{\alpha - 1}(z - b)^{\beta - 1}\,(z - c)^{\gamma - 1}$$
und untersuchen die zu dieser Funktion gehörige *Riemann*sche Fläche. Bei Durchlaufung einer geschlossenen *Jordan*kurve, für die a Innenpunkt, b und c aber Außenpunkte sind, vermehrt sich
$$\log f\,(z) = (\alpha - 1)\log (z - a) + (\beta - 1)\log (z - b) + (\gamma - 1)\log (z - c)$$
um $2\,\pi\,i\,(\alpha - 1)$, also multipliziert sich $f\,(z)$ mit dem Faktor $e^{2\,\pi\,i\,\alpha}$; bei analogen Umläufen um b, bzw. c multipliziert sich $f\,(z)$ mit $e^{2\,\pi\,i\,\beta}$, bzw. $e^{2\,\pi\,i\,\gamma}$. Sind also die α, β, γ nicht sämtlich rationale Zahlen, so wird $f\,(z)$ eine unendlichvieldeutige Funktion, die *Riemann*sche Fläche von $f\,(z)$ hat also unendlichviele Blätter, die an den Punkten a, b, c Verzweigungsstellen haben. Bei Durchlaufung eines Kreises $|\,z\,| = \mathrm{const.} >$ $> |\,a\,|$, $|\,b\,|$, $c\,|$ multipliziert sich $f\,(z)$ mit $e^{2\,\pi\,i\,(\alpha + \beta + \gamma)} = 1$, bleibt also ungeändert, d. h. der Punkt ∞ ist kein Verzweigungspunkt.

Der Aufbau der *Riemann*schen Fläche läßt sich anschaulich so vollziehen, daß wir uns alle Blätter, die den verschiedenen Werten von $f\,(z)$ entsprechen, etwa längs der reellen Achse von a bis b und von b bis c aufgeschnitten denken und an die so entstandenen je vier Ränder die entsprechenden Blätter anheften, so daß auf der so entstehenden Fläche die Funktion $f\,(z)$ stetig verläuft; natürlich ist dann dort $f\,(z)$ auch regulär.

Wir denken uns nun ein Blatt herausgegriffen, und zwar das Blatt, für welches bei reellen $z > c$ (es ist dann auch $z > a$, $z > b$) die Logarithmen
$$\log (z - a),\ \log (z - b),\ \log (z - c)$$

alle reell sind, also $f(z) = e^{(\alpha-1)\log(z-a)+(\beta-1)\log(z-b)+(\gamma-1)\log(z-c)}$
reell > 0 ist. Wir untersuchen das Verhalten von $f(z)$ auf diesem Blatt längs der restlichen Teile der reellen Achse.

Auf das obere Ufer des Randes zwischen b und c, der also der Halbebene $y \geqq 0$ unseres Blattes angehört, gelangen wir nach Durchlaufung eines hinreichend klein gewählten Halbkreises um den Punkt c in positiver Richtung; es sind dann $\log(z-a)$ und $\log(z-b)$ wieder reell, während $\Im \log(z-c)$ um π vermehrt wird; also hat $f(z)$ an diesem Ufer das Argument $\pi(\gamma-1)$:

$$f(z) = |f(z)| \, e^{\pi i (\gamma-1)}.$$

Nach Durchlaufung eines entsprechend kleinen Halbkreises um den Punkt b gelangen wir auf das obere Ufer des Blattrandes zwischen a und b: dort ist wieder $\log(z-a)$ reell, $\Im \log(z-b) = \pi = \Im \log(z-c)$; also hat $f(z)$ an diesem Ufer das Argument $\pi(\beta+\gamma-2)$:

$$f(z) = |f(z)| \, e^{\pi i (\beta+\gamma-2)}.$$

Wiederholung des Verfahrens für den Punkt a liefert schließlich für die reelle Achse mit $z < a$ unseres Blattes $\Im \log(z-a) = \Im \log(z-b) =$
$= \Im \log(z-c) = \pi$ und

$$f(z) = |f(z)| \, e^{\pi i (\alpha+\beta+\gamma-3)} = |f(z)|$$

also wieder reell > 0.

Wir bilden auf unserem Blatte das Integral

$$I(z) = \int\limits_c^z f(\zeta)\, d\zeta.$$

Zunächst ist dieses Integral erst zu definieren; denn für $z = c$ ist ja $f(z)$ gar nicht erklärt; das geschieht nun wie bei den reellen uneigentlichen Integralen durch einen Grenzübergang. Sei etwa $|z-c| < c-b$, so verbinden wir c und z durch eine gerade Strecke:

$$\zeta = c + (z-c)t \, (0 \leqq t \leqq 1).$$

Auf dieser ist nun

$$f(\zeta) = s(t)(z-c)^{\gamma-1}\, t^{\gamma-1},$$

wo $s(t)$ eine stetige Funktion ist. Dann ist für $0 < \varepsilon < 1$ und $c + (z-c)\varepsilon = c'$ das Integral

$$\int\limits_{c'}^z f(\zeta)\, d\zeta = (z-c)^{\gamma} \int\limits_{\varepsilon}^1 s(t)\, t^{\gamma-1}\, dt$$

erklärt, das für $\varepsilon \to 0$ und $c' \to c$ wegen $0 < \gamma < 1$ einen Grenzwert besitzt, durch den unser Integral $I(z)$ u. z. mit Einschluß von $z = c$

stetig definiert ist. Analog wird $I(z)$ für alle z, insbesonders auch stetig für $z = b$ und a erklärt.

Es ist ersichtlich $I(z)$ für $z \neq a$, b, c regulär; wir untersuchen nun $I(z)$ im Unendlichfernen; es ist für $|z| > |a|, |b|, |c|$

$$f(z) = z^{-2}(1 - \frac{a}{z})^{\alpha-1}(1 - \frac{b}{z})^{\beta-1}(1 - \frac{c}{z})^{\gamma-1}$$

und da auf unserem Blatt für $z > c$ auch $f(z)$ reell > 0 sein soll, ist

$$f(z) = \frac{1}{z^2}(1 - \frac{(\alpha-1)a + (\beta-1)b + (\gamma-1)c}{z} + \ldots) =$$

$$= \frac{1}{z^2} + \frac{\gamma_1}{z^3} + \cdots$$

also im Unendlichen regulär und

$$\int\limits^{z} f(\zeta)\, d\zeta = \gamma - \frac{1}{z} - \frac{\gamma_1}{2\,z^2} - \cdots$$

gleichfalls regulär im Unendlichen; es entspricht also dem Punkt $z = \infty$ unseres Blattes ein endlicher reeller Wert $I(\infty)$.

Wir untersuchen jetzt die Abbildung des Randes der Halbebene $y \geq 0$ unseres Blattes durch $w = I(z)$. Für $z = c$ ist $w = 0$; für $z > c$ ist $f(z)$ reell > 0, also wird dieser Teil der reellen Achse auf ein Stück der reellen w-Achsen von 0 bis $I(\infty)$ abgebildet. Wegen der Regularität für $z = \infty$ und da für $z < a$ gleichfalls $f(z)$ reell > 0 ist, bildet sich das Stück $(-\infty, a)$ der reellen z-Achse anschließend auf ein Stück der reellen w-Achse von $I(\infty)$ bis $I(a)$ ab. Für die Stücke $a < z < b$, bzw. $b < z < c$ hat $f(z)$ das Argument

$$\pi(\beta + \gamma - 2) = -\pi\alpha - \pi, \text{ bzw. } \pi(\gamma - 1) = -\pi(\alpha + \beta),$$

diese Stücke werden daher wieder in gerade Strecken der w-Ebene abgebildet, die zusammen mit der Strecke von 0 bis $I(a)$ der reellen Achse die Seiten eines Dreiecks bilden: (s. Abb. 26) das folgt aus

$$\int\limits_{-\infty}^{+\infty} f(z)\, dz = 0$$

(*Cauchy*scher Satz und Regularität von $f(z)$ für $z = \infty$!) oder

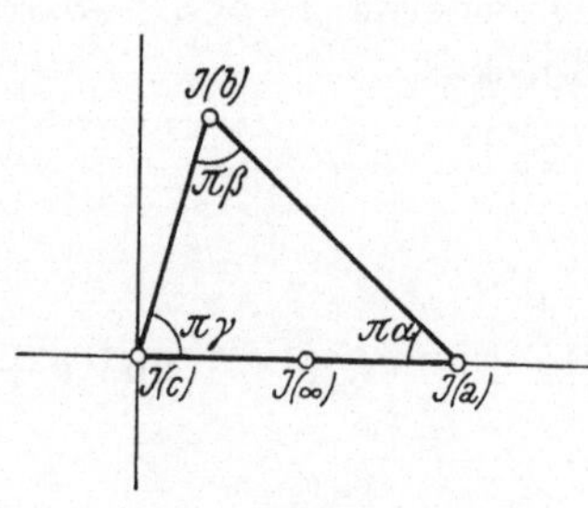

Abb. 26.

$$\int\limits_{a}^{b} + \int\limits_{b}^{c} + (\int\limits_{c}^{+\infty} + \int\limits_{-\infty}^{a}) = 0$$

welche Integrale also die Seiten des Dreiecks darstellen. Die Winkel des Dreiecks bei $I(a)$, $I(b)$ und $I(c)$ sind $\pi\,\alpha$, $\pi\,\beta$ und $\pi\,\gamma$.

Aus der Abbildung der reellen z-Achse auf ein Dreieck folgt die Abbildung der Halbebene $y > 0$: *die Halbebene $y > 0$ unseres Blattes wird durch $w = I(z)$ schlicht auf das Innere des Dreiecks mit den Eckpunkten $I(a)$, $I(b)$, $I(c)$ der w-Ebene abgebildet.* Dies folgt fast unmittelbar aus dem Satz zu Beginn unseres Abschnitts.

Die damit geleistete Abbildung der Halbebene auf ein Dreieck läßt sich nun auf alle anderen Halbebenen $y \gtrless 0$ unserer *Riemann*schen Fläche von $f(z)$ ausdehnen, und zwar mit Hilfe des *Spiegelungsprinzips*.

Unsere Halbebene $y > 0$ grenzt in den Intervallen $(-\infty\ a)$ und $(c + \infty)$ an die Halbebene $y < 0$ desselben Blattes; in diesen Randstücken ist $I(z)$ nun stetig und reell, also läßt sich nach dem Spiegelungsprinzip $I(z)$ durch die Festsetzung $I(\bar{z}) = \overline{I(z)}$ in die untere Halbebene desselben Blattes analytisch fortsetzen (natürlich liefert auch das Integral $\int\limits_{c}^{z} f(\zeta)\, d\,\zeta$ direkt diese Funktion für $y < 0$) und diese Halbebene wird in der w-Ebene abgebildet durch das Spiegelbild des ersten Dreiecks an der Seite $I(c)$, $I(a)$. Weiter grenzt unsere Halbebene $y > 0$ längs der Intervalle (a, b) und (b, c) an zwei weitere Halbebenen $y < 0$ unserer *Riemann*schen Fläche; die Spiegelung an den entsprechenden Seiten $I(a)$, $I(b)$, bzw. $I(b)$, $I(c)$ auf der w-Ebene liefert zwei weitere Dreiecke als Bilder der zwei entsprechenden Halbebenen $y < 0$. Setzen wir mit den so erhaltenen Halbebenen, bzw. Dreiecken diesen Prozeß an den noch freien Intervallen, bzw. Dreiecksseiten fort, so erhalten wir weitere Dreiecke als Bilder der entsprechenden Halbebenen $y > 0$ usf. *Als Bild der vollen Riemannschen Fläche erhalten wir so durch fortgesetzte Spiegelung an jeder auftretenden Dreiecksseite unendlichviele Dreiecke, die i. a. die w-Ebene wieder unendlichoft überdecken, mit Verzweigungspunkten an den Ecken der einzelnen Dreiecke.*

Wir besprechen noch den speziellen Fall, daß $f(z)$ endlichvieldeutig ist, die *Riemann*sche Fläche also nur endlichviele Blätter aufweist. Das ist dann und nur dann der Fall, wenn die α, β, γ rationale Zahlen sind. Auch hier wird eine und dieselbe Halbebene unendlichoft als Dreieck auf der w-Ebene abgebildet werden. Wir wollen noch spezieller annehmen, daß alle Dreiecke, die um einen und denselben Eckpunkt angeordnet sind (die also durch abwechselnde Spiegelung an den zwei Seiten entstehen, die in diesem Eckpunkt zusammenstoßen) sich bereits auf der einfachen Ebene wieder schließen; dann und nur dann wird also eine einfache Überdeckung der w-Ebene stattfinden.

Offenbar muß dann der volle Winkel 2π ein gerades Vielfaches von $\alpha\pi$ sein, also $\alpha\pi \cdot 2\,l = 2\pi$ oder $\alpha = \dfrac{1}{l}$ gelten; analog natürlich $\beta = \dfrac{1}{m}$, $\gamma = \dfrac{1}{n}$ (l, m, n ganz > 1). Wegen $\alpha + \beta + \gamma = 1$ ist dann

$$\frac{1}{l} + \frac{1}{m} + \frac{1}{n} = 1$$

Nehmen wir $l \leq m \leq n$, so sind folgende Fälle und nur diese möglich:

$l = 2$, $m = 3$, $n = 6$, Dreiecke mit den Winkeln $\dfrac{\pi}{2}$, $\dfrac{\pi}{3}$, $\dfrac{\pi}{6}$.

$l = 2$, $m = 4$, $n = 4$, Dreiecke mit den Winkeln $\dfrac{\pi}{2}$, $\dfrac{\pi}{4}$, $\dfrac{\pi}{4}$.

$l = 3$, $m = 3$, $n = 3$, Dreiecke mit den Winkeln $\dfrac{\pi}{3}$, $\dfrac{\pi}{3}$, $\dfrac{\pi}{3}$.

Nur in diesen Fällen erfolgt die „Parkettierung" der Ebene durch kongruente Dreiecke derart, daß zwei anstoßende Dreiecke auch Spiegelbilder voneinander längs der gemeinsamen Seite sind.

§ 5. Die Eulerschen Integrale.

Bringt man in der Darstellung von $I(z)$ des vorigen Kapitels durch eine lineare Transformation der ζ die drei Punkte a, b, c nach 0, 1, ∞, so kommt man nach leichter Rechnung bis auf einen konstanten Faktor auf das Integral

$$I_1(z_1) = \int_{\infty}^{z_1} \zeta^{\alpha-1} (1 - \zeta)^{\beta-1}\, d\zeta;$$

die Halbebene $\Im(z_1) > 0$ wird durch $I_1(z_1)$ auf das Innere eines Dreiecks abgebildet, dessen eine Seite zwischen den Eckpunkten $I_1(0)$ und $I_1(1)$ nach Länge und Richtung gegeben ist durch (wir schreiben statt ζ wieder z)

$$\int_0^1 z^{\alpha-1} (1 - z)^{\beta-1}\, d z = B(\alpha, \beta),$$

welches Integral als *Betafunktion* der beiden Argumente α und β, oder als *Eulersches Integral erster Gattung* bezeichnet wird. Das Integral ist eindeutig, wenn wir nur im Integranden $z^{\alpha-1}(1-z)^{\beta-1} = e^{(\alpha-1)\log z + (\beta-1)\log(1-z)}$ uns stets den reellen Wert des Logarithmus eingetragen denken.

Sind nun α, β beliebige komplexe Zahlen mit $\Re(\alpha) > 0$, $\Re(\beta) > 0$, so stellt $B(\alpha, \beta)$ eine für jede der beiden Variablen reguläre Funktion dar. Die Existenz dieser Integrale folgt aus $|z^{\alpha-1}| = e^{[\Re(\alpha)-1]\log z}$ und $0 < z < 1$ genau wie oben, bzw. im Reellen. Die Regularität ergibt sich am einfachsten so:

Sei $0 < \varepsilon < \frac{1}{2}$, so strebt für $\varepsilon < z < 1 - \varepsilon$ der Quotient $\dfrac{z^h - 1}{h}$ mit $h \to 0$ gleichmäßig $\to \log z$.

Also ist auch

$$\int_{\varepsilon}^{1-\varepsilon} \frac{z^{\alpha+h-1} - z^{\alpha-1}}{h} (1-z)^{\beta-1}\, dz \to \int_{\varepsilon}^{1-\varepsilon} z^{\alpha-1} \log z\, (1-z)^{\beta-1}\, dz,$$

und die Integrale $\int_{\varepsilon}^{1-\varepsilon} z^{\alpha-1}(1-z)^{\beta-1}\, dz$ regulär; der absolute Betrag dieser Integrale aber ist für alle ε gleichmäßig $\leqq \int_{0}^{1} |z^{\alpha-1}|\,|(1-z)^{\beta-1}|\, dz$, also beschränkt für $\Re(\alpha)$, $\Re(\beta) \geqq \eta > 0$. Nach dem Vitalischen Satz folgt daraus für $\varepsilon \to 0$ die Regularität von $\int_{0}^{1} z^{\alpha-1}(1-z)^{\beta-1}\, dz$ für $\Re(\alpha)$, $\Re(\beta) \geqq \eta$, also da η beliebig > 0 war, auch für $\Re(\alpha)$, $\Re(\beta) > 0$.

Wir können nun durch analytische Fortsetzung die Betafunktion mit Ausnahme gewisser Wertepaare α, β überall definieren, und zwar

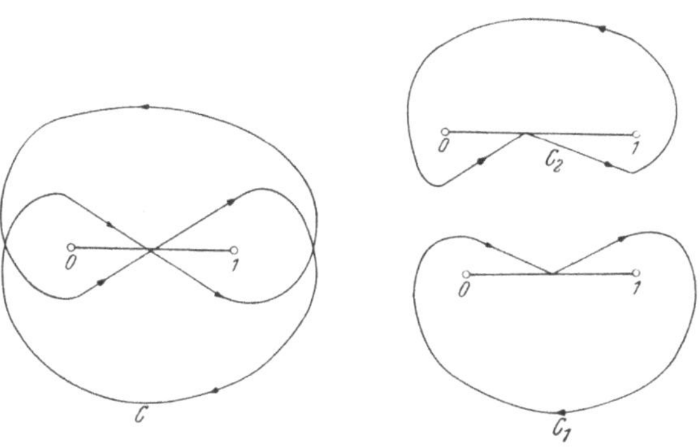

Abb. 27.

durch ein Kurvenintegral. Sei C die in Abb. 27 dargestellte Kurve der z-Ebene; sie läßt sich als Summe zweier geschlossener, bis auf die

Doppelpunkte von C fremder *Jordan*kurven C_1 und C_2 darstellen, so daß C_1 und C_2 beide die Punkte 0 und 1 im Innern enthalten, aber C_1 und C_2 in entgegengesetzten Sinn durchlaufen werden. Auf der *Riemann*schen Fläche von $z^{\alpha-1}(1-z)^{\beta-1}$ ist die Kurve C geschlossen, weil die singulären Stellen 0 und 1 beide je zweimal, und zwar im entgegengesetzten Sinn umlaufen werden; nach Durchlaufung von C kommen wir also auf den Ausgangspunkt in der *Riemann*schen Fläche zurück. Wir bilden nun das *Doppelschlingenintegral*

$$(C) \int z^{\alpha-1}(1-z)^{\beta-1}\, dz$$

Dieses Integral ist für alle endlichen Werte von α und β definiert und eine reguläre Funktion von α und von β. Der Wert des Integrals hängt natürlich davon ab, in welchem Blatt der *Riemann*schen Fläche ein Punkt p von C gewählt wird, ist also nur bis auf Faktoren $e^{2\pi i(\alpha n+\beta m)}$ (n, m ganz) bestimmt. Ist $\Re(\alpha) > 0$ und $\Re(\beta) > 0$, so können wir C in der

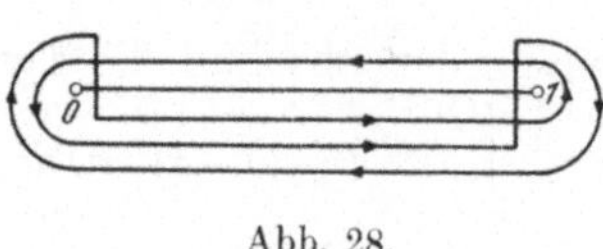

Abb. 28.

nebenstehend angedeuteten Art (Abb. 28) auf die Strecke $(0, 1)$ der reellen Achse zusammenziehen; beachtet man, daß bei einem Umlauf um 0, bzw. 1 der Integrand sich mit $e^{2\pi i\alpha}$, bzw. $e^{2\pi i\beta}$ multipliziert, so erhalten wir für unser Kurvenintegral:

$$(C) \int z^{\alpha-1}(1-z)^{\beta-1}\, dz = \int\limits_0^1 + e^{2\pi i\beta}\int\limits_1^0 + e^{2\pi i(\alpha+\beta)}\int\limits_0^1 + e^{2\pi i\alpha}\int\limits_1^0 =$$

$$= (1 - e^{2\pi i\beta})(1 - e^{2\pi i\alpha})\int\limits_0^1 z^{\alpha-1}(1-z)^{\beta-1}\, dz$$

wo das rechtsstehende Integral also für ein festes Blatt genommen wird (etwa wie oben das Blatt mit reellem $\log z$ und $\log(1-z)$).

Links steht ein für alle α, β reguläres Integral, das Integral rechts ist nur für $\Re(\alpha)$, $\Re(\beta) > 0$ sinnvoll, bzw. regulär. *Wir können daher die Betafunktion*, die ja durch das rechtsstehende Integral definiert war, auf Grund der analytischen Fortsetzung jetzt *für alle α und β mit*

$$e^{2\pi i\alpha} \neq 1 \text{ und } e^{2\pi i\beta} \neq 1,$$

also für alle nicht ganzen α, β *erklären durch*

$$B(\alpha, \beta) = \frac{1}{(1 - e^{2\pi i\alpha})(1 - e^{2\pi i\beta})}\ (C) \int z^{\alpha-1}(1-z)^{\beta-1}\, dz.$$

Bei festem nichtganzem β ist $B(\alpha, \beta)$ meromorph in $\dot{\alpha}$ und hat höchstens einfache Pole für die ganzzahligen α. Dasselbe gilt bei festem α für $B(\alpha, \beta)$ als Funktion von β.

Wir leiten einige Eigenschaften der Betafunktion ab.

Wie man aus der Transformation $z' = 1 - z$ sofort erkennt, ist

$$B(\alpha, \beta) = B(\beta, \alpha).$$

Wir berechnen $B(\alpha, n)$ mit n ganz > 0. *Es ist für* $\Re(\alpha) > 0$ *nach partieller Integration*

$$B(\alpha, n) = \int_0^1 z^{\alpha-1} (1-z)^{n-1}\, dz = \frac{n-1}{\alpha} \int_0^1 z^\alpha (1-z)^{n-2}\, dz =$$

$$= \frac{(n-1)!}{\alpha(\alpha+1)\ldots(\alpha+n-1)},$$

welche Formel durch analytische Fortsetzung für alle α gilt und zeigt, *daß* $B(\alpha, n)$ *für* $\alpha = 0, -1, \ldots -n+1$ *einfache Pole hat und sonst überall regulär ist.*

Ebenso läßt sich $B(\alpha, \beta)$ berechnen, wenn $\alpha + \beta = n$ (ganze Zahl) ist. Die *Riemann*sche Fläche von $z^{\alpha-1}(1-z)^{n-\alpha-1}$ ist im Unendlichen nicht verzweigt: denn nach Durchlaufung eines Kreises K mit $|z| =$ $= \mathrm{const.} > 1$ vermehrt sich $\log z$ wie $\log(1-z)$ um $2\pi i$ und die Funktion bleibt ungeändert. Wir nehmen nun wieder das Blatt der *Riemann*schen Fläche, für welches (die Blätter seien längs der reellen Achse von 0 bis 1 aufgeschnitten) auf dem oberen Rand des Schnittes $\log z$ und $\log(1-z)$ reell sind. Dann ist für $|z| > 1$

$$z^{\alpha-1}(1-z)^{n-\alpha-1} = z^{n-2}\, e^{-\pi i(n-\alpha-1)} \left(1 - \frac{1}{z}\right)^{n-\alpha-1} = \sum_{k=-\infty}^{n-2} a_k\, z^k$$

wo der Faktor $\left(1-\frac{1}{z}\right)^{n-\alpha-1}$, der nach der binomischen Reihe zu entwickeln ist, für $z = \infty$ gleich 1 genommen werde.

Nun ist nach der Formel für die Koeffizienten der Laurententwicklung für $z = \infty$ (K werde im negativen Sinn durchlaufen):

$$(K) \int z^{\alpha-1}(1-z)^{n-1-\alpha}\, dz = -2\pi i\, a_{-1} =$$

$$= -2\pi i\, e^{-\pi i(n-\alpha-1)} \cdot (-1)^{n-1} \binom{n-1-\alpha}{n-1};$$

andererseits ist aber das Integral für $\Re(\alpha) > 0$ und $\Re(n-\alpha) > 0$ durch Integrale über das Intervall $(0, 1)$ der reellen Achse zu ersetzen:

$$= \int_0^1 z^{\alpha-1}(1-z)^{n-1-\alpha}\, dz\, (1 - e^{-2\pi i(n-1-\alpha)})$$

$$= B(\alpha, n-\alpha)\, (1 - e^{-2\pi i(n-1-\alpha)})$$

und es ist

$$B\,(\alpha,\, n-\alpha) = -\,\frac{2\,\pi\,i\,e^{\pi i\alpha}}{1-e^{2\,\pi i\alpha}}\;\binom{n-1-\alpha}{n-1} = \frac{\pi}{\sin\pi\,\alpha}\;\binom{n-1-\alpha}{n-1},$$

insbesonders etwa

$$B\,(\alpha,\, 1-\alpha) = \frac{\pi}{\sin\pi\,\alpha}.$$

Diese Formeln gelten wieder durch analytische Fortsetzung für alle α.

Wir kommen nun zu einer wichtigen Funktionalgleichung der Betafunktion: führen wir in unser Schlingenintegral $z' = \dfrac{1}{z}$ ein, so gehe die Kurve C in C' über und es ist

$$(C)\;\int z^{\alpha-1}\,(1-z)^{\beta-1}\,dz = (C')\;\int z'^{-\alpha-\beta}\,(z'-1)^{\beta-1}\,dz'\,;$$

nach partieller Integration wird dies

$$= \frac{\alpha+\beta}{\beta}\,(C')\;\int z'^{-\alpha-\beta-1}\,(z'-1)^{\beta}\,dz'.$$

Also gilt für die Betafunktion:

$$B\,(\alpha,\,\beta) = \frac{\alpha+\beta}{\beta}\,B\,(\alpha,\,\beta+1).$$

Eine analoge Gleichung gilt für die Variable α.

Wenden wir die Formel wiederholt an, so gilt:

$$B\,(\alpha,\,\beta) = \frac{(\alpha+\beta)\,(\alpha+\beta+1)\,\ldots\,(\alpha+\beta+k)}{\beta\cdot(\beta+1)\,\ldots\,(\beta+k)}\,B\,(\alpha,\,\beta+k+1)$$

$$= \frac{(\alpha+\beta)\,(1+\frac{\alpha+\beta}{1})\,\ldots\,(1+\frac{\alpha+\beta}{k})}{\beta\,(1+\frac{\beta}{1})\,\ldots\,(1+\frac{\beta}{k})}\,B\,(\alpha,\,\beta+k+1).$$

Für das folgende benötigen wir die *Eulersche Konstante*. Wir zeigen, daß die Folge der Zahlen

$$s_n = 1 + \frac{1}{2} + \frac{1}{3} + \ldots + \frac{1}{n} - \log n$$

konvergiert: es ist

$$s_{n+1} - s_n = \frac{1}{n+1} + \log\left(1 - \frac{1}{n+1}\right) = \frac{1}{n+1} -$$

$$- \left(\frac{1}{n+1} + \frac{1}{2\,(n+1)^2} + \ldots\right) < 0,$$

die s_n sind monoton abnehmend. Andererseits ist die Folge der Zahlen

$$s'_n = s_n - \frac{1}{n} = 1 + \frac{1}{2} + \ldots + \frac{1}{n-1} - \log n$$

wegen

$$s'_{n+1} - s'_n = \frac{1}{n} - \log\left(1 + \frac{1}{n}\right) = \frac{1}{n} - \left(\frac{1}{n} - \frac{1}{2\,n^2} + \frac{1}{3\,n^3} - \ldots\right) > 0$$

monoton zunehmend, also existiert wegen $s'_n - s_n \to 0$ der Grenzwert:

$$E = \lim s_n = \lim\left(1 + \frac{1}{2} + \frac{1}{3} + \ldots + \frac{1}{n} - \log n\right) = 0{,}57721566\ldots$$

die sogenannte *Euler*sche Konstante.

Es ist dann für jedes z die Folge der Zahlen

$$p_n(z) = z\left(1 + \frac{z}{1}\right) \ldots \left(1 + \frac{z}{n}\right) n^{-z} = z \prod_{k=1}^{n} \left[\left(1 + \frac{z}{k}\right) e^{-\frac{z}{k}}\right] \cdot e^{s_n z}$$

(in $n^z = e^{z \log n}$ ist $\log n$ reell zu nehmen) konvergent, denn es ist $s_n \to E$ und das Produkt konvergiert als Teilprodukt einer *Weierstraß*schen Produktdarstellung. Es ist also $\lim p_n(z)$ eine ganze Funktion mit den einfachen Nullstellen $0, -1, -2, \ldots$. Die Reziproke dieser Funktion, also eine meromorphe Funktion mit den einfachen Polen $0, -1, -2, \ldots$ bezeichnet man als die *Gammafunktion* $\Gamma(z)$: *es ist also*

$$\frac{1}{\Gamma(z)} = z \prod_{k=1}^{\infty} \left[\left(1 + \frac{z}{k}\right) e^{-\frac{z}{k}}\right] e^{Ez}.$$

oder $\Gamma(z)$ selbst als Limes der reziproken Werte der $p_n(z)$

$$\Gamma(z) = \lim_{n} \frac{1 . 2 \ldots \ldots n}{z\,(z+1)\ldots(z+n)}\, n^z$$

die *Gaußsche Produktdarstellung der Gammafunktion* für alle $z \neq 0, -1, \ldots$ Man liest sofort aus dieser Darstellung die *Funktionalgleichung*

$$\frac{\Gamma(z+1)}{\Gamma(z)} = \lim_{n} \frac{n\,z}{n+z+1} = z \text{ oder}$$

$$\Gamma(z+1) = z\,\Gamma(z)$$

ab, aus welcher wieder wegen

$$\Gamma(1) = 1$$

für alle positiven ganzen n folgt

$$\Gamma(n) = (n-1)!$$

Nun der Zusammenhang mit der Betafunktion. Mit unseren Bezeichnungen ist

$$B(\alpha, \beta) = \frac{p_n(\alpha + \beta)\, n^{\alpha+\beta}}{p_n(\beta)\, n^{\beta}}\, B(\alpha, \beta + n + 1)$$

$$= \frac{p_n(\alpha + \beta)}{p_n(\alpha)\, p_n(\beta)}\, \frac{\alpha(1+\alpha)\dots(n+\alpha)}{n!}\, B(\alpha, \beta + n + 1)$$

und mit $n \to \infty$

$$B(\alpha, \beta) = \frac{\Gamma(\alpha)\,\Gamma(\beta)}{\Gamma(\alpha + \beta)}\, \lim_{n} \left[\frac{\alpha(1+\alpha)\dots(n+\alpha)}{n!}\, B(\alpha, \beta + n + 1) \right],$$

welch letztere Klammer wir mit $S_n(\alpha, \beta)$ bezeichnen.

Ersetzt man α durch $\alpha + 1$, so bleibt wegen unserer Funktionalgleichungen $\lim S_n$ ungeändert, ist also periodisch mit der Periode 1 in α und ebenso in β. Wir können daher ohne Einschränkung $\Re(\alpha)$, $\Re(\beta) > 0$ nehmen und es ist

$$|\,B(\alpha, \beta + n + 1)\,| = |\int\limits_0^1 z^{\alpha-1}(1-z)^{\beta+n}\, dz\,|$$

$$\leqq \int\limits_0^1 z^{\Re(\alpha)-1}(1-z)^{\Re(\beta)+n}\, dz$$

$$\leqq \int\limits_0^1 z^{\Re(\alpha)-1}(1-z)^{n}\, dz = B(\Re(\alpha), n+1) =$$

$$= \frac{n!}{\Re(\alpha)\,[\Re(\alpha)+1]\dots[\Re(\alpha)+n]}$$

also

$$|\,S_n(\alpha, \beta)\,| \leqq |\,\frac{\alpha(\alpha+1)\dots(\alpha+n)}{\Re(\alpha)\,[\Re(\alpha)+1]\dots[\Re(\alpha)+n]}\,| = |\,\frac{p_n(\alpha)\,.\,n^{\alpha}}{p_n(\Re(\alpha))\,.\,n^{\Re(\alpha)}}\,| =$$

$$= |\,\frac{p_n(\alpha)}{p_n(\Re(\alpha))}\,|$$

also wegen der Konvergenz der p_n beschränkt bei festem α; es ist daher $\lim S_n(\alpha, \beta)$ als Funktion von β konstant; ebenso als Funktion von α. Sei etwa $\alpha = \beta = 1$, so ist $S_n(1, 1) = \dfrac{n+1}{n+2} \to 1$

und wir haben:

$$B(\alpha, \beta) = \frac{\Gamma(\alpha)\,\Gamma(\beta)}{\Gamma(\alpha+\beta)}.$$

Es wird z. B. für n ganz > 0

$$B(\alpha, n-\alpha) = \frac{\Gamma(\alpha)\,\Gamma(n-\alpha)}{(n-1)!} = \frac{\pi}{\sin \pi \alpha}\binom{n-1-\alpha}{n-1}$$

und speziell:

$$\Gamma(\alpha)\,\Gamma(1-\alpha) = \frac{\pi}{\sin \pi \alpha}.$$

Für $\alpha = \frac{1}{2}$ folgt daraus leicht

$$\Gamma(\tfrac{1}{2}) = \sqrt{\pi}.$$

Nun die *Integraldarstellung* von $\Gamma(\alpha)$. Es war für ganze $n > 0$ und $\Re(\alpha) > 0$

$$B(\alpha, n) = \frac{(n-1)!}{\alpha(\alpha+1)\dots(\alpha+n-1)} = \int_0^1 z^{\alpha-1}(1-z)^{n-1}\,dz$$

Multiplizieren wir mit n^α und führen $t = nz$ als neue Variable im Integral ein, so ist

$$\frac{(n-1)!}{\alpha(\alpha+1)\dots(\alpha+n-1)}\,n^\alpha = \int_0^n t^{\alpha-1}(1-\frac{t}{n})^{n-1}\,dt$$

Für $n \longrightarrow \infty$ erhalten wir links die Produktdarstellung der Gammafunktion

$$\Gamma(\alpha) = \lim_n (n^\alpha B(\alpha, n)) = \lim_n \int_0^n t^{\alpha-1}(1-\frac{t}{n})^{n-1}\,dt;$$

wählen wir ein $k > 1$ und spalten das Integrationsintervall, so wird

$$\Gamma(\alpha) = \int_0^k t^{\alpha-1} e^{-t}\,dt + \lim_n \int_k^n t^{\alpha-1}(1-\frac{t}{n})^{n-1}\,dt.$$

Sei nun $0 < \Re(\alpha) < 1$; dann wird für $k \leqq t \leqq n$

$$|t^{\alpha-1}| \leqq k^{\Re(\alpha)-1}$$

und

$$|\int_k^n t^{\alpha-1}(1-\frac{t}{n})^{n-1}\,dt| \leqq k^{\Re(\alpha)-1} \int_k^n (1-\frac{t}{n})^{n-1}\,dt =$$

$$= k^{\Re(\alpha)-1} \cdot (1-\frac{k}{n})^n < k^{\Re(\alpha)-1}$$

Durch Wahl von k wird also das zweite Integral beliebig klein und wir können schreiben

$$\Gamma(\alpha) = \int_0^\infty t^{\alpha-1} e^{-t}\,dt.$$

(Eulersches Integral zweiter Gattung).

Diese Darstellung gilt zunächst nur für $0 < \Re(\alpha) < 1$; rechts wie links steht aber eine für $\Re(\alpha) > 0$ reguläre Funktion (dies sieht man wie beim Integral der Betafunktion), also gilt durch analytische Fortsetzung diese Relation stets für $\Re(\alpha) > 0$.

Integriert man rechts partiell, so erhält man sukzessive

$$\Gamma(\alpha) = \frac{1}{\alpha} \int\limits_0^\infty t^\alpha e^{-t}\, d t = \frac{1}{\alpha\,(\alpha+1)\ldots(\alpha+n)} \int\limits_0^\infty t^{\alpha+n} e^{-t}\, dt,$$

wo die rechtsstehende Funktion für $\alpha \neq 0, -1, \ldots -n$ und $\Re(\alpha) > -n$ regulär ist und daher auch in diesem erweiterten Gebiet die Gammafunktion darstellt.

Will man analog wie bei der Betafunktion eine für alle α giltige Integraldarstellung, so sei C die aus dem Halbkreis $|z| = \varrho > 0$, $\Re(z) \leqq 0$ und den beiden Halbgeraden $\Im(z) = \pm \varrho$, $\Re(z) \geqq 0$ bestehende Kurve, etwa mit dem in der Abbildung angedeuteten Umlaufsinn. Wir denken uns die einzelnen Blätter der *Riemann*schen Fläche von $z^{\alpha-1}$ von 0 bis $+\infty$ längs der reellen Achse aufgeschnitten und wählen eines dieser Blätter, etwa dasjenige, für welches auf dem oberen Rande des Schnittes $\log z$ in $z^{\alpha-1} = e^{(\alpha-1)\log z}$ reell ist. Wir bilden das Integral

$$(C) \quad \int z^{\alpha-1} e^{-z}\, d z.$$

Die dabei notwendige Erweiterung des Integralbegriffs auf Kurven, die sich ins Unendliche erstrecken, ist hier leicht durchzuführen, da für $\Re(z) \longrightarrow +\infty$ ja e^{-z} stärker als jede Potenz von z gegen Null strebt. Es ist daher auch das Integral von ϱ unabhängig und stellt eine für alle α reguläre Funktion dar.

Ist $\Re(\alpha) > 0$, so können wir mit $\varrho \longrightarrow 0$ gehen und erhalten für unser Integral

$$(C) \int z^{\alpha-1} e^{-z}\, dz = -\,(1 - e^{2\pi i\alpha}) \int\limits_0^\infty z^{\alpha-1} e^{-z}\, dz = -\,(1 - e^{2\pi i\alpha})\, \Gamma(\alpha)$$

und somit für alle α die Darstellung

$$\Gamma(\alpha) = \frac{-1}{1 - e^{2\pi i\alpha}}\ (C) \int z^{\alpha-1} e^{-z}\, d z.$$

Artin hat eine einfache charakteristische Eigenschaft der Gammafunktion im Reellen angegeben (Hamb. Math. Einzelschr. 1923).

§ 6. Der Satz von Picard.

E. Picard hat 1879 die überraschende Entdeckung gemacht, daß eine ganze nichtkonstante Funktion jeden Wert mit höchstens einer Ausnahme annimmt. Daß ein Wert tatsächlich ausgelassen werden kann, lehrt schon die Funktion e^z, die stets $\neq 0$ ist. Dem ursprünglich mit Hilfe der Modulfunktionen gegebenen Beweis des *Picard*schen Satzes folgten eine Reihe von elementaren Beweisen; wir geben hier einen solchen, im wesentlichen im Anschluß an *Bloch* und *Landau*.

Wir erinnern an den Satz von den Umkehrungsfunktionen: Sei $w = f(z) = a_1 z + a_2 z^2 + \ldots$ für $|z| < R$ $(R > 0)$ regulär und $a_1 \neq 0$. Dann bildet w eine Kreisscheibe $|z| < d$ (s. S. 83) schlicht auf ein Gebiet der w-Ebene ab, welches den Kreis

$$|w| < [\sqrt{M(\varrho) + \varrho \cdot |a_1|} - \sqrt{M(\varrho)}]^2 = \delta$$

enthält, wo $0 < \varrho < R$ und $M(\varrho) = \underset{|z|=\varrho}{\mathrm{Max}}\,|f(z)|$ ist. Wir formen δ noch um; nach der *Cauchy*schen Ungleichung $|a_1| \leq \dfrac{M(\varrho)}{\varrho}$ ist

$$\delta = \left[\frac{\varrho \cdot |a_1|}{\sqrt{M(\varrho) + \varrho \cdot |a_1|} + \sqrt{M(\varrho)}}\right]^2 \geq \frac{\varrho^2 |a_1|^2}{M(\varrho)(3 + 2\sqrt{2})}.$$

Sei nun $M_1(\varrho) = \underset{|z|=\varrho}{\mathrm{Max}}\,|f'(z)|$, so ist nach dem Prinzip vom Maximum des absoluten Betrages einer regulären Funktion auch für $|z| \leq \varrho$ stets $|f'(z)| \leq M_1(\varrho)$ und daher

$$M(\varrho) = \underset{|z|=\varrho}{\mathrm{Max}}\,|f(z)| = \underset{|z|=\varrho}{\mathrm{Max}}\,\left|\int_0^z f'(\zeta)\,d\zeta\right| \leq \varrho \cdot M_1(\varrho)$$

und weiter

$$\delta \geq \frac{\varrho\,|a_1|^2}{M_1(\varrho)(3 + 2\sqrt{2})}.$$

Mit reellem r und $0 \leq r \leq \varrho$ ist das Produkt $r \cdot M_1(\varrho - r)$ Null für $r = 0$ und $= \varrho \cdot |a_1|$ für $r = \varrho$. Sei nun r_1 die kleinste positive Zahl mit

$$r_1 M_1(\varrho - r_1) = \varrho\,|a_1|.$$

Für $|z| \leq \varrho - r_1$ nimmt $|f'(z)|$ das Maximum für ein $z = \xi$ an mit

$$|\xi| = \varrho - r_1 \quad \text{und} \quad |f'(\xi)| = M_1(\varrho - r_1) = \frac{\varrho\,|a_1|}{r_1}.$$

Wir bilden dann die Funktion $g(z) = f(z + \xi) - f(\xi)$; da $f(z)$ für $|z| < R$ regulär ist, ist $g(z)$ für $|z| < R - |\xi| = R - \varrho + r_1$ regulär.

Es ist $g(0) = 0$, $|g'(0)| = |f'(\xi)| = \dfrac{\varrho\,|a_1|}{r_1}$ und für $|z| \leq \dfrac{r_1}{2}$ ist

$$|g'(z)| = |f'(z + \xi)| \leq M_1\left(\frac{r_1}{2} + \varrho - r_1\right) = M_1\left(\varrho - \frac{r_1}{2}\right) \leq \frac{2\varrho \cdot |a_1|}{r_1};$$

wäre die letztere Ungleichung nicht richtig, so wäre

$$\frac{r_1}{2}\, M_1\left(\varrho - \frac{r_1}{2}\right) > \varrho\, |\, a_1\,|$$

im Widerspruch zur Definition von r_1.

Wenden wir nun die Abschätzung von δ auf die Funktion $v = g\,(z)$ und den Kreis $|\,z\,| < \dfrac{r_1}{2}$ an, so wird jeder Punkt des Kreises

$$|\,v\,| < \delta_1 \text{ mit } \delta_1 \geqq \frac{\dfrac{r_1}{2}\cdot \dfrac{\varrho^2\,|\,a_1\,|^2}{r_1^{\,2}}}{2\dfrac{\varrho\,|\,a_1\,|}{r_1}\cdot (3 + 2\sqrt{2})} = \frac{\varrho\,|\,a_1\,|}{4\,(3 + 2\sqrt{2})}$$

von der Funktion $g\,(z)$ angenommen; auf die Funktion $f\,(z)$ übertragen gibt das den Satz von *Bloch:*

Ist $w = f\,(z) = a_1\,z + a_2\,z^2 + \ldots$ für $|\,z\,| < R$ regulär, dann gibt es für jedes $0 < \varrho < R$ auf der w-Ebene eine Kreisscheibe mit einem Radius

$$\delta_1 \geqq \frac{\varrho\,|\,a_1\,|}{4\,(3 + 2\sqrt{2})},$$

so daß jede Zahl dieser Kreisscheibe von $f\,(z)$ innerhalb $|\,z\,| < \varrho$ angenommen wird.

Der Satz ist darum äußerst bemerkenswert, da in der Abschätzung für den Radius der Kreisscheibe nur $|\,a_1\,| = |\,f'\,(0)\,|$ und R auftritt.

Wir verwenden den Satz dazu, den Satz von *Picard* zu zeigen:

Sei $f\,(z)$ eine ganze Funktion und stets $f\,(z) \neq a$, $f\,(z) \neq b$, wobei $a \neq b$. Dann ist $f\,(z)$ konstant.

Es ist $F\,(z) = \dfrac{f\,(z) - a}{b - a}$ wieder ganz und $\neq 0, 1$. Dann ist

$$F_1\,(z) = \frac{1}{2\,\pi\,i}\,\log F\,(z) \text{ (mit stetig gewähltem Logarithmus) ebenfalls}$$

ganz und ersichtlich $\neq \pm n$ $(n = 0, 1, 2, \ldots)$. Dann lassen sich $\sqrt{F_1\,(z)}$ und ebenso $\sqrt{F_1\,(z)} - 1$ eindeutig und stetig für alle z erklären und sind ganz. Also ist auch $F_2\,(z) = \sqrt{F_1\,(z)} - \sqrt{F_1\,(z) - 1}$ ganz und $\neq 0$ für alle z. Schließlich ist der stetig gewählte Logarithmus $F_3\,(z) = \log F_2\,(z)$ wieder ganz und es ist für jedes ganze $n \geqq 1$ und jedes ganze m stets

$$F_3\,(z) \neq \pm \log\left(\sqrt{n} + \sqrt{n - 1}\right) + 2\,\pi\,i\,m;$$

sonst wäre ja für ein z einmal entweder

$$F_2(z) = \sqrt{n} + \sqrt{n-1} \ \text{oder} \ = \frac{1}{\sqrt{n}+\sqrt{n-1}} = \sqrt{n} - \sqrt{n-1},$$

also

$$\sqrt{F_1(z)} - \sqrt{F_1(z)-1} = \sqrt{n} \pm \sqrt{n-1}.$$

Geht man links und rechts zu den reziproken Werten über, so wird

$$\sqrt{F_1(z)} + \sqrt{F_1(z)-1} = \sqrt{n} \mp \sqrt{n-1},$$

woraus $\sqrt{F_1(z)} = \sqrt{n}$ und $F_1(z) = n$ folgte, was unmöglich ist.

Denken wir uns alle Punkte $z = \pm \log(\sqrt{n}+\sqrt{n-1}) + 2\pi i m$ auf der z-Ebene markiert, so hat jeder Punkt z_0 von mindestens einem der markierten Punkte einen Abstand $\leqslant \sqrt{\pi^2 + 1/4}$; denn zwei aufeinanderfolgende markierte Punkte mit gleichem Imaginärteil haben einen Abstand $=$

$$= \log(\sqrt{n+1}+\sqrt{n}) - \log(\sqrt{n}+\sqrt{n-1})$$
$$= \log(\sqrt{2}+1) < 1 \ \text{für} \ n = 1$$
$$\leqq \log\sqrt{\tfrac{n+1}{n-1}} \leqq \log\sqrt{3} < 1 \ \text{für} \ n > 1.$$

Nun ist $w = F_3(z)$ ganz; wäre für einen Punkt $F'_3(z) \neq 0$, so müßte es nach dem *Bloch*schen Satz wegen $R = +\infty$ auf der w-Ebene Kreisscheiben von beliebig großem Radius δ_1 geben, deren sämtliche Punkte von $F_3(z)$ angenommen werden. Das ist nicht der Fall, also muß stets $F'_3(z) = 0$, also $F_3(z)$ und $f(z)$ konstant sein.

§ 7. Der Riemannsche Abbildungssatz.

Die außerordentliche Tragweite der analytischen Funktionen ergibt sich besonders schön aus dem schon von *Riemann* herrührenden Satz, nach dem zwei einfachzusammenhängende Gebiete der Ebene (sofern ihre Ränder nicht aus einem einzigen Punkt bestehen) stets durch eine analytische Funktion aufeinander abgebildet werden können. Zur Vorbereitung schicken wir folgende Bemerkungen voraus.

Sei $f(z)$ für $|z| < 1$ regulär und $f(0) = 0$; dann läßt sich $f(z)$ als Potenzreihe darstellen: $f(z) = a_1 z + a_2 z^2 + \ldots$ *und es ist auch* $\dfrac{f(z)}{z}$ *für $|z| < 1$ regulär. Bezeichnet man $M(\varrho) = \text{Max}\,|f(z)|$ für $|z| \leqq \varrho < 1$, so wird $M(\varrho)$ von $|f(z)|$ auf dem Rand $|z| = \varrho$ angenommen; ebenso wird das Maximum von $\dfrac{f(z)}{z}$ am Rand angenommen, also gilt für $|z| \leqq \varrho$*

$$\left|\ \frac{f(z)}{z}\ \right| \leqq \frac{M(\varrho)}{\varrho},$$

wobei für $|z| < \varrho$ *niemals das Gleichheitszeichen stehen kann, außer wenn* $\dfrac{f(z)}{z}$ *konstant, also* $f(z) = a_1 z$ *eine lineare Funktion ist.* $\dfrac{M(\varrho)}{\varrho}$ ist als Maximum von $\left|\ \dfrac{f(z)}{z}\ \right|$ für $|z| \leqq \varrho$ eine monoton wachsende Funktion von ϱ.

Diesen einfachen, aber immer wieder verwendeten Satz pflegt man als das *Schwarzsche Lemma* zu bezeichnen. Eine einfache Konsequenz ist der folgende Satz:

Die einzigen analytischen Abbildungen, die den Einheitskreis $|z| < 1$ *schlicht in sich überführen, sind die linearen.*

Sei etwa $\zeta = f(z)$ eine schlichte Abbildung von $|z| < 1$ auf $|\zeta| < 1$. Ein Punkt z_0 mit $|z_0| < 1$ muß in $\zeta = 0$ übergehen. Die lineare Transformation $z = \dfrac{z' + z_0}{1 + \bar{z}_0\, z'}$ führt den Einheitskreis in sich und den Nullpunkt in $z = z_0$ über. Daher führt $\zeta = f\left(\dfrac{z' + z_0}{1 + \bar{z}_0 z'}\right)$ den Einheitskreis in sich und $z' = 0$ in $\zeta = 0$ über. Wir können zum Beweis also gleich annehmen, daß $z = 0$ in $\zeta = 0$ übergeht: $f(0) = 0$. Ferner ist $M(\varrho) \to 1$ für $\varrho \to 1$, also auch

$$\frac{M(\varrho)}{\varrho} \to 1 \text{ für } \varrho \to 1 \text{ und}$$

$$\left|\ \frac{f(z)}{z}\ \right| \leqq 1.$$

Wegen der Schlichtheit der Abbildung ist auch z reguläre Funktion von ζ, also $z = \varphi(\zeta)$ für $|\zeta| < 1$, $\varphi(0) = 0$ und wieder

$$\left|\ \frac{\varphi(\zeta)}{\zeta}\ \right| \leqq 1;$$

also ist auch $\left|\ \dfrac{z}{f(z)}\ \right| \leqq 1$ und es ist überall für $|z| < 1$

$$\left|\ \frac{f(z)}{z}\ \right| = 1,$$

d. h. aber $f(z)$ ist eine lineare Funktion von z, etwa $\zeta = a\,z$, $|a| = 1$.

Nun kommen wir zum angekündigten Abbildungssatz, den wir in folgender Weise aussprechen können:

Jedes Gebiet G der Ebene, dessen Rand zusammenhängend ist und mindestens zwei Punkte enthält, läßt sich durch eine in G reguläre Funktion $f(z)$ schlicht auf das Innere des Einheitskreises abbilden.

Durch Hinzunahme einer linearen Transformation, die den Einheitskreis in sich überführt, läßt sich dabei erreichen, daß ein gegebener Punkt z_0 von G in den Nullpunkt übergeht und außerdem eine bestimmte Richtung in z_0 in die Richtung der reellen Achse im Nullpunkt übergeht. Unter diesen zusätzlichen Bedingungen für die Abbildung ist die Funktion $f(z)$ eindeutig festgelegt: gäbe es zwei solche Funktionen $\zeta_1 = f_1(z)$ und $\zeta_2 = f_2(z)$, so gehört zu einem $|\zeta_1| < 1$ ein und nur ein z von G und zu diesem weiter ein $|\zeta_2| < 1$; dadurch wird eine reguläre schlichte Abbildung des Innern des Einheitskreises in sich erzeugt, die daher notwendig eine lineare ist. Da aber bei dieser der Nullpunkt und die Richtung der reellen Achse im Nullpunkt festbleibt, ist überhaupt $\zeta_1 = \zeta_2$.

Nun zum Beweis des Satzes. Seien $\alpha \neq \beta$ zwei Randpunkte von G. Wählt man die Wurzel $\zeta_1 = \sqrt{\dfrac{z-\alpha}{z-\beta}}$ an einer Stelle von G und setzt ζ_1 von hier aus in G analytisch fort, so ist wegen des einfachen Zusammenhangs von G jedenfalls ζ_1 in G regulär und eindeutig. Da ζ_1 ersichtlich jeden Wert höchstens einmal annimmt, so bildet ζ_1 das Gebiet G auf ein Gebiet der ζ_1-Ebene schlicht ab, und zwar wird dabei von zwei Werten ζ_1 und $-\zeta_1$ immer nur einer angenommen; denn um von ζ_1 auf $-\zeta_1$ zu kommen, müßte man auf der *Riemann*schen Fläche von ζ_1 einen der Verzweigungspunkte α und β umlaufen, was innerhalb G nicht möglich ist. Wird nun etwa der Wert γ von ζ_1 einmal in G angenommen, so wird auch eine Kreisscheibe um γ von ζ_1 angenommen und es wird $-\gamma$ und die entsprechende Kreisscheibe um $-\gamma$ von ζ_1 nicht angenommen und es ist $\dfrac{1}{\zeta + \gamma}$ in G regulär, schlicht und beschränkt.

Sei nun $\mathfrak{F}$ die — nichtleere — Menge aller Funktionen $f(z)$, die in G regulär und schlicht sind, für welche dort $|f(z)| < 1$ ist, und welche in einem vorgegebenen Punkt z_0 in G verschwinden. Dann sei

$$\sup |f'(z_0)| = M.$$

M ist eine endliche Zahl, wie man aus $|f(z)| < 1$ mit Hilfe der *Cauchy*schen Ungleichung sofort sieht. Natürlich ist $M > 0$.

Sei $f_1(z)$, $f_2(z)$, ... eine Folge von Funktionen aus $\mathfrak{F}$, so daß $|f'_n(z_0)| \to M$ strebt. Sei ferner $z_j \to z_0$ eine Punktfolge aus G. Wir greifen eine Teilfolge der Funktionen $f_n(z)$ heraus, die in z_1 konvergiert, was wegen der Beschränktheit der $f_n(z)$ möglich ist; diese Teilfolge sei $f_{n_{11}}$, $f_{n_{12}}$, ... Aus dieser greifen wir eine Teilfolge heraus, etwa $f_{n_{21}}$, $f_{n_{22}}$, ..., die in z_2 konvergiert usw. Ersichtlich konvergiert die Folge der Diagonalglieder $f_{n_{11}}$, $f_{n_{22}}$, $f_{n_{33}}$, ... in allen Punkten z_j, da diese Folge ja eine Teilfolge der $f_{n_{j1}}$, $f_{n_{j2}}$, ... ist, welche für z_j konvergiert. Nach dem Vitalischen Satz konvergieren dann die Funktionen $f_{n_{jj}}(z) = g_j(z)$ überall in G gegen eine reguläre Funktion $g(z)$, und zwar gleichmäßig in jeder beschränkten abgeschlossenen Teilmenge von G. Es ist $|g'(z_0)| = M$, also $g(z)$ nicht konstant und nach dem Prinzip vom Maximum des absoluten Betrages in G stets $|g(z)| < 1$ und $g(z_0) = 0$. Wir zeigen weiter daß $g(z)$ in G schlicht ist.

Es ist zunächst $g'(z) \neq 0$ in G. Sei z' in G beliebig gewählt. Es gibt sicher einen Kreis R in G um den Punkt z', so daß auf diesem $|g'(z)| \geq \eta > 0$. Wegen der Schlichtheit der $g_n(z)$ in G ist stets $g'_n(z) \neq 0$, also $\dfrac{1}{g'_n(z)}$ in G regulär. Nach dem Prinzip vom Maximum des absoluten Betrages ist innerhalb R, also auch für z'

$$|\frac{1}{g'_n(z')}| \leq \mathrm{Max}\,|\frac{1}{g'_n(z)}| \text{ auf } R.$$

Wegen der gleichmäßigen Konvergenz auch der Ableitungen $g'_n(z) \to g'(z)$ auf R ist für hinreichend große n auf R dann $|g'_n(z)| \geq \dfrac{\eta}{2}$, also gilt

$$|\frac{1}{g'_n(z')}| \leq \frac{2}{\eta} \text{ und } |g'_n(z')| \geq \frac{\eta}{2},$$

also auch $|g'(z')| = \lim g'_n|(z')| \neq 0$.

Wäre nun für zwei Stellen $z'_1 \neq z'_2$ in G $g(z'_1) = g(z'_2)$, so seien K_1 und K_2 zwei Kreisscheiben um z'_1 und z'_2 vom Radius $\varrho > 0$, die in G liegen und zueinander fremd sind. Der Wert $g(z'_1)$ wird von $g_n(z)$ in K_1 für hinreichend großes n an mindestens einer Stelle angenommen: denn wegen $g'_n(z'_1) \to g'(z'_1)$ ist für hinreichend große n $|g'_n(z'_1)| \geq$

$$\geq |\frac{g'(z'_1)}{2}| = a \neq 0$$

und $g_n(z)$ nimmt in K_1 alle Werte einer Kreisscheibe um den Punkt $g_n(z'_1)$ vom Radius $(\sqrt{1 + \varrho \cdot a} - 1)^2$ an;

wegen $g_n(z'_1) \to g(z'_1)$ liegt daher für hinreichend große n der Punkt $g(z'_1)$ in dieser Kreisscheibe und $g_n(z)$ nimmt in K_1 den Wert $g(z'_1)$ mindestens einmal an. Führen wir denselben Schluß für K_2 und z'_2 durch, so ergibt sich, daß für hinreichend große n $g_n(z)$ sowohl in K_1 als in K_2 einmal den Wert $g(z'_1) = g(z'_2)$ annimmt, was der Schlichtheit von $g_n(z)$ widerspricht.

Also ist $g(z)$ schlicht in G und $g(z)$ gehört zu $\mathfrak{F}$.

Wir zeigen, daß $\zeta = g(z)$ bereits die gesuchte schlichte Abbildung von G auf das Innere des Einheitskreises liefert. Wegen $|g(z)| < 1$ ist nur mehr zu zeigen, daß kein Punkt $|\zeta| < 1$ von der Funktion $g(z)$ ausgelassen wird. Wäre $|\alpha| < 1$ und $g(z) \neq \alpha$ für alle z aus G, so ist wegen $g(z_0) = 0$ sicher $\alpha \neq 0$; wir bilden das Innere des Einheitskreises $|\zeta| < 1$ so in sich ab, daß α in den Nullpunkt übergeht und ziehen aus dieser so transformierten Abbildungsfunktion die Quadratwurzel:

$$\zeta_1 = \sqrt{\frac{g(z) - \alpha}{1 - \bar{\alpha}\, g(z)}} = g_1(z),$$

wobei wir etwa für $z = z_0$ die Quadratwurzel wählen und dann $g_1(z)$ als eindeutige, schlichte, reguläre Funktion mit $|g_1(z)| < 1$ auf G haben. Um schließlich noch den Punkt $z = z_0$ in den Nullpunkt überzuführen, setzen wir

$$g_2(z) = \frac{g_1(z) - g_1(z_0)}{1 - \overline{g_1(z_0)} \cdot g_1(z)}$$

und man erkennt sofort, daß $g_2(z)$ in $\mathfrak{F}$ liegt. Bilden wir die Ableitung für $z = z_0$, so ist wegen $g(z_0) = 0$ nach kurzer Rechnung

$$g'_2(z_0) = \frac{1 + |\alpha|}{2\sqrt{-\alpha}}\, g'(z_0)$$

also wegen $|\alpha| < 1$

$$|g'_2(z_0)| > |g'(z_0)| = M$$

entgegen der Definition von M. Damit ist also der *Riemann*sche Abbildungssatz gezeigt.

Es sei noch bemerkt, daß die volle funktionentheoretische Ebene sich nicht auf das Innere des Einheitskreises abbilden läßt, und ebenso nicht die „punktierte" Ebene, d. h. die Ebene mit Ausnahme eines einzigen Punktes; verlegt man diesen in den unendlichfernen Punkt, so folgt dies genau wie beim ersten Fall sofort nach dem Satz von

Liouville, daß eine ganze nichtkonstante Funktion nicht beschränkt sein kann.

Es ist ferner unmöglich, ein beschränktes Gebiet G der z-Ebene, dessen Begrenzung unzusammenhängend ist, umkehrbar eindeutig auf das Innere des Einheitskreises oder die punktierte Ebene abzubilden. Denn man kann dann eine geschlossene *Jordan*kurve C in G angeben, so daß ein Randpunkt p von G im Innern von C liegt; es ist log $(z - p)$ in G regulär und nimmt bei Durchlaufung von C um $2\pi i$ zu, ist also in G nicht eindeutig. Bei der Abbildung ginge nun C wieder in eine geschlossene Kurve C' über und log $(z - p)$ ginge in eine Funktion auf dem Einheitskreis, bzw. der punktierten Ebene über, die längs C' sich um $2\pi i$ vermehrte, also nicht eindeutig wäre, entgegen dem Monodromiesatz.

Wir können etwa das aus der Ebene mit Ausnahme der Punkte a und b bestehende, also zweifach zusammenhängende Gebiet durch

$$\zeta = \xi + i\eta = \log \frac{z - a}{z - b}$$ auf einen Parallelstreifen der ζ-Ebene

$0 \leqq \eta < 2\pi$ eineindeutig abbilden; die Abbildung ist aber nicht stetig und der Streifen ist kein Gebiet. Nehmen wir aber die zu $\zeta = \log \dfrac{z - a}{z - b}$

gehörige Riemannsche Fläche, so wird diese durch ζ eineindeutig und stetig auf die volle Ebene mit Ausnahme von ∞ abgebildet, wobei jetzt jedem z unendlichviele Punkte der ζ-Ebene entsprechen.

Bei der Abbildung von allgemeinen Riemannschen Flächen spielen die eventuellen vorhandenen geschlossenen Kurven, durch die die Fläche nicht zerlegt wird, eine Rolle; wir werden solche im nächsten Abschnitt noch kennen lernen; man hat dann wieder mit unendlichvielen Exemplaren dieser Fläche die Abbildung vorzunehmen. Ohne darauf einzugehen, geben wir nur noch den allgemeinsten Satz dieser Art, das von *Poincaré* und *Koebe* formulierte *Uniformierungstheorem:*

Die Riemannsche Fläche einer jeden analytischen Funktion läßt sich konform entweder auf die volle funktionentheoretische Ebene, oder die punktierte Ebene, oder auf das Innere einer Kreisscheibe abbilden.

Konform heißt dabei, daß die Abbildungsfunktion in jedem Punkt der *Riemann*schen Fläche eine analytische Funktion des betreffenden lokaluniformisierenden Parameters t ist mit nicht verschwindender Ableitung nach t.

Die Abbildung auf die volle funktionentheoretische Ebene erfolgt für die *Riemann*sche Fläche einer rationalen Funktion (s. S. 97): hier existiert eine Funktion, die jeden Wert genau einmal annimmt und sogar jedem Punkt der Fläche nur einen Punkt der Ebene zuweist. Ein Beispiel für den Fall der Abbildung auf die punktierte Ebene werden wir im nächsten Abschnitt noch ausführlich behandeln.

Die große Bedeutung des Satzes besteht darin, daß dadurch die Untersuchung aller *Riemann*schen Flächen auf nur drei Grundtypen von ebenen Gebieten zurückgeführt wird; jede *Riemann*sche Fläche wird in ihrer Gesamtheit in derselben Weise „*uniformisiert*", wie die Umgebung eines Punktes der Fläche durch den lokaluniformisierenden Parameter auf ein schlichtes Gebiet abgebildet wird.

Übungsbeispiele.

1. Man bestimme die Bilder der Kurven $|z| = $ constant und $\arg z = $ constant bei der Abbildung $\zeta = z + \dfrac{1}{z}$. Man berechne z als Funktion von ζ und diskutiere den Verlauf der *Riemann*schen Fläche.

2. Sei $u = \displaystyle\int_0^z \dfrac{dz}{\sqrt{a^2 - z^2}}$ (a reell $\neq 0$). Man untersuche die konforme Abbildung der Halbebene $\Im\,(z) \geqq 0$ und durch Spiegelung sodann die der *Riemann*schen Fläche von $\sqrt{a^2 - z^2}$.

3. Man stelle die Integrale $\displaystyle\int_0^z z^{\alpha - 1} (1 - z)^{\beta - 1}\,dz$, die zu einer vollständigen Parkettierung der Ebene führen, auf und verfolge die Abbildung der *Riemann*schen Fläche auf die Ebene.

4. Seien $a_1 < a_2 < \ldots < a_n$ reell und $\alpha_1, \alpha_2, \ldots \alpha_n$ reell mit $0 < \alpha_j < 2$ und $\displaystyle\sum_{j=1}^{n} \alpha_j = n - 2$. Dann bildet

$$u = \int_0^z (z - a_1)^{\alpha_1 - 1} \ldots (z - a_n)^{\alpha_n - 1}\,dz$$

die reelle Achse auf ein geschlossenes Polygon mit den (wie gewählten?) Winkeln $\pi\,\alpha_j$ ab; weist dieses keine Selbstüberkreuzung auf, so wird die Halbebene $I\,(z) > 0$ auf das Innere des Polygons abgebildet. Man transformiere die Halbebene auf das Innere des Einheitskreises $|\zeta| < 1$ und stelle u als Integral in der Variablen ζ dar. Wählt man alle $\alpha_j = 1 - \dfrac{2}{n}$ und nimmt als die den Punkten a_j entsprechenden Punkte auf dem Einheitskreis die n Eckpunkte eines regelmäßigen Polygons, so wird durch u der Einheitskreis auf ein regelmäßiges Polygon abgebildet.

5. Man integriere die Funktion $e^{-x}\, x^{z-1}$ bei festem z mit $0 < \Re\,(z) < 1$ geradlinig von 0 bis a, von a bis $a + i\,b$, von $a + i\,b$ bis $i\,b$ und von $i\,b$ bis 0 (a, b reell > 0). Die Summe der vier Integrale ist Null. (Beweis!) Für $a \to +\infty$ strebt das zweite Integral $\to 0$ das erste und dritte Integral konvergieren; läßt man dann $b \to +\infty$ streben, so geht auch das dritte Integral $\to 0$ und es wird ($x = i\,t$ gesetzt)

$$\Gamma\,(z) = e^{\frac{\pi i z}{2}} \int\limits_0^\infty e^{-it}\, t^{z-1}\, dt;$$

für reelle z mit $0 < z < 1$ ergeben sich die Formeln

$$\frac{\cos}{\sin}\,\frac{\pi z}{2}\, \Gamma\,(z) = \int\limits_0^\infty \frac{\cos}{\sin}\, t \cdot t^{z-1}\, dt.$$

Für $z = \tfrac{1}{2}$ ergeben sich die *Fresnel*schen Formeln:

$$\int\limits_0^\infty \cos(\tau^2)\, d\tau = \int\limits_0^\infty \sin(\tau^2)\, d\tau = \tfrac{1}{2}\,\sqrt{\frac{\pi}{2}}.$$

X. Algebraische Funktionen und ihre Integrale.

§ 1. Implizite Funktionen.

Wir beginnen mit den Sätzen über die Entwicklung von implizit gegebenen Funktionen. *Sei $F\,(x, y)$ ein Polynom[1] in x und y, ferner (x_0, y_0) ein Wertepaar, für welches*

$$F\,(x_0, y_0) = 0 \;\; und \;\; F_y\,(x_0, y_0) \neq 0.$$

Dann gibt es für hinreichend kleine $x - x_0$ stets eine und nur eine reguläre Funktion $y = f\,(x)$, so daß $F\,(x, f\,(x)) = 0$ und für $x \to x_0$ auch $y \to y_0$ gilt.

---

[1] Hier und im ganzen Abschnitt sind x und y komplexe Variable. Statt Polynomen können hier übrigens auch Potenzreihen in $x - x_0$ und $y - y_0$ genommen werden, die etwa für $|\,x - x_0\,| < a$, $|\,y - y_0\,| < b$ konvergieren, ohne daß wir weiter auf solche Potenzreihen eingehen.

Wir denken uns $F(x, y)$ nach Potenzen von $x - x_0$ und $y - y_0$ entwickelt. Nach Voraussetzung kommt dann ein lineares Glied mit $y - y_0$ in dieser Entwicklung wirklich vor und wir können $F(x, y) = 0$ in der Form ansetzen:

$$y - y_0 = f(x - x_0, y - y_0),$$

wo f ein Polynom in $x - x_0$ und $y - y_0$ ist und $f(0, 0) = 0$, $f_y(0, 0) = 0$ gilt. Um diese Gleichung nach y aufzulösen, bestimmen wir ein $\delta > 0$ so, daß für jedes Wertepaar (x, y) mit

$$|x - x_0| < \delta \text{ und } |y - y_0| \leqq 2\,|f(x - x_0, 0)|$$

die Ungleichung gilt

$$|f_y(x - x_0, y - y_0)| \leqq \tfrac{1}{2}.$$

Mit einem so bestimmten x setzen wir

$$y_1 \quad = y_0 + f(x - x_0, 0)$$
$$y_2 \quad = y_0 + f(x - x_0, y_1 - y_0)$$

allgemein $\quad y_{n+1} = y_0 + f(x - x_0, y_n - y_0).$

Wir zeigen, daß die Folge der y_n konvergiert. Es ist

$$y_2 - y_1 = \int_{y_0}^{y_1} f_y(x - x_0, y - y_0)\, d\,y,$$

also da für alle y der geraden Strecke $y_0\, y_1$ gilt: $|y - y_0| \leqq |f(x - x_0, 0)|$, so ist nach unserer Voraussetzung $|f_y(x - x_0, y - y_0)| \leqq \tfrac{1}{2}$ und

$$|y_2 - y_1| \leqq \tfrac{1}{2}|y_1 - y_0| \text{ und}$$

$$|y_2 - y_0| \leqq |y_2 - y_1| + |y_1 - y_0| \leqq \frac{3}{2}|f(x - x_0, 0)|.$$

Weiter ist

$$y_3 - y_2 = \int_{y_1}^{y_2} f_y(x - x_0, y - y_0)\, d\,y,$$

wo für alle y der Strecke $y_1\, y_2$ gilt $|y - y_0| \leqq \dfrac{3}{2}|f(x - x_0, 0)|$ und daher wieder $|f_y(x - x_0, y - y_0)| \leqq \tfrac{1}{2}$ ist. Es ist also

$$|y_3 - y_2| \leqq \tfrac{1}{2}|y_2 - y_1| \leqq \tfrac{1}{4}|f(x - x_0, 0)| \text{ und}$$

$$|y_3 - y_0| \leqq |y_2 - y_0| + |y_3 - y_2| \leqq {}^7\!/_4\,|f(x - x_0, 0)|.$$

Allgemein ist für jedes n

$$|y_{n+1} - y_n| \leqq \frac{1}{2^n}|f(x - x_0, 0)| \text{ und}$$

$$|\,y_{n+1} - y_0\,| \leqq \frac{2^{n+1} - 1}{2^n}\,|\,f(x - x_0, 0)\,|;$$

diese für $n = 1$ und 2 gezeigten Ungleichungen folgen allgemein sofort durch vollständige Induktion.

Es konvergiert also die Folge der y_n

$$\lim y_n = y_0 + \sum_{n=0}^{\infty} (y_{n+1} - y_n) = f(x),$$

es ist $f(x)$ für $|\,x - x_0\,| < \delta$ regulär und $f(x_0) = y_0$. Aus $y_{n+1} = y_0 + f(x - x_0, y_n - y_0)$ folgt ferner für $n \to \infty$

$$f(x) = y_0 + f(x - x_0, f(x))$$

oder

$$F(x, f(x)) = 0.$$

Wir zeigen noch die Eindeutigkeit der Lösung $y = f(x)$. Gäbe es zwei Funktionen $y = f_i(x)$ $(i = 1, 2)$ mit $y_0 = f_i(x_0)$, so daß

$$f_i(x) - y_0 = f(x - x_0, f_i(x) - y_0),$$

so ist

$$f_2(x) - f_1(x) = \int_{f_1(x)}^{f_2(x)} f_y(x - x_0, y - y_0)\,d\,y$$

und für $f_1(x) \neq f_2(x)$ und $x \to x_0$ ist wegen der Stetigkeit von f_y

$$1 = f_y(0, 0)$$

während doch $f_y(0, 0) = 0$ war.

Die Lösung $y = f(x)$ ist der Limes der Funktionenfolge

$$y_0 + f(x - x_0, 0),\ y_0 + f(x - x_0, f(x - x_0, 0)),$$

$$y_0 + f(x - x_0, f(x - x_0, f(x - x_0, 0))),\ \ldots;$$

als für $|\,x - x_0\,| < \delta$ reguläre Funktion hat $f(x)$ eine Potenzreihendarstellung

$$f(x) = \sum_{n=0}^{\infty} a_n (x - x_0)^n,$$

die mindestens für $|\,x - x_0\,| < \delta$ konvergiert; natürlich aber liefert $f(x)$ im ganzen Verlauf ihrer analytischen Fortsetzung auch eine Lösung von $F(x, y) = 0$. Zur Bestimmung der Koeffizienten a_n braucht man nur den Limes der n-ten Ableitungen der oben angeschriebenen Funktionenfolge für $x = x_0$ zu bilden. Dabei braucht man für a_n nur bis zum n-ten Glied unserer Funktionenfolge zu gehen, denn die von da an neu hinzutretenden Glieder enthalten mindestens $n + 1$ Faktoren $x - x_0$ oder $y - y_0$; deren n-te Ableitung für $(x_0\ y_0)$ verschwindet also.

Ist für ein Wertepaar (x_0, y_0) weiter $F(x_0, y_0) = 0$ und $F_x(x_0, y_0) \neq 0$, so läßt sich für hinreichend kleine $y - y_0$ das x in derselben Weise als Potenzreihe in $y - y_0$ darstellen.

Nach dieser Methode können wir auch die *inversen Funktionen* konstruieren. Sei $x = g(y)$ eine ganze Funktion, $x_0 = g(y_0)$ und $g'(y_0) \neq 0$, etwa $= 1$, so daß

$$x - x_0 = g(y) - g(y_0) = y - y_0 + g_1(y) \text{ oder}$$

$$y - y_0 = x - x_0 - g_1(y)$$

mit $g_1(y_0) = g'_1(y_0) = 0$ ist. Wir bestimmen $\delta > 0$ so, daß für $|y - y_0| < 2\delta$ gilt: $|g'_1(y)| \leq \frac{1}{2}$. Wir setzen dann für jedes $|x - x_0| < \delta$

$$y_1 - y_0 = x - x_0$$

$$y_{n+1} - y_0 = x - x_0 - g_1(y_n).$$

Dann konvergiert also die Folge der $y_n \to y = \varphi(x)$, die inverse Funktion zu $x = g(y)$. Zu jedem $|x - x_0| < \delta$ gibt es auch nur ein y mit $x = g(y)$: gäbe es zwei solche, $g(y') = g(y'')$, so wäre

$$\int_{y'}^{y''} [g'(\eta) - 1]\, d\eta = \int_{y'}^{y''} g'_1(\eta)\, d\eta = g(y'') - g(y') - (y'' - y') = y' - y'',$$

während das Integral absolut $\leq \frac{1}{2} |y'' - y'|$ und daher $y' = y''$ ist.

Nehmen wir z. B. $x = \sin y$ für $x_0 = y_0 = 0$; es ist $g_1(y) = \sin y - y$ und

$$y_1 = x$$

$$y_{n+1} = x - \sin y_n + y_n;$$

aus dem dritten Glied der Folge

$$y_3 = 3x - \sin x - \sin(2x - \sin x)$$

liest man bereits die Potenzreihenentwicklung von $y = \arcsin x$ bis zum dritten Glied ab:

$$y = x + \frac{x^3}{6} + \cdots$$

Das Verfahren konvergiert sicher für $|x| < \delta$, sofern für $|y| < 2\delta$ gilt $|\cos y - 1| \leq \frac{1}{2}$ oder mit $y = \eta_1 + i\eta_2$

$$\cos h\, \eta_2 - \cos \eta_1 \leq \frac{1}{2};$$

das absolut kleinste y, für das das Gleichheitszeichen steht, ist nach kurzer Rechnung bestimmt durch $\eta_1 = 0$ und $\cos h\,\eta_2 = {}^3/_2$, also $\eta_2 = \log \dfrac{3 + \sqrt{5}}{2}$, so daß wir mindestens für

$$| x | < \tfrac{1}{2} \log \frac{3 + \sqrt{5}}{2} = 0.48 \ldots$$

Konvergenz haben. Der Konvergenzradius der Potenzreihe für $\arcsin x$ ist natürlich 1.

Wir kehren nun wieder zu den impliziten Funktionen zurück.

Wir haben noch den Fall zu betrachten, daß $F(x_0, y_0) = F_y(x_0\,y_0) = 0$ und y als Funktion von x dargestellt werden soll. Diesen Fall behandelt der *Weierstraßsche Vorbereitungssatz*, den wir hier im Anschluß an *Wirtinger* beweisen:

Sei $F(x, y)$ ein Polynom (eine für $| x - x_0 | < a$, $| y - y_0 | < b$ konvergente Potenzreihe), $F(x_0, y_0) = 0$ und $n > 1$ die kleinste ganze Zahl mit $\dfrac{\partial^n F(x_0\,y_0)}{\partial\, y^n} \neq 0$. Für hinreichend kleine $x - x_0 \neq 0$ hat die Gleichung $F(x, y) = 0$ dann n Wurzeln $y = g_1(x), \ldots g_n(x)$, die reguläre Funktionen von $x \neq x_0$ mit $g_k(x) \to y_0$ für $x \to x_0$ sind und einer algebraischen Gleichung

$$(y - y_0)^n + A_1(x)(y - y_0)^{n-1} + \ldots + A_n(x) = 0$$

genügen mit Koeffizienten $A_i(x)$, die für hinreichend kleine $x - x_0$ regulär sind.

Wir denken uns $F(x, y)$ wieder nach Potenzen von $x - x_0$ und $y - y_0$ entwickelt; wäre $\dfrac{\partial^k F(x_0\,y_0)}{\partial\, y^k} = 0$ für alle k, so enthielten alle Glieder den Faktor $x - x_0$, den wir dann durchkürzen wollen. Sei also

$$F(x_0, y - y_0) = (y - y_0)^n + a_1(y - y_0)^{n+1} + \ldots \text{ und}$$

$$F(x, y) = c_0(x) + c_1(x)(y - y_0) + \ldots + c_n(x)(y - y_0)^n + (y - y_0)^{n+1} \cdot \psi(x, y),$$

wo $c_0(x_0) = \ldots = c_{n-1}(x_0) = 0$ und $c_n(x_0) = 1$ ist und die $c_j(x)$ und $\psi(x, y)$ Polynome (Potenzreihen) in den angegebenen Variablen sind. Wir setzen noch $c_n(x) = 1 + c(x)$, wo $c(x_0) = 0$ ist. Dann ist für $y \neq y_0$

$$F(x, y) = (y - y_0)^n \left[1 + c(x) + \frac{c_{n-1}(x)}{y - y_0} + \ldots + \frac{c_0(x)}{(y - y_0)^n} + (y - y_0)\psi(x, y) \right]$$

Wir wählen zwei Zahlen ε_1, $\varepsilon_2 > 0$, so daß $\varepsilon_1 + \varepsilon_2 < 1$ und bestimmen drei Zahlen δ, δ_1, δ_2 derart, daß für alle (x, y) mit

$$| x - x_0 | < \delta \text{ und } 0 < \delta_1 < | y - y_0 | < \delta_2$$

gilt:

$$|\,c\,(x)+(y-y_0)\,\psi\,(x,\,y)\,|<\varepsilon_1 \text{ und } \left|\frac{c_{n-1}(x)}{y-y_0}+\ldots+\frac{c_0\,(x)}{(y-y_0)^n}\right|<\varepsilon_2.$$

Dann ist für alle derartigen $(x,\,y)$

$$\log F\,(x,\,y)=n\log\,(y-y_0)+\sum_{k=-\infty}^{+\infty}\alpha_k\,(x)\cdot(y-y_0)^k$$

$$=n\log\,(y-y_0)+\mathfrak{P}_1\left(\frac{1}{y-y_0},\,x\right)+\mathfrak{P}_2\,(y-y_0,\,x),$$

indem wir in der *Laurent*schen Reihe die positiven und negativen Potenzen von $y-y_0$ sondern. Für $x=x_0$ sind ersichtlich die $\alpha_k\,(x_0)=0$, für $k\leqq 0$. Es ist also

$$F\,(x,\,y)\cdot e^{-\mathfrak{P}_2}=(y-y_0)^n\,e^{\mathfrak{P}_1}$$

wo bei festem $|\,x-x_0\,|<\delta$ die linksstehende Funktion von y für $|\,y-y_0\,|<\delta_2$ regulär ist, die rechtsstehende aber regulär für $|\,y-y_0\,|>\delta_1$ mit einem Pol n-ter Ordnung im Unendlichen. Da diese Funktionen für das gemeinsame Ringgebiet $\delta_1<|\,y-y_0\,|<\delta_2$ übereinstimmen, so stellen sie eine überall im Endlichen reguläre Funktion mit einem Pol im Unendlichen, also eine ganze rationale Funktion von y von der Ordnung n dar:

$$(y-y_0)^n+A_1\,(x)\,(y-y_0)^{n-1}+\ldots+A_n\,(x)=G\,(x,\,y)$$

wo die $A_i\,(x)$ für $|\,x-x_0\,|<\delta$ reguläre Funktionen sind mit $A_i\,(x_0)=0$. Es ist also für $|\,x-x_0\,|<|\,|\,\delta\,|,\,y-y_0\,|<\delta_2$

$$F\,(x,\,y)=[(y-y_0)^n+A_1\,(x)\,(y-y_0)^{n-1}+\ldots+A_n\,(x)]\,e^{\mathfrak{P}_2}$$

Für $|\,y-y_0\,|\geqq\delta_2>\delta_1$ ist $G\,(x,\,y)=(y-y_0)^n\,e^{\mathfrak{P}_1}$, also sicher $\pm\,0$. Zu jedem x mit $0<|\,x-x_0\,|<\delta$ gibt es daher n Werte $y=g_1\,(x),\,\ldots$ $g_n\,(x)$ mit $|\,g_i\,(x)-y_0\,|<\delta_2$ und $g_i\,(x)\to y_0$ für $x\to x_0$, die der Gleichung $F\,(x,\,y)=0$ genügen. Die Stetigkeit der $g_i\,(x)$ folgt schon aus der Stetigkeit der Koeffizienten $A_k(x)$. Weiter sind die $g_i(x)$ regulär nach dem ersten Satz über implizite Funktionen an allen Stellen $x,\,y=g_i(x)$, für welche

$$G\,(x,\,y)=0\text{ und }\frac{\partial\,G\,(x,\,y)}{\partial\,y}\pm 0\text{ ist.}$$

Das sind aber die Stellen, für welche $g_i(x)$ nicht mehrfache Wurzel ist. Die entsprechenden x-Werte erhalten wir, indem wir das Produkt aller Differenzen $g_i(x)-g_k(x)$ bilden: $\Pi_{i\pm k}\,[g_i\,(x)-g_k\,(x)]$. Dieses Produkt ist aber als symmetrische, ganze rationale Funktion der Wurzeln eine ganze rationale Funktion der Koeffizienten $A_i(x)$, also eine für $|x - x_0| < \delta$ reguläre Funktion (die Diskriminante der Gleichung $G(x, y) = 0$). Diese Funktion ist $= 0$, für $x = x_0$, weil dort alle $g_i(x_0) = y_0$ sind, und da eine nichtkonstante reguläre Funktion nur isolierte Nullstellen hat, ist die Funktion für eine gewisse Kreisscheibe $0 < |x - x_0| < \delta'$ sicher $\neq 0$, sofern sie nicht identisch verschwindet. In dieser Kreisscheibe sind also dann alle $g_i(x)$ verschieden, und alle $g_i(x)$ regulär. Ist aber die Diskriminante $\equiv 0$, so sind mindestens zwei der $g_i(x)$ identisch gleich; wir erhalten diese, indem wir den größten gemeinsamen Teiler von $G(x, y)$ und $\dfrac{\partial G(x, y)}{\partial y}$ aufsuchen. Dieser Teiler, etwa $G_1(x, y) = y^\nu + B_1(x)\, y^{\nu-1} + \ldots + {}+ B_\nu(x)$, $(\nu < n)$ hat, gleich Null gesetzt, als Wurzeln y genau die mehrfachen Wurzeln von $G(x, y) = 0$. Mit dieser Gleichung $G_1 = 0$ hat man wie oben zu verfahren; nach endlich vielen solchen Schritten ist man wieder beim obigen Fall von lauter verschiedenen $g_i(x)$ (weil jedesmal der Grad der Gleichung um mindestens 1 abnimmt); man hat dann eine Kreisscheibe $0 < |x - x_0| < \delta''$, in der alle $g_i(x)$ regulär sind.

Es ist zu beachten, daß die $g_i(x)$ i. a. nicht analytisch aequivalent sein werden (Beispiel: $F(x, y) = y^2 - x^2$ mit $g_1(x) = x$, $g_2(x) = -x$). Der Punkt $x = x_0$, für den alle $g_i(x_0) = y_0$ sind, ist nur dann ein Verzweigungspunkt der $g_1(x), \ldots g_n(x)$, wenn diese bei Umlauf um den Punkt x_0 in der früher (s. S. 132 ff.) geschilderten Art ineinander übergehen. Hängen $k \leqq n$ Funktionen $g_i(x)$ in dieser Art bei $x = x_0$ zusammen (sind diese daher analytisch aequivalent), so ist $\sqrt[k]{x - x_0} = t$ ein lokaluniformisierender Parameter und die betreffenden $g_i(x)$ sind eindeutige reguläre Funktionen von t; wir haben in $x = x_0$ dann einen Verzweigungspunkt der Ordnung $k - 1$.

Es können natürlich auch mehrere Verzweigungen für $x = x_0$, $y = y_0$ auftreten (Beispiel: $F(x, y) = (y^3 - x)(y^2 - x)$ für $x_0 = y_0 = 0$); andererseits können die $g_i(x)$ auch analytisch aequivalent sein, ohne speziell durch Umläufe um x_0 ineinander überzugehen, also ohne Verzweigung in x_0 (Beispiel: $F(x, y) = y^2 - x^2(1 - x)$ für $x_0 = y_0 = 0$).

Sei allgemein eine algebraische Gleichung gegeben:

$$F(x, y) = y^n P_n(x) + y^{n-1} P_{n-1}(x) + \ldots + P_0(x) = 0.$$

Die Polynome $P_n(x)$, $P_{n-1}(x)$, $\ldots P_0(x)$ sollen keine allen gemeinsame Wurzel besitzen; ist eine solche vorhanden, $P_n(\alpha) = \ldots =$

$= P_0(\alpha) = 0$, so dividieren wir $F(x, y)$ durch $x - \alpha$ und betrachten die so entstandene Gleichung. Wir verfolgen nun auf Grund der vorangegangenen Sätze die Lösungen dieser Gleichung. Für jedes x mit $P_n(x) \neq 0$ erhalten wir n Werte $y = g_1(x), \ldots g_n(x)$, so daß

$$y^n P_n(x) + y^{n-1} P_{n-1}(x) + \ldots + P_0(x) = P_n(x)\,[y - g_1(x)] \ldots [y - g_n(x)].$$

Die $g_i(x)$ sind dabei bis auf Vertauschungen eindeutige und für $P_n(x) \neq 0$ reguläre Funktionen des jeweiligen ortsuniformisierenden Parameters also $x - x_0$, oder in einem Verzweigungspunkt $\sqrt[k]{x - x_0}$. Sei nun $P_n(x_0) = 0$, so setzen wir $y = \dfrac{1}{\eta}$ und haben

$$P_n(x) + P_{n-1}(x)\,\eta + \ldots + P_0(x)\,\eta^n = 0;$$

ist nun $P_0(x_0) \neq 0$, so sind alle Lösungen $\eta = \gamma_i(x)$ dieser Gleichung für $x = x_0$ reguläre Funktionen des betreffenden Ortsparameters und daher die reziproken Funktionen $y = \dfrac{1}{\gamma_i(x)} = g_i(x)$ entweder wieder regulär oder es haben die $g_i(x)$ dort Pole. Ist endlich $P_n(x_0) = P_0(x_0) = 0$, so schreiben wir mit einer Konstante α weiter $y = (y - \alpha) + \alpha = y' + \alpha$ und haben

$$y'^n P_n(x) + y'^{n-1}\,[P_{n-1}(x) + \alpha\,n\,P_n(x)] + \ldots + [\alpha^n P_n(x) + \alpha^{n-1} P_{n-1}(x) + \ldots + P_0(x)] = 0.$$

Dazu ist für $x = x_0$ der Koeffizient von y'^0 bei geeignetem α sicher $\neq 0$ und wir können wieder die obigen Schlußweisen anwenden. — Zur Untersuchung der Lösungen $y = g_i(x)$ für $x = \infty$ setzt man $x = \dfrac{1}{\xi}$ und untersucht die neue Gleichung für $\xi = 0$.

Die $g_i(x)$ haben also, als Funktionen des jeweiligen Ortsparameters betrachtet, nur Pole als Singularitäten.

§ 2. Algebraische Funktionen.

Sei $F(x, y) = y^n P_n(x) + y^{n-1} P_{n-1} + \ldots + P_0(x)$ ein Polynom in x, y, ferner $(x_0\ y_0)$ ein Wertepaar mit $F(x_0, y_0) = 0$ und $y = g_1(x)$ eine Lösung von $F(x, y) = 0$ mit $y_0 = g(x_0)$, welche für hinreichend kleine $|x - x_0|$ regulär ist. Bilden wir die sämtlichen dazu analytisch aequivalenten Funktionen $y = g(x)$, so befriedigen diese nach dem Permanenzprinzip gleichfalls die Gleichung $F(x, y) = 0$. Läßt sich weiter $F(x, y)$ in Polynome zerlegen: $F(x, y) = F_1(x, y)\,F_2(x, y) \ldots$ $\ldots F_r(x, y)$ und genügt unsere herausgegriffene Lösung $y = g_1(x)$

etwa der Gleichung $F_1(x, y) = 0$, so genügen auch alle analytischen Fortsetzungen der Lösung derselben Gleichung.

Wir zeigen auch umgekehrt: Sind $y = g(x)$ und $y = h(x)$ zwei Funktionen, etwa regulär für $|x - x'_0| < \delta'$, bzw. $|x - x_0''| < \delta''$, die der Gleichung $F(x, y) = 0$ genügen, und läßt sich $F(x, y)$ nicht als Produkt zweier Polynome in x, y darstellen, ist mit anderen Worten also $F(x, y)$ irreduzibel, so sind $y = g(x)$ und $y = h(x)$ analytisch aequivalent.

Wir setzen $y = g(x)$ analytisch fort und erhalten dabei stets Lösungen von $F(x, y) = 0$. Da wir, von den endlichvielen singulären Stellen abgesehen, immer über die ganze Ebene hin fortsetzen können, erhalten wir für alle x die gleiche Anzahl von Lösungen $y = g_1(x), \ldots$ $\ldots g_{n_1}(x)$, während die restlichen, mit $y = g(x)$ nicht analytisch aequivalenten Lösungen von $F(x, y) = 0$ seien: $y = g_{n_1+1}(x) \ldots$ $\ldots g_n(x)$. Da bei beliebigen Umläufen die $g_1(x), \ldots g_{n_1}(x)$ sowie die $g_{n_1+1}(x), \ldots g_n(x)$ höchstens untereinander sich vertauschen, sind die symmetrischen Funktionen der $g_1(x), \ldots g_{n_1}(x)$ und ebenso die der $g_{n_1+1}(x), \ldots g_n(x)$ eindeutige Funktionen von x und es ist

$$(y-g_1(x)) \ldots (y-g_{n_1}(x)) = y^{n_1} + y^{n_1-1} A_1(x) + \ldots + A_{n_1}(x) = G(x, y)$$
$$(y - g_{n_1+1}(x)) \ldots (y - g_n(x)) = y^{n-n_1} + y^{n-n_1-1} B_1(x) + \ldots +$$
$$+ B_{n-n_1}(x) = H(x, y),$$

wo die $A_k(x)$ und $B_k(x)$ eindeutige Funktionen von x sind. Da die $g_i(x)$ als Singularitäten nur endlichviele Pole haben, so gilt das auch von den $A_k(x)$ und $B_k(x)$; diese sind daher rationale Funktionen von x. Wir bestimmen nun zwei Polynome $Q(x)$ und $R(x)$ niedersten Grades in x derart, daß $Q(x) \cdot G(x, y)$ und $R(x) \cdot H(x, y)$ Polynome in x, y sind. Dann ist:

$$F(x, y) = P_n(x)(y-g_1(x)) \ldots (y-g_n(x)) = P_n(x) \cdot G(x, y) \cdot H(x, y) =$$
$$= [Q(x) \cdot G(x, y)][R(x) \cdot H(x, y)] \frac{P_n(x)}{Q(x) R(x)}$$

Es ist $\dfrac{P_n(x)}{Q(x) \cdot R(x)}$ ganz in x: wäre dies nicht der Fall, so hätte etwa für $x = \alpha$ das Produkt $Q(x) R(x)$ eine Nullstelle höherer Ordnung als $P_n(x)$ und der Quotient strebte für $x \to \alpha$ gegen ∞. Für ein solches α ist nun bei geeignetem y das Produkt der beiden Polynome $[Q(\alpha) G(\alpha, y)] \cdot [R(\alpha) H(\alpha, y)] \neq 0$. Wäre das Produkt für alle y identisch Null, so müßte eines der Polynome als Funktion von y identisch Null sein; dann wären alle seine Koeffizienten von y^0, y^1, $\ldots$ gleich Null.

Diese Koeffizienten — Polynome in x — müßten also alle den Faktor $x - \alpha$ haben; also auch das betreffende Polynom, entgegen der Definition von $Q(x)$, bzw. $R(x)$. Mit den so gewählten α und y ist aber das Bestehen der oben angeschriebenen Gleichung für $F(\alpha, y)$ unmöglich. Es ist also

$$\frac{P_n(x)}{Q(x)\,R(x)}$$

ein Polynom in x. Dann ist aber $F(x, y)$ als Produkt zweier Polynome in x und y mit positiven Graden in y dargestellt, wenn $n_1 < n$ ist. Soll dies aber nicht der Fall sein können, so muß $n_1 = n$ und alle Lösungen von $F(x, y) = 0$ sind analytisch aequivalent.

Ferner sind dann für jedes x die Entwicklungen der $g_1 \ldots g_n$ sämtlich verschieden: bildet man nämlich für alle verschiedenen g_j, deren Anzahl natürlich überall gleich ist, das Produkt der $y - g_j$, so ist dieses rational in x und ganz rational in y, also bis auf ein Polynom in x ein Teiler von F, also analog wie oben auch vom gleichen Grad n in y wie F.

Es sind also die irreduziblen Polynome mit den Polynomen $F(x, y)$ identisch, so daß die sämtlichen Lösungsfunktionen $y = g(x)$ von $F(x, y) = 0$ aus einer beliebigen von ihnen durch analytische Fortsetzung hervorgehen.

Man bezeichnet nun y als algebraische Funktion von x, wenn y einer irreduziblen algebraischen Gleichung $F(x, y) = 0$ genügt.

Selbstverständlich ist dann auch x algebraische Funktion von y.

Bildet man die *Riemannsche* Fläche $\mathfrak{F}_x$ der algebraischen Funktion $y(x)$, die zu $F(x, y) = 0$ gehört, so hat diese dem Grad von y entsprechend n Blätter, so daß jedem x n Punkte von $\mathfrak{F}_x$ mit den y-Werten $y_1 \ldots y_n$ entsprechen. Wir suchen nun auf der Fläche $\mathfrak{F}_x$ Funktionen, die auf $\mathfrak{F}_x$ eindeutig und regulär bis auf endlichviele Pole sind.

Sei z eine solche Funktion und $z_1 \ldots z_n$ die Werte dieser Funktion bei festem x auf den n Blättern von $\mathfrak{F}_x$, welche den Werten $y_1 \ldots y_n$ von y entsprechen. Dann sind die folgenden Funktionen der y_i und z_i rationale Funktionen von x: (vgl. eine analoge Schlußweise auf S. 133)

$$z_1 + z_2 \quad + \ldots + z_n \quad = R_0(x),$$
$$z_1 y_1 + z_2 y_2 + \ldots + z_n y_n = R_1(x),$$
$$\cdot$$
$$\cdot$$
$$z_1 y_1^{n-1} + z_2 y_2^{n-1} + \ldots + z_n y_n^{n-1} = R_{n-1}(x);$$

denn die linksstehenden Funktionen sind symmetrisch in den n Punkten von $\mathfrak{F}_x$ mit gleichem x, also eindeutig in x und sind regulär bis auf endlichviele Pole, also rational in x.

Bezeichnet man die Determinante der $z_1 \ldots z_n$ in unserm Gleichungssystem mit D

$$D = \begin{vmatrix} 1 & 1 & \ldots 1 \\ y_1 & y_2 & \cdots y_n \\ . \\ . \\ y_1^{n-1} & y_2^{n-1} & \cdots y_n^{n-1} \end{vmatrix},$$

so ist D^2 als symmetrische rationale Funktion der $y_1 \ldots y_n$ wieder eine rationale Funktion von x. Ferner ist D nicht identisch Null; sonst müßten zwei Funktionen y_i auf einer Kreisscheibe über der x-Ebene identisch sein, entgegen unserer obigen Bemerkung. Es gibt dann die Auflösung des linearen Gleichungssystems

$$z_1 = \frac{1}{D^2} \begin{vmatrix} 1 & 1 & \ldots 1 \\ y_1 & y_2 & \cdots y_n \\ . \\ . \\ y_1^{n-1} & y_2^{n-1} & \cdots y_n^{n-1} \end{vmatrix} \begin{vmatrix} R_0(x) & 1 & \ldots 1 \\ R_1(x) & y_2 & \cdots y_n \\ . \\ . \\ R_{n-1}(x) & y_2^{n-1} & \cdots y_n^{n-1} \end{vmatrix};$$

dadurch ist z_1 rational durch x, y_1 und symmetrische Funktionen von $y_2 \ldots y_n$ dargestellt; die letzteren sind wieder als rationale Funktionen von x und y_1 darstellbar; also ist z_1 rational durch x und y_1 darstellbar, und da es auf die Bezeichnung des Blattes nicht ankommt, ist z rationale Funktion von x und y.

Die auf der Riemannschen Fläche $\mathfrak{F}_x$ von $F(x, y) = 0$ eindeutigen und bis auf endlichviele Pole regulären Funktionen sind identisch mit den rationalen Funktionen von x und y.

Daß die rationalen Funktionen von x und y auf $\mathfrak{F}_x$ eindeutig und bis auf endlichviele Pole regulär sind, ist ja selbstverständlich.

Bilden wir das Produkt

$$(z - z_1)(z - z_2) \ldots (z - z_n) = z^n + A_{n-1}(x) z^{n-1} + \ldots + A_0(x),$$

so sind die $A_k(x)$ als symmetrische rationale Funktionen der $z_1 \ldots z_n$ wieder rationale Funktionen von x. Daher genügt z einer algebraischen Gleichung

$$Q(x)\,[z^n + A_{n-1}(x) z^{n-1} + \ldots + A_0(x)] = G(x, z) = 0$$

vom Grade n in z, wo $Q(x)$ das Polynom vom kleinsten Grad in x ist, so daß das Produkt $Q(x)\,[z^n + \ldots + A_0(x)]$ ganz rational in x ist.

Entweder sind nun die Entwicklungen der $z_1 \ldots z_n$ voneinander verschieden; dann ist, da ja die Funktionen z_i als rationale Funktionen von x, y_i analytisch aequivalent sind, $G\,(x,\,z)$ irreduzibel; oder es ist etwa allgemein $z_1 = z_2 = \ldots = z_k$ für ein Gebiet der x und alle andern z_i $(i = k + 1,\,\ldots\,n)$ von diesen verschieden, so gilt das auch für alle analytischen Fortsetzungen der $z_1 \ldots z_k$ und da man dadurch zu allen Funktionen z auf $\mathfrak{F}_x$ kommen kann (z ist als rationale Funktion von x und y über $\mathfrak{F}_x$ beliebig fortsetzbar), so sind immer je k von den n Werten z_i einander gleich, n ist durch k teilbar und es ist bis auf einen unwesentlichen Zahlenfaktor $G\,(x,\,z)$ die k-te Potenz eines Polynoms:

$$G\,(x,\,z) = [G_1\,(x,\,z)]^k$$

wo dann $G_1\,(x,\,z)$ irreduzibel ist.

Jede rationale Funktion von x und y genügt einer irreduziblen Gleichung $G_1\,(x,\,z) = 0$, deren Grad in z entweder n oder ein Teiler von n ist, wenn n der Grad von y in $F\,(x,\,y) = 0$ ist; z ist also eine algebraische Funktion von x.

Sämtliche auf einer und derselben *Riemann*schen Fläche $\mathfrak{F}_x$ einer algebraischen Funktion y mit $F\,(x,\,y) = 0$ eindeutigen und bis auf endlichviele Pole regulären Funktionen fassen wir zu einer *Klasse* zusammen. Diese Klasse besteht also aus der Gesamtheit aller rationalen Funktionen von x und y. Jede Klasse enthält natürlich alle rationalen Funktionen von x.

Die Beziehung zu den in der algebraischen Zahlentheorie gebräuchlichen Begriffen ist deutlich und durch die völlige Analogie der verwendeten Dinge im Wesen der Sache begründet. Man spricht auch vom Körper der rationalen Funktionen von x, oder dem der rationalen Funktionen von x und y; wir wollen aber, da wir möglichst ohne Verwendung algebraischer Gesichtspunkte vorgehen, den Ausdruck Klasse beibehalten.

Nun der Begriff *Ordnung* einer nichtkonstanten Funktion $z\,(x)$ unserer Klasse auf $\mathfrak{F}_x$. Sei c beliebig; wir denken uns die Punkte mit $z = c$ auf $\mathfrak{F}_x$ markiert; dies sind nur endlichviele, sonst hätten sie ja Häufungspunkte auf $\mathfrak{F}_x$, in denen auch $z = c$ wäre, woraus überhaupt z konstant $= c$ folgte. Durch endlichviele Strecken, welche weder einen Verzweigungspunkt, noch einen unendlichfernen Punkt von $\mathfrak{F}_x$, sowie keine Pole und keine Punkte $z = c$ enthalten, zerlegen wir $\mathfrak{F}_x$ in endlichviele, einfachzusammenhängende Gebiete $G_1, \ldots G_k$; die Verzweigungspunkte sind dabei sinngemäß durch l-fach den Punkt umlaufende Streckenzüge zu umlaufen, so daß ein l-fach überdecktes Gebiet entsteht. Seien die im entsprechenden Sinn zu durchlaufenden Randkurven von G_j etwa R_j, so ist die Integralsumme

$$\frac{1}{2\pi i} \sum_{j=1}^{k} (R_j) \int \frac{\dfrac{dz}{dx}}{z-c}\, dx$$

ersichtlich $= 0$, da jede Strecke doppelt, und zwar im entgegengesetzten Sinn durchlaufen wird. Für die schlicht über der x-Ebene ausgebreiteten Gebiete G_j ist das Integral $=$ Anzahl, wie oft $z = c$ ist — Anzahl der Pole von z innerhalb G_j. Für ein l-fach um einen Verzweigungspunkt x_0 sich windendes Gebiet G_j ist $x - x_0 = t^l$ zu setzen, wodurch G_j auf ein schlichtes Gebiet Γ_j mit der Randkurve Π_j abgebildet wird; es ist dann

$$(R_j) \int \frac{\dfrac{dz}{dx}}{z-c}\, dx = (\Pi_j) \int \frac{\dfrac{dz}{dt}}{z-c}\, dt$$

wieder gleich der obengenannten Differenz. Ebensolches gilt für die unendlichfernen Punkte von $\mathfrak{F}_x$, wo $x = \dfrac{1}{\xi}$, bzw. wenn der unendlich-ferne Punkt ein Verzweigungspunkt ist, $t^l = \dfrac{1}{x}$ zu setzen ist. Also gilt:

Eine Funktion z unserer Klasse nimmt auf $\mathfrak{F}_x$ jeden Wert c gleichoft an. Die Anzahl, wie oft ein Wert von z angenommen wird, heißt die *Ordnung der Funktion.* Z. B. hat x selbst die Ordnung n, gleich der Blätterzahl von $\mathfrak{F}_x$, was man besonders für die Verzweigungspunkte von $\mathfrak{F}_x$ durchdenken möge.

Sei nun $z(x)$ eine Funktion unserer Klasse der Ordnung m; die zu einem x gehörigen Entwicklungen von $z_1 \ldots z_n$ seien verschieden. Wir untersuchen die Abbildung der *Riemannschen* Fläche $\mathfrak{F}_x$ durch die Funktion $z(x)$. Da jeder Wert m-mal von z angenommen wird, so wird $\mathfrak{F}_x$ auf eine m-fach überdeckte Ebene abgebildet und da alle Funktionen z_i analytisch aequivalent sind, kommt man bei analytischer Fortsetzung der z in alle m Ebenen. Diese m-fach überdeckte Ebene ist dann die *Riemannsche* Fläche $\mathfrak{F}_z$ der Umkehrfunktion $x(z)$: jedem z entsprechen m Werte x, während einem x wieder n Werte z entsprechen. Alle diese so entstehenden *Riemann*schen Flächen $\mathfrak{F}_z$ sind eineindeutige, beiderseits stetige Bilder voneinander und von $\mathfrak{F}_x$, und jede Funktion unserer Klasse ist eindeutig und bis auf Pole regulär auf $\mathfrak{F}_z$.

Wie schon aus der Rechnung von S. 182 mit Vertauschung von y und z (die z_i sind alle verschieden!) hervorgeht, ist auch y rational durch x und z darstellbar, also jede Funktion unserer Klasse rational durch x und z darstellbar. Ist nun endlich v eine weitere Funktion unserer Klasse; $v_1 \ldots v_m$ seien die Werte von v in den m übereinanderliegenden Punkten der *Riemann*schen Fläche $\mathfrak{F}_z$ bei festem z; dann bilden wir das Produkt

$$(v - v_1 (v - v_2) \ldots (v - v_m) = v^m + A_{m-1} (z)\, v^{m-1} + \ldots + A_0 (z),$$

wo die $A_j (z)$ als symmetrische Funktionen der $v_1 \ldots v_m$ eindeutige Funktionen von z sind und da v bis auf endlichviele Pole[1] auf $\mathfrak{F}_z$ regulär ist, auch rational von z abhängen. Es ist also mit einem geeigneten Polynom $Q (z)$ in z

$$Q (z) \cdot [v^m + \ldots + A_0 (z)] = H (v, z)$$

ganz rational in v und z. Wir nehmen für $Q (z)$ dabei das Polynom vom kleinsten Grad in z, das diese Eigenschaft hat. Die Gleichung $H (v, z) = 0$ ist nach analogen Überlegungen wie früher irreduzibel, wenn die Entwicklungen der $v_1 \ldots v_m$ verschieden sind; andernfalls ist $H (v, z)$ die Potenz eines irreduziblen Polynoms. Im ersteren Fall ist wieder x durch v und z, also schließlich jede Funktion der Klasse rational durch v und z darstellbar.

In unserer Klasse von algebraischen Funktionen sind also je zwei Funktionen durch eine irreduzible Gleichung miteinander verbunden; durch zwei geeignete Funktionen unserer Klasse lassen sich alle übrigen rational darstellen.

Die irreduzible Gleichung $F (x, y) = 0$, die entsprechende *Riemann*sche Fläche $\mathfrak{F}_x$, die auf $\mathfrak{F}_x$ eindeutigen und bis auf Pole regulären Funktionen z (die rationalen Funktionen von x und y), die wir zu einer Klasse von algebraischen Funktionen zusammengefaßt haben, die *Riemann*schen Flächen $\mathfrak{F}_z$, die dadurch entstehen, alle diese Begriffe sind je nach der Betrachtungsweise verschiedene Ausdrucksformen dessen, was wir als ein *algebraisches Gebilde* bezeichnen.

§ 3. Integrale von algebraischen Funktionen.

Wir führen analog wie im Reellen den Begriff des *Differentials* ein. Sei $f (x)$ in einem Gebiet G regulär und x_0 ein Punkt von G; dann heißt in der Entwicklung von $f (x)$ in x_0:

$$f (x) - f (x_0) = f' (x_0) (x - x_0) + \ldots$$

[1] Da v auf $\mathfrak{F}_x$ bis auf endlichviele Pole regulär ist und diese Eigenschaft bei der Abbildung $\mathfrak{F}_x \to \mathfrak{F}_z$ ersichtlich erhalten bleibt.

das in $x - x_0$ lineare Glied, also wenn wir statt $x - x_0$ noch $d\,x$ schreiben

$$f'\,(x_0)\,d\,x = d\,f\,(x)$$

das *Differential von $f\,(x)$ in x_0*. Führt man für x eine Funktion $x = \varphi\,(\xi)$ mit $x_0 = \varphi\,(\xi_0)$ ein, wo $\varphi\,(\xi)$ wieder in ξ_0 differenzierbar ist, so gilt für das Differential von $f\,(\varphi\,(\xi))$

$$d\,f = f'\,(x_0)\,.\,\varphi'\,(\xi_0)\,d\,\xi$$

Wir betrachten auf der *Riemann*schen Fläche $\mathfrak{F}_x$ der Gleichung $F\,(x, y) = O$ eine algebraische Funktion, also eine rationale Funktion $R\,(x, y)$. Ist t der Ortsparameter an einer Stelle von $\mathfrak{F}_x$, so betrachten wir dort das Differential

$$R\,(x\,(t),\,y\,(t))\,\frac{d\,x\,(t)}{dt}\,dt = R\,(x,\,y)\,dx.$$

Wir bilden $\mathfrak{F}_x$ durch eine Funktion z des Gebildes auf die *Riemann*sche Fläche $\mathfrak{F}_z$ ab; dabei sei z so beschaffen, daß die Entwicklungen von z auf den übereinanderliegenden Punkten von $\mathfrak{F}_x$ verschieden sind; daraus folgt sofort, daß y (und damit alle Funktionen unserer Klasse) rational durch x und z sich darstellen läßt; also ist $R\,(x,\,y) - R_1\,(x,\,z)$ und

$$R\,(x,\,y)\,d\,x = R_1\,(x,\,z)\,.\,\frac{d\,x}{d\,z}\,d\,z;$$

da x und z durch eine irreduzible Gleichung $\varphi\,(x, z) = 0$ zusammenhängen, so ist $\dfrac{d\,x}{d\,z} = -\dfrac{\varphi_z}{\varphi_x}$ wieder eine algebraische Funktion unserer Klasse.

Die Integrale auf $\mathfrak{F}_x$, bzw. $\mathfrak{F}_z$, genommen mit einem festen Anfangspunkt auf $\mathfrak{F}_x$, bzw. $\mathfrak{F}_z$, längs einer Kurve auf dieser Fläche bis zum Punkt x, bzw. z,

$$\int R\,(x,\,y)\,d\,x = \int R_1\,(x,\,z)\,\frac{d\,x}{d\,z}\,d\,z$$

sind *Integrale algebraischer Funktionen, selbst aber i. a. nicht algebraische Funktionen und nicht eindeutig.*

Wir beziehen die Differentiale stets auf den jeweiligen Ortsparameter, also auf $x - x_0$ in einem gewöhnlichen Punkt; in einem Verzweigungspunkt von $\mathfrak{F}_x$ ist $x - x_0 = t^l$ zu setzen, also das Differential von der Form:

Potenzreihe in $t\,.\,l\,t^{l-1}\,d\,t$;

im unendlichfernen Punkt ist $\dfrac{1}{x} = t^l$, das Differential also

$$\text{Potenzreihe in } t \;.\; l\, t^{-l-1}\, d\, t.$$

Man spricht bei Differentialen genau so wie bei algebraischen Funktionen von *Nullstellen und Polen:* ist die Entwicklung eines Differentials gegeben durch (t Ortsparameter)

$$(c_n\, t^n + c_{n+1}\, t^{n+1} + \ldots)\, d\, t \quad (c_n \neq 0)$$

(unendlichviele negative Potenzen von t können natürlich nicht auftreten!), so spricht man bei $n > 0$ von einer *Nullstelle n-ter Ordnung,* für $n < 0$ von einem *Pol n-ter Ordnung;* für $n \geqq 0$ liegt eine *gewöhnliche Stelle* des Differentials vor. Man sieht sofort, daß Nullstellen und Pole sich nirgends häufen, daß also ein Differential nur endlichviele Nullstellen und Pole aufweisen kann. Wählt man statt des Ortsparameters t einer Stelle x_0 einen andern Parameter τ, der gleichfalls ein Gebiet um den betreffenden Punkt x_0 in ein Gebiet der τ-Ebene überführt, wobei $t = 0$ und $\tau = 0$ sich entsprechen mögen, so muß nach den Sätzen über schlichte Abbildung gelten:

$$\tau = c_1\, t + c_2\, t^2 + \ldots \text{ mit } c_1 \neq 0$$

also auch
$$t = \frac{1}{c_1}\, \tau + \ldots;$$

bei Einführung des neuen Parameters τ bleibt eine Nullstelle n-ter Ordnung, ebenso ein Pol n-ter Ordnung und ein gewöhnlicher Punkt für ein Differential erhalten.

Bilden wir den „Quotienten" zweier Differentiale

$$d\, \Phi = R_1\, (x,\, y)\, d\, x \quad \text{und} \quad d\, \psi = R_2\, (x,\, y)\, d\, x,$$

nämlich die Funktion:

$$\frac{R_1\, (x,\, y)}{R_2\, (x,\, y)} = \frac{d\, \Phi}{d\, \psi},$$

so hat diese als algebraische Funktion gleichviel Nullstellen und Pole; nun ist die Anzahl der Nullstellen von $\dfrac{d\, \Phi}{d\, \psi} =$ Anzahl der Nullstellen von $d\, \Phi +$ Anzahl der Pole von $d\, \psi -$ Anzahl der gemeinsamen Nullstellen von $d\, \Phi$ und $d\, \psi -$ Anzahl der gemeinsamen Pole von $d\, \Phi$ und $d\, \psi$. Ebenso bestimmen wir die Anzahl der Pole von $\dfrac{d\, \Phi}{d\, \psi}$; aus der Gleichheit dieser Zahlen folgt dann:

Anzahl der Nullstellen — Anzahl der Pole von $d\, \Phi =$ Anzahl der Nullstellen — Anzahl der Pole von $d\, \psi$:

Die Differenz der Anzahl der Nullstellen und Pole ist für alle Differentiale eines algebraischen Gebildes konstant.

Um diese Konstante zu bestimmen, betrachten wir das spezielle Differential $d\,x$ auf $\mathfrak{F}_x$. Für die Nullstellen und Pole von $d\,x$ kommen nur die Verzweigungspunkte und die unendlichfernen Punkte von $\mathfrak{F}_x$ in Betracht. Für einen endlichen Verzweigungspunkt ist $x - x_0 = t^l$, also $d\,x = l\,t^{l-1}\,d\,t$, wir haben eine Nullstelle $l - 1$-ter Ordnung; $l - 1$ ist aber auch die Ordnung der betreffenden Verzweigungsstelle. Für einen Verzweigungspunkt im Unendlichen ist $\dfrac{1}{x} = t^l$, also $d\,x = -\,l\,t^{-l-1}\,d\,t$ zu nehmen; also haben wir für eine Verzweigung von $l - 1$-ter Ordnung einen Pol von der Ordnung $l + 1$, für jeden unverzweigten unendlichfernen Punkt einen zweifachen Pol. Seien im Unendlichen nun k Verzweigungspunkte, in denen je $l_1, l_2 \ldots l_k$-Blätter zusammenhängen; die Summe der Ordnungen dieser Verzweigungspunkte ist $\overset{k}{\underset{i=1}{\Sigma}}\,(l_i - 1)$; die Anzahl der damit erfaßten Blätter ist $\overset{k}{\underset{i=1}{\Sigma}}\,l_i$, die Anzahl der restlichen Blätter also $n - \overset{k}{\underset{i=1}{\Sigma}}\,l_i$, wenn die Anzahl der Blätter (die Ordnung von x) gleich n ist. Dann ergibt sich die Anzahl der Pole von $d\,x$

$$\overset{k}{\underset{i=1}{\Sigma}}\,(l_i + 1) + 2\,\Big(n - \overset{k}{\underset{i=1}{\Sigma}}\,l_i\Big) = 2\,n - \overset{k}{\underset{i=1}{\Sigma}}\,(l_i - 1),$$

also $2\,n -$ Summe der Ordnungen der Verzweigungspunkte im Unendlichen. Bezeichnet man mit w die Summe der Ordnungen aller Verzweigungspunkte von $\mathfrak{F}_x$, so ist die Differenz der Anzahl der Nullstellen und der Pole von $d\,x$:

$$w - 2\,n.$$

Diese Zahl ist also eine Konstante unseres Gebildes:

Sind z und v zwei algebraische Funktionen unseres Gebildes, so daß alle Funktionen der Klasse sich rational durch z und v darstellen lassen und ist $\mathfrak{F}_z$ die zugehörige Riemannsche Fläche mit m Blättern und W Verzweigungen ($=$ Summe der Ordnungen der Verzweigungen von $\mathfrak{F}_z$), so ist $W - 2\,m$ stets konstant und gleich der Differenz der Anzahl der Nullstellen und der Pole von $d\,z$.

Wir setzen nun

$$W - 2\,m = 2\,p - 2$$

und nennen die dadurch bestimmte Zahl p das *Geschlecht* unseres algebraischen Gebildes. Bevor wir auf diesen Begriff und die damit zusammenhängende Betrachtungsweise näher eingehen, führen wir einige spezielle Fälle an.

Gibt es in unserer Klasse von algebraischen Funktionen eine Funktion z der Ordnung 1, so bildet z die *Riemann*sche Fläche $\mathfrak{F}_x$ auf eine einblättrige Fläche, also die volle z-Ebene ab; es ist $W = 0$, $m = 1$, also $p = 0$. Dann ist aber jede algebraische Funktion unseres Gebildes auf der z-Ebene eindeutig, also eine rationale Funktion von z; die sämtlichen algebraischen Funktionen lassen sich also durch eine geeignete unter ihnen rational darstellen.

Gibt es in unserer Klasse keine Funktion der Ordnung 1, aber eine solche, es sei wieder z, von der Ordnung 2, so bildet diese $\mathfrak{F}_x$ auf eine zweiblättrige *Riemann*sche Fläche $\mathfrak{F}_z$ ab. Auf $\mathfrak{F}_z$ sind dann alle algebraischen Funktionen unseres Gebildes eindeutig. Wir geben wieder eine Darstellung einer dieser algebraischen Funktionen u. Die zwei Blätter von $\mathfrak{F}_z$ müssen durch Verzweigungen verbunden sein; die endlichen Verzweigungspunkte von $\mathfrak{F}_z$ seien nun $\alpha_1 \ldots \alpha_k$. Dann ist $\zeta = \sqrt{(z-\alpha_1)\ldots(z-\alpha_k)}$ eine Funktion, für die $\mathfrak{F}_z$ gleichfalls die *Riemann*sche Fläche ist. Für zwei Punkte von $\mathfrak{F}_z$ mit gleichem z seien die Werte von u gegeben durch u_1 und u_2, während die Werte von ζ sich um den Faktor -1 unterscheiden. Es sind also

$$u_1 + u_2 = R_0(z)$$
$$\sqrt{(z-\alpha_1)\ldots(z-\alpha_k)} \cdot (u_1 - u_2) = R_1(z)$$

eindeutige Funktionen von z mit nur endlichvielen Polen, also rational in z. Also ist

$$u = \frac{R_0(z)}{2} + \frac{R_1(z)}{2\sqrt{(z-\alpha_1)\ldots(z-\alpha_k)}}$$

die algebraischen Funktionen u lassen sich also rational durch z und die $\sqrt{(z-\alpha_1)\ldots(z-\alpha_k)}$ darstellen.

Nun die Anzahl W der Verzweigungspunkte von $\mathfrak{F}_z$! Die Entwicklung von ζ im unendlichfernen Punkt ist

$$\zeta = z^{\frac{k}{2}}\left(1 - \frac{\alpha_1}{z}\right)^{\frac{1}{2}} \ldots \left(1 - \frac{\alpha_k}{z}\right)^{\frac{1}{2}} = z^{\frac{k}{2}}\left(1 + \frac{c_1}{z} + \ldots\right);$$

ist also k gerade, so ist $z = \infty$ kein Verzweigungspunkt und es ist $W = k$; ist aber k ungerade, so ändert ζ bei einer Durchlaufung eines hinreichend großen Kreises $|z| = R$ das Vorzeichen und $z = \infty$ ist Verzweigungspunkt, also $W = k + 1$; es ist also stets W eine gerade Zahl.

Ist $W = 2$ und die beiden Verzweigungspunkte etwa 0 und ∞ (was man durch lineare Transformation stets erreichen kann), also $\zeta = \sqrt{z}$, so sind alle algebraischen Funktionen rational durch z und $\zeta = \sqrt{z}$, also auch rational durch ζ allein darstellbar; nun ist aber dann ζ eine Funktion der Ordnung 1; soll eine solche nicht existieren, so muß $W > 2$ sein.

Da W gerade ist, muß wegen $m = 2$ und $W = 2p + 2$ das Geschlecht p eine ganze Zahl > 0 sein; es gilt also:

Ist eine Funktion z der Ordnung 2 vorhanden, so sind alle Funktionen unserer Klasse rational durch z und eine Quadratwurzel aus einem Polynom vom Grade $2p + 1$ oder $2p + 2$ darstellbar, wo p das Geschlecht des Gebildes bedeutet. Im Falle $p = 1$ sprechen wir von einem *elliptischen*, für $p > 1$ von einem *hyperelliptischen* Fall.

Wir kommen wieder allgemein zu den Differentialen. Die Differenz: Anzahl der Nullstellen — Anzahl der Pole ist $W - 2m = 2p - 2$. Es liegt nahe, *nach Differentialen zu fragen, die keine Pole haben, deren Integrale also überall reguläre Funktionen darstellen.* Dazu ist notwendig, daß $2p - 2 \geqq 0$ oder $p \geqq 1$ ist. Man kann nun zeigen, daß für $p \geqq 1$ tatsächlich stets solche Differentiale existieren, und zwar gibt es deren dann *genau p linear unabhängige.* Man nennt diese die *Differentiale 1. Gattung;* sie spielen im Aufbau der ganzen Theorie die wichtigste Rolle. Weiter bezeichnet man als Differentiale 2. Gattung solche, für welche die Koeffizienten der -1-ten Potenz des Ortsparameters stets $= 0$ sind; die entsprechenden Integrale haben dann Pole an den singulären Stellen des Differentials. Differentiale 3. Gattung heißen endlich solche, welche auch von Null verschiedene Koeffizienten der -1-ten Potenzen haben. deren Integrale daher auch logarithmische Singularitäten haben. Beispiele für diese Funktionen werden wir in den nächsten Kapiteln bei den elliptischen Gebilden kennenlernen.

Wir sind bis jetzt zur Charakterisierung eines algebraischen Gebildes von einer algebraischen Gleichung $F(x, y) = 0$ ausgegangen, bzw. von der dadurch definierten Funktion $y = y(x)$ und sind von hier aus auf die *Riemann*sche Fläche $\mathfrak{F}_x$ gekommen. Eine ganz neue Betrachtungsweise bietet sich nun dar, wenn man nach dem Vorgang von *B. Riemann*, wie er später von *F. Klein* und *H. Weyl* präziser formuliert worden ist, vom Begriff der *Riemann*schen Fläche ausgeht.

Es sei eine zweidimensionale Mannigfaltigkeit gegeben, wie wir sie anschaulich bei der Kugel, einem Autoreifen, einer Brezel vor uns haben, während eine genauere Definition hier nicht ausgeführt werden kann. Für eine solche Fläche ist das Geschlecht die Maximalanzahl der einander nicht schneidenden geschlossenen Kurven (Querschnitte), längs deren aufgeschnitten die Fläche nicht zerfällt (z. B. ist das Geschlecht der Kugel Null, eines Autoreifens 1 usw.). Auf diesen Flächen soll weiter eine Maßbestimmung so eingeführt werden können, daß jedes hinreichend kleine Gebiet der Fläche sich konform auf ein ebenes Gebiet abbilden läßt. Wir können dann die Fläche stückweise durch komplexe Parameter beschreiben und zunächst wenigstens stückweise analytische Funktionen auf der Fläche konstruieren (denken wir an die stereographische Abbildung der Kugel auf die Ebene!). Es läßt sich nun nach Methoden, wie sie seit *Riemann* besonders von *Neumann* und *D. Hilbert* ausgebildet worden sind, zeigen, daß auf einer solchen Fläche vom Geschlecht p stets p linear unabhängige Differentiale erster Gattung (in derselben Bezeichnungsweise wie oben) existieren; ebenso lassen sich Integrale 2-ter und 3-ter Gattung mit vorgegebenen Singularitäten konstruieren, welche Integrale natürlich i. a. auf der Fläche nicht eindeutig sein werden und endlich lassen sich Funktionen bilden, welche auf der Fläche eindeutig sind und bis auf endlichviele Pole sich regulär verhalten; von diesen letztgenannten ergibt sich, daß je zwei durch eine algebraische Gleichung zusammenhängen und durch geeignete zwei von ihnen sich jede andere rational darstellen läßt. Das sind also algebraische Funktionen einer Klasse im früheren Sinn und es stellt sich heraus, daß der damals entwickelte Begriff des Geschlechtes mit dem nun definierten topologischen Geschlecht übereinstimmt.

Die folgenden Kapitel gelten dem wichtigen Spezialfall der algebraischen Gebilde, in dem $p = 1$ ist, dem sogenannten elliptischen Fall.

§ 4. Die elliptischen Gebilde.

Wir besprechen die elliptischen Gebilde etwas näher, also diejenigen, in denen *eine Funktion z der Ordnung 2, aber keine der Ordnung 1 existiert und $p = 1$ ist.* Die algebraischen Funktionen eines solchen Gebildes — man spricht kurz von elliptischen Funktionen — sind dann eindeutig auf der *Riemann*schen Fläche $\mathfrak{F}_z$ mit zwei Blättern und vier Verzweigungspunkten; $\mathfrak{F}_z$ ist also auch die *Riemann*sche Fläche der Quadratwurzel $\sqrt{P(z)}$ aus einem Polynom $P(z)$ dritter oder vierten Grades ohne Doppelwurzeln und die algebraischen Funktionen unserer Klasse sind rationale Funktionen von z und $\sqrt{P(z)}$, lassen sich also in der Form darstellen

$$\frac{Q_1(z) + Q_2(z)\sqrt{P(z)}}{Q(z)} \qquad (Q_1(z), Q_2(z), Q(z)\ \text{Polynome in } z).$$

Wir fragen nach den eventuell vorhandenen Differentialen erster Gattung, etwa[1]

$$d\,u(z) = \frac{Q_1(z) + Q_2(z)\sqrt{P(z)}}{Q(z)}\,d\,z$$

Bezeichnen wir zwei übereinanderliegende Punkte von $\mathfrak{F}_z$, also Punkte mit gleichen z-Werten, mit z und $\dot{z}$, so ist

$$\sqrt{P(z)} = -\sqrt{P(\dot{z})}.$$

Soll $d\,u(z)$ überall auf $\mathfrak{F}_z$ regulär sein, so auch $d\,u(\dot{z})$ und

$$d\,u(z) + d\,u(\dot{z}) = 2\,\frac{Q_1(z)}{Q(z)}\,d\,z.$$

Dann muß aber $Q_1(z) \equiv 0$ sein: sonst hätte ja schon $\dfrac{Q_1(z)}{Q(z)}$ einen Pol, oder wenn der Quotient konstant $= c \neq 0$ wäre, so würde ja $c\,dz$ für $z = \infty$ einen Pol haben. Also muß die Darstellung gelten:

$$d\,u(z) = \frac{Q_2(z)\sqrt{P(z)}}{Q(z)}\,d\,z.$$

Wir können annehmen, daß $Q_2(z)$ und $Q(z)$ keine Nullstellen gemein haben, da wir sonst den gemeinsamen Faktor durchdividieren können. Für die Nullstellen von $Q(z)$ muß dann $P(z) = 0$ sein, damit dort $d\,u(z)$ regulär sein kann. Ferner können die Nullstellen von $Q(z)$ höchstens einfach sein, so daß der Grad von $Q(z) \leqq$ dem Grad von $P(z)$ sein muß. Seien die Grade von $Q_2(z)$, $Q(z)$ etwa n_2 und n und der Grad von $P(z)$ gleich 4, so ist $n \leqq 4$ und im Punkt ∞ mit $z = \dfrac{1}{t}$ die Entwicklung:

$$\frac{Q_2(z)\sqrt{P(z)}}{Q(z)}\,dz = t^{-n_2 - 2 + n}\,(c_0 + c_1 t + \ldots)\,t^{-2}\,d\,t \quad (c_0 \neq 0)$$

also muß $n - n_2 - 4 \geqq 0$ sein und wegen $n \leqq 4$

---

[1] Es ist kein Irrtum zu befürchten, wenn wir der Einfachheit halber den Punkt auf $\mathfrak{F}_z$ und seine z-Koordinate gleich bezeichnen.

$$4 \geqq n \geqq n_2 + 4$$

also $n_2 = 0$ und $n = 4$; da jede Nullstelle von $Q(z)$ auch eine von $P(z)$ ist, ist bis auf einen konstanten Faktor $P(z) \equiv Q(z)$ und

$$d\,u(z) = \frac{c\,dz}{\sqrt{P(z)}}.$$

Ist der Grad von $P(z)$ gleich 3, so ist für $z = \infty$ mit $z = \dfrac{1}{t^2}$

$$\frac{Q_2(z)\sqrt{P(z)}}{Q(z)} = t^{-2n_2-3+2n}(c_0 + c_1 t + \ldots)\,t^{-3}\,d\,t \quad (c_0 \neq 0),$$

also muß $2n - 2n_2 - 6 \geqq 0$ sein und wegen $n \leqq 3$

$$6 \geqq 2n \geqq 2n_2 + 6,$$

also wieder $n_2 = 0$ und $n = 3$; analog wie oben ist $P(z) \equiv Q(z)$ und

$$d\,u(z) = \frac{c\,d z}{\sqrt{P(z)}}.$$

Wir zeigen, daß diese Differentiale wirklich überall auf $\mathfrak{F}_z$ regulär sind. Ersichtlich ist dies nur für die Verzweigungspunkte und die unendlichfernen Punkte nötig. Für einen Verzweigungspunkt a mit $z - a = t^2$ ist $\sqrt{P(z)} = \sqrt{t^2(b_0 + b_1 t^2 + \ldots)}$ mit $b_0 \neq 0$ und

$$d\,u(z) = \frac{2\,c}{\sqrt{b_0 + \ldots}}\,d\,t$$

regulär. Im Unendlichen ist für den Grad 4 von $P(z)$ wieder $\sqrt{P(z)} =$
$= t^{-2}(a_0 + a_1 t + \ldots)\,(a_0 \neq 0)$ und

$$d\,u(z) = \frac{-c\,d\,t}{a_0 + a_1 t + \ldots};$$

für den Grad 3 von $P(z)$ aber $\sqrt{P(z)} = t^{-3}(a_0 + a_1 t + \ldots)\ (a_0 \neq 0)$ und

$$d\,u(z) = \frac{-2\,c\,d\,t}{a_0 + a_1 t + \ldots}$$

$d\,u$ hat also nirgends Pole. Was wir hier für eine spezielle *Riemann*sche Fläche unseres Gebildes nachgewiesen haben, gilt nun allgemein:

Für ein elliptisches Gebilde gibt es ein und bis auf einen konstanten Faktor auch nur ein Differential erster Gattung.

Hieraus folgt nebenbei ohne jede Rechnung, daß bei einer linearen Transformation des $z \to z_1$, bei der die endlichen Verzweigungspunkte der transformierten Fläche die Nullstellen des Polynoms $P_1(z_1)$ werden, bis auf eine Konstante γ gilt

$$\frac{d\,z}{\sqrt{P(z)}} = \gamma\,\frac{d\,z_1}{\sqrt{P_1(z_1)}}.$$

Durch lineare Transformation kann man stets erreichen, daß einer der Verzweigungspunkte nach ∞ fällt und für die restlichen Verzweigungspunkte $\alpha_1,\ \alpha_2,\ \alpha_3$ gilt $\alpha_1 + \alpha_2 + \alpha_3 = 0$. Dann läßt sich das Differential erster Gattung nach *Weierstraß* in der Form schreiben:

$$\frac{d\,z}{\sqrt{4\,z^3 - g_2\,z - g_3}}.$$

Wie aus diesen Entwicklungen sich weiter ergibt, hat $d\,u\,(z) = \dfrac{c\,d\,z}{\sqrt{P(z)}}$ weder an den Verzweigungsstellen noch im Unendlichfernen Nullstellen, also hat es überhaupt keine Nullstellen, wie sich übrigens auch direkt aus der Abzählung der Nullstellen eines Differentials erster Gattung im vorigen Kapitel ergibt: deren Zahl war $2\,p - 2$, also $= 0$ für $p = 1$.

Wir betrachten die Abbildung von $\mathfrak{F}_z$ durch das Integral erster Gattung:

$$u = \int\limits_{z_0}^{z} \frac{d\,z}{\sqrt{P(z)}}$$

(z_0 beliebig auf $\mathfrak{F}_z$ gewählt), das Integral über eine beliebige Kurve auf $\mathfrak{F}_z$ von z_0 nach z erstreckt. Ist z_1 ein beliebiger Punkt von $\mathfrak{F}_z$ und t der ortsuniformisierende Parameter für z_1 (also $z - z_1$ für einen gewöhnlichen Punkt, $\sqrt{z - z_1}$ für einen endlichen Verzweigungspunkt, $\dfrac{1}{z}$, bzw. $\dfrac{1}{\sqrt{z}}$ für einen unendlichfernen Punkt), so wird, weil $d\,u$ keine Nullstellen hat, das Integral u für z_1 die Entwicklung aufweisen $u = \alpha_0 + \alpha_1 t + \ldots$ mit $\alpha_1 \neq 0$; es wird daher u eine hinreichend kleine (eventuell mehrfach überdeckte) Kreisscheibe um z_1, etwa für $|t| < \varepsilon$ auf ein schlichtes Gebiet der u-Ebene abbilden. Wir zeigen weiter:

Die sämtlichen Werte von $u = \displaystyle\int\limits_{z_0}^{z} \dfrac{d\,z}{\sqrt{P(z)}}$ *erfüllen die einfach überdeckte* u-*Ebene (ohne den unendlichfernen Punkt).*

Denn die Menge dieser u-Werte ist nach dem eben Gesagten sicher offen; ferner enthält sie alle endlichen Häufungspunkte; denn ist $\lim u_n = u_0$ endlich und gehören zu den $u_1, u_2 \ldots$ Punkte $z_1, z_2 \ldots$ auf $\mathfrak{F}_z$, so haben diese sicher einen Häufungspunkt z' (der auch unendlichfern sein kann); sei etwa gleich $z_n \to z'$. Unter den u-Werten, die zu z' gehören, kommt dann wegen der Stetigkeit von u als Funktion des Ortsparameters t in z' auch der Wert $u(z') = \lim u(z_n) = \lim u_n = u_0$ vor. Es kann also die Menge der u-Werte unseres Integrals nur die einfache oder eventuell mehrfach überdeckte Ebene sein, deren Blätter durch analytische Fortsetzung von $u(z)$ zusammenhängen, jedoch ohne die unendlichfernen Punkte, da ja $u(z)$ stets endlich bleibt. Da aber keine Verzweigungen existieren (du hat ja keine Nullstellen), kann diese Menge nur die einfache u-Ebene sein.

Jedes u wird also einmal und nur einmal angenommen, d. h. es gehört zu jedem u ein und nur ein Punkt von $\mathfrak{F}_z$ und $z(u)$ ist eine eindeutige Funktion. Umgekehrt ist $u(z)$ sicher nicht eine eindeutige Funktion: wäre $u(z)$ eindeutig, so wählen wir eine Folge von Zahlen u_n mit $u_n \to \infty$; dann entspricht jedem u_n ein Punkt z_n auf $\mathfrak{F}_z$, die z_n haben auf $\mathfrak{F}_z$ einen Häufungspunkt z' und es sei gleich $z_n \to z'$. Wegen der Eindeutigkeit von $u(z)$ wäre dann $\lim u(z_n) = u(z') = \infty$ im Widerspruch dazu, daß $u(z)$ überall endlich ist.

Also ist $u(z)$ nicht eindeutig; es gibt zu einem z, etwa z', zwei u-Werte $u' \neq u''$. Die gerade Strecke von u' bis u'' wird durch $z(u)$ auf eine Kurve C in $\mathfrak{F}_z$ abgebildet und es ist C eine geschlossene Kurve: $z(u') = z(u'')$. Für diese Kurve ist nun:

$$(C) \int \frac{d\,u(z)}{d\,z}\,d\,z = (C) \int \frac{d\,z}{\sqrt{P(z)}} = u'' - u' \neq 0$$

Wird die Kurve C etwa k-mal durchlaufen (k beliebige ganze positive oder negative Zahl), so kommen wir von u' aus auf alle Zahlen der Form $u' + k(u'' - u')$ für denselben Punkt z'. Dasselbe gilt für einen beliebigen Punkt z_1 von $\mathfrak{F}_z$: wir brauchen bloß z_1 mit z' durch eine Kurve Γ zu verbinden und es ist mit jeden Wert u_1 auch

$$u_1 + (\Gamma) \int_{z_1}^{z'} \frac{d\,u}{d\,z}\,d\,z + (C) \int \frac{d\,u}{d\,z}\,d\,z + (\Gamma) \int_{z'}^{z_1} \frac{d\,u}{d\,z}\,d\,z = u_1 + (u'' - u')$$

ein u-Wert für z_1. Gehören also zu einem z' von $\mathfrak{F}_z$ zwei Werte u' und u'', so gehören für jeden Punkt z von $\mathfrak{F}_z$ mit u auch alle Werte

$u + k\,(u'' - u')$ zu z. Es muß also $z\,(u)$ die Periode $u'' - u' = \omega$ haben:

$$z\,(u + \omega) = z\,(u).$$

Nun gibt es nicht beliebig kleine Perioden $\neq 0$ von $z\,(u)$: wären $\omega_1, \omega_2, \ldots$ mit $\omega_n \to 0$ Perioden, so wäre ja $z\,(u) = z\,(u + \omega_n)$ und $z\,(u)$ als analytische Funktion konstant. Mit zwei Perioden ω_1 und ω_2 sind auch alle Zahlen $n\,\omega_1 + m\,\omega_2$ mit ganzen n und m Perioden.

Nehmen wir einmal nur die Perioden von $z\,(u)$ her, die auf einer Geraden liegen, also von der Form sind $\lambda\,\omega$ (λ reell $\neq 0$). Sei ω_1 die absolut kleinste dieser Perioden, dann ist jede solche Periode ein ganzzahliges Vielfaches von ω_1; gäbe es außer diesen noch eine Periode ω' auf dieser Gerade, so läge ω' auf dieser zwischen zwei Perioden $k\,\omega_1$ und $(k + 1)\,\omega_1$; es wäre dann $\omega' - k\,\omega_1$ ebenfalls eine Periode, die auf unserer Geraden liegt und $|\,\omega' - k\,\omega_1\,| < \omega_1$ gegen die Voraussetzung.

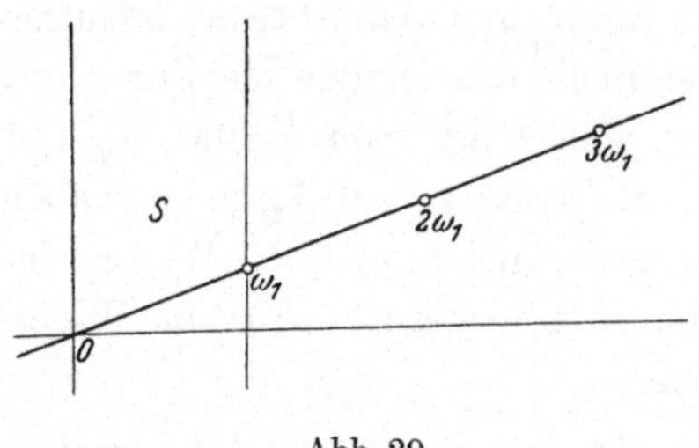

Abb. 29.

Die Perioden von $z\,(u)$ liegen nicht sämtlich auf einer Geraden; wäre das der Fall, und daher alle Perioden Vielfache etwa von ω_1 und sei $\Re\,(\omega_1) > 0$ (ist $\Re\,(\omega_1) < 0$, so überlegen wir ebenso mit $-\omega_1$; ist $\Re\,(\omega_1) = 0$, so nehmen wir für das Folgende $\Im\,(\omega_1)$); dann muß $z\,(u)$ bereits im Periodenstreifen S mit $0 \leqq \Re\,(u) < \Re\,(\omega_1)$ alle Werte annehmen (Abb. 29):

d. h. zu jedem u gibt es genau ein ganzes k, so daß $u + k\,\omega_1$ in S liegt und je zwei Werte $u' \neq u''$ aus S führen auf verschiedene Punkte z auf $\mathfrak{F}_z$. Sei nun $u_1, u_2, \ldots$ mit $u_n \to \infty$ eine Folge von Punkten aus S und $z\,(u_n) = z_n$ und es sei schon $z_n \to z'$ auf $\mathfrak{F}_z$. Dann gehören zu jedem z_n die Werte $u_n + k_n\,\omega_1$ mit ganzen k_n und es muß wegen der Endlichkeit und Stetigkeit von $u\,(z)$ in z' mit geeigneten ganzen k_n gelten:

$$u\,(z') = \lim u\,(z_n) = \lim (u_n + k_n\,\omega_1);$$

wegen $u_n \to \infty$ müßten dann aber auch die $|\,k_n\,| \to +\infty$ streben, was wieder wegen $0 \leqq \Re\,(u_n) < \Re\,(\omega_1)$ einen Widerspruch zur Konvergenz von $u_n + k_n\,\omega_1$ liefert.

Es hat also $z\,(u)$ außer den Perioden $k\,\omega_1$, die auf einer Geraden g liegen, noch weitere Perioden. Mit jeder nicht auf g liegenden Periode ω ist auch $\omega + k\,\omega_1$ (k ganz) Periode und alle diese Perioden liegen auf einer zu g parallelen Gerade; auf dieser liegen dann außer den $w + k\,\omega_1$ keine weiteren Perioden. Wir denken uns alle zu g parallelen Gerade gezogen. Die Perioden häufen sich an keiner Stelle, da es nicht beliebig kleine Perioden gibt. Also können sich die Periodenpunkte tragenden, zu g parallelen Geraden nicht häufen und es gibt unter diesen eine Gerade g', die g am nächsten liegt. Die sämtlichen Periodenpunkte auf g' haben die Form $\omega_2 + k\,\omega_1$ (k ganz); dann sind alle Zahlen $n\,\omega_1 + m\,\omega_2$ mit ganzen n, m ebenfalls Perioden; damit sind alle Perioden von $z\,(u)$ angegeben (Abb. 30). Denn ist ω_3 eine Periode von $z\,(u)$, so können wir ein ganzes m so angeben, daß $\omega_3 - m\,\omega_2$ entweder auf g oder g' oder zwischen diese Geraden zu liegen kommt. Letzterer Fall ist wegen der Wahl von g' nicht möglich; also liegt $\omega_3 - m\,\omega_2$ auf g oder g' und ist von der Form $n\,\omega_1$ oder $\omega_2 + n\,\omega_1$; also ist $\omega_3 = n\,\omega_1 + m\,\omega_2$ oder $= n\,\omega_1 + m\,\omega_2 + \omega_2$.

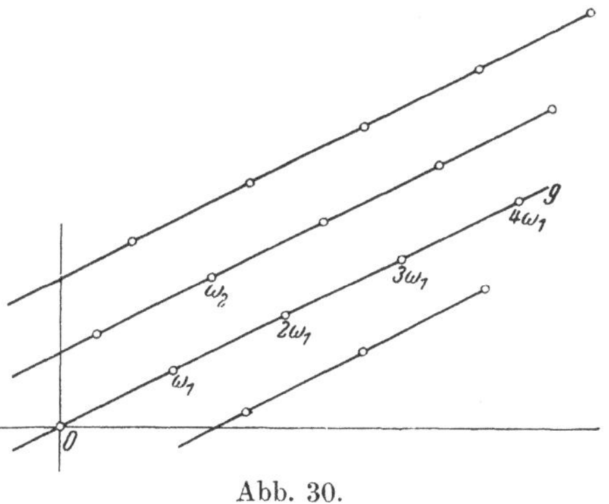

Abb. 30.

Die sämtlichen Perioden von $z\,(u)$ haben die Form

$$n\,\omega_1 + m\,\omega_2 \ (n, m \text{ ganz}),$$

wo ω_1, ω_2 verschieden von Null und $\dfrac{\omega_2}{\omega_1}$ nicht reell ist. Man nennt $z\,(u)$ daher eine *doppelperiodische Funktion*.

Die Punkte $n\,\omega_1 + m\,\omega_2$ erfüllen ein zweidimensionales Gitter der u-Ebene. Die Fläche des mit den Eckpunkten 0, ω_1, ω_2, $\omega_1 + w_2$ gebildeten Parallelogramms, so daß vom Rand nur die zwei Seiten von 0 bis ω_1 und 0 bis ω_2 (ohne die Punkte ω_1, ω_2) dazugenommen werden, stellt die *Riemann*sche Fläche $\mathfrak{F}_z$ dar, wobei jedem Punkt genau ein Bildpunkt entspricht. Die Abbildung der *Riemann*schen Fläche $\mathfrak{F}_z$ durch

das Integral $u = \displaystyle\int_{z_0}^{z} \dfrac{d\,z}{\sqrt{P\,(z)}}$ läßt sich besonders einfach dann verfolgen, wenn *alle Verzweigungspunkte reell* sind. Seien diese etwa $a < b < c < d$ und $P\,(z) = (z - a)\,(z - b)\,(z - c)\,(z - d)$; dann ist: $\sqrt{P\,(z)}$ für reelle $z < a$, für $b < z < c$ und $z > d$ reell, für $a < z < b$ und $c < z < d$

rein imaginär. Wir kommen also sofort (vergl. auch S. 153) auf die Abbildung etwa einer Halbebene $\Im(z) > 0$ von $\mathfrak{F}_z$ auf das Innere eines achsenparallelen Rechtecks der u-Ebene, dessen vier Eckpunkte die Bilder der vier Verzweigungspunkte sind. Durch Spiegelung an den Seiten erhalten wir schließlich die Bilder der restlichen drei Halbebenen von $\mathfrak{F}_z$, so daß die volle *Riemann*sche Fläche auf ein Rechteck abgebildet wird; ist ω_1 etwa reell, so können wir ω_2 dann rein imaginär annehmen.

Welche Kurve C entspricht nun auf $\mathfrak{F}_z$ der geraden Strecke von u_0 bis $u_0 + n\,\omega_1 + m\,\omega_2$? Offenbar ist das eine geschlossene Kurve auf $\mathfrak{F}_z$, durch deren Wegnahme die Fläche $\mathfrak{F}_z$ nicht in getrennte Teile zerfällt. Denn nehmen wir das Parallelogramm mit den Eckpunkten $u_0, u_0 + \omega_1, u_0 + \omega_2, u_0 + \omega_1 + \omega_2$, das ja eine „Landkarte" der *Riemann*schen Fläche $\mathfrak{F}_z$ entwirft, her und tilgen auf ihr alle Punkte, die den Punkten der Strecke von u_0 bis $u_0 + n\,\omega_1 + m\,\omega_2$ bis auf Perioden gleich sind. Die restliche Fläche des Parallelogramms ist aber (auf die *Riemann*sche Fläche $\mathfrak{F}_z$ übertragen) eine zusammenhängende Fläche, da Randpunkte, die um Perioden ω_1 oder ω_2 verschieden sind, auf $\mathfrak{F}_z$ als identisch zu betrachten sind (siehe Abb. 31, wo der Weg von 0 bis $3\,\omega_1 +$

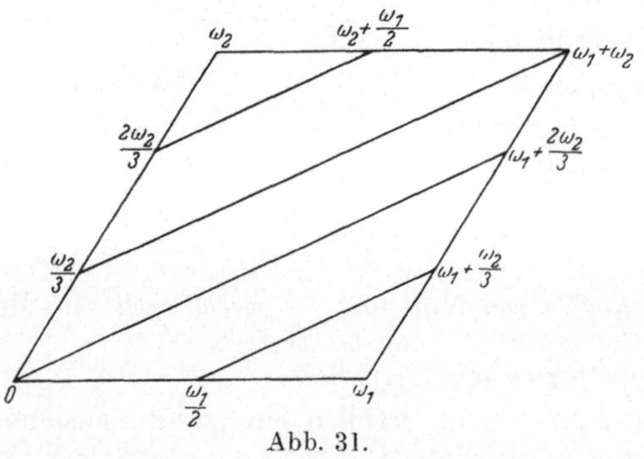

Abb. 31.

$+\, 2\,\omega_2$ eingezeichnet ist). (Auf der u-Ebene werden durch die Gerade mit den Punkten u_0 und $u_0 + n\,\omega_1 + m\,\omega_2$, sowie durch alle um Perioden parallelverschobenen Geraden unendlichviele Parallelstreifen ausgeschnitten, deren jeder wieder unendlichviele Periodenparallelogramme enthält, so daß innerhalb eines Streifens je zwei Punkte durch Strecken verbunden werden können.)

Auf der zweiblättrigen Fläche $\mathfrak{F}_z$ sind z. B. alle *Jordan*schen Kurven der z-Ebene, die genau zwei Verzweigungspunkte im Innern enthalten, so beschaffen, daß sie auch auf $\mathfrak{F}_z$ geschlossen sind und $\mathfrak{F}_z$ durch sie nicht zerlegt wird: man kommt von einem Rand auf den andern Rand der Kurve C, ohne C zu schneiden (siehe Abb. 32, wo die Kurve C' von einem Rand $+$ der Kurve C auf den Rand $-$ führt, ohne C zu schneiden. Die bei den Blätter seien dabei längs der Strecken $a\,b$ und $c\,d$ verheftet, bei deren Überschreitung also C' von einem ins andere Blatt übergeht).

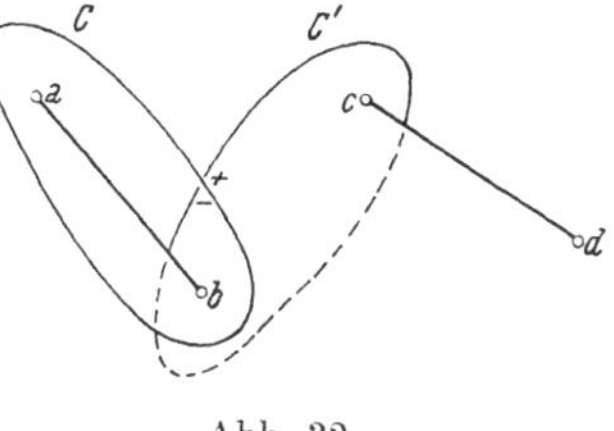

Abb. 32.

§ 5. Die doppelperiodischen Funktionen.

Gehen wir nun umgekehrt von zwei Zahlen ω_1 und ω_2 aus, die beide $\neq 0$ und deren Verhältnis $\dfrac{\omega_2}{\omega_1}$ nicht reell sei, und fragen nach den meromorphen Funktionen, die die Perioden ω_1 und ω_2 haben, also den sogenannten *doppelperiodischen* Funktionen mit den Perioden ω_1 und ω_2.

Zunächst einige allgemeine Sätze, bevor wir zur Aufstellung solcher Funktionen schreiten. Bezeichnet man zwei Punkte u_1 und u_2, deren Differenz $u_1 - u_2 = n\,\omega_1 + m\,\omega_2$ mit ganzen n, m ist, als aequivalent, so zeigt eine doppelperiodische Funktion $f(u)$ mit den Perioden ω_1, ω_2 für aequivalente Punkte gleiches Verhalten. Unter einer Fundamentalmenge verstehen wir eine Menge, welche zu jedem endlichen Punkte u genau einen aequivalenten enthält. Eine solche Fundamentalmenge ist z. B. das Innere eines Parallelogramms mit den Ecken u_0, $u_0 + \omega_1$, $u_0 + \omega_1 + \omega_2$, $u_0 + \omega_2$, wenn wir nur noch einen der vier Endpunkte und zwei nicht gegenüberliegende Seiten (ohne Endpunkte) hinzufügen; wir bezeichnen eine solche Menge kurz mit $\pi\,(u_0)$. Die Perioden ω_1, ω_2 denken wir uns dabei so nummeriert, daß bei einer positiven Durchlaufung des Randes von $\pi\,(u_0)$ die Eckpunkte in der angegebenen Reihenfolge angetroffen werden. Es gilt nun (Abb. 33):

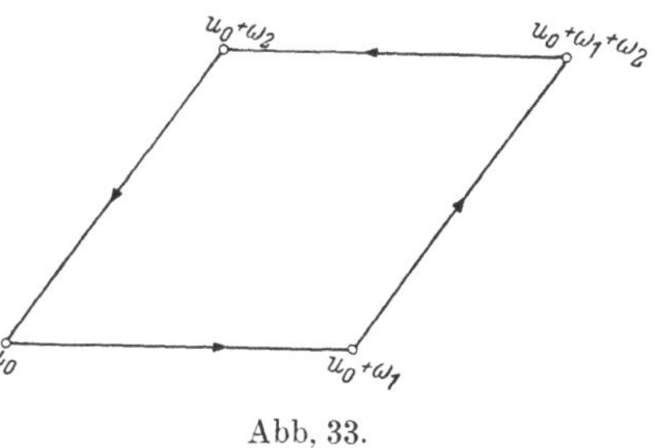

Abb. 33.

Auf einer Fundamentalmenge nimmt eine nichtkonstante doppelperiodische Funktion jeden Wert gleich oft an.

Es genügt, dies für eine Menge $\pi(u_0)$ zu zeigen. Ferner genügt es offenbar zu zeigen, daß für eine nichtkonstante doppelperiodische Funktion $f(u)$ auf $\pi(u_0)$ die Summe der Ordnungen der Pole gleich der Summe der Ordnungen der Nullstellen ist: denn mit $f(u)$ ist dann auch $f(u) - a$ für jedes a doppelperiodisch und hat Nullstellen dort, wo $f(u) = a$ ist. Wir wählen nun u_0 so, daß der Rand R von $\pi(u_0)$, also die vier Seiten des Parallelogramms keine Nullstellen oder Pole von $f(u)$ enthalten. Das geht sicher, weil in jeder beschränkten Menge nur endlichviele solche Stellen existieren.

Nun ist mit $f(u)$ auch $\dfrac{f'(u)}{f(u)}$ doppelperiodisch; also ist für das eine Seitenpaar von R

$$\int\limits_{u_0}^{u_0+\omega_1} \frac{f'(u)}{f(u)}\, d u = \int\limits_{u_0+\omega_2}^{u_0+\omega_1+\omega_2} \frac{f'(u)}{f(u)}\, d u$$

und ebenso für das zweite Seitenpaar von R. Also ist

$$(R) \int \frac{f'(u)}{f(u)}\, d u = 0;$$

das ist aber nach dem Satz vom logarithmischen Residuum gerade die Differenz Anzahl der Nullstellen — Anzahl der Pole innerhalb R. Eine einfache Konsequenz dieses Satzes ist die Bemerkung, daß eine im Endlichen überall reguläre doppelperiodische Funktion notwendig konstant ist. Sonst müßte sie ja auch den Wert ∞ an einer Stelle annehmen, also dort nicht regulär sich verhalten. Diese Bemerkung läßt sich übrigens auch direkt aus dem *Liouville*schen Satz ablesen, da die Funktion auf einer Fundamentalmenge, also auch auf der ganzen Ebene beschränkt sein müßte.

Die Anzahl, wie oft eine doppelperiodische Funktion in einer Fundamentalmenge jeden Wert annimmt, heißt die *Ordnung der Funktion*.

Es gibt keine doppelperiodische Funktion der Ordnung 1. Denn das Integral einer solchen Funktion $f(u)$ erstreckt über den Rand R eines $\pi(u_0)$, für den R keinen Pol von $f(u)$ enthält, ist stets $(R) \int f(u)\, d u = 0$. Hätte $f(u)$ die Ordnung 1, so wäre also das Residuum über den einzigen einfachen Pol von $f(u)$ gleich Null und $f(u)$ hätte überhaupt keinen Pol.

Wir gehen nun daran, doppelperiodische Funktionen mit den Perioden ω_1, ω_2 wirklich herzustellen. Zur Vorbereitung zeigen wir:

Die Reihe

$$\Sigma' \; \frac{1}{(n\,\omega_1 + m\,\omega_2)^3}$$

konvergiert absolut. Dabei ist die Summe über alle Paare n, m von ganzen Zahlen zu erstrecken, mit Ausnahme des Paares 0, 0, was, wie im folgenden stets, durch einen dem Summenzeichen beigefügten Strich angedeutet werde.

Setzt man $\dfrac{\omega_2}{\omega_1} = \tau = \tau_1 + i\,\tau_2$, so ist nach Voraussetzung $\tau_2 \neq 0$.

Nun gilt für reelle a, b stets $|a + i\,b| \geqq \dfrac{1}{\sqrt{2}}\,(|a| + |b|)$. Es geht also, nach Weglassung unwesentlicher Faktoren, um die Konvergenz der Reihe

$$\Sigma' \; \frac{1}{[|n + m\,\tau_1| + |m\,\tau_2|]^3}.$$

Setzen wir $n^2 + m^2 = R^2$ und $n = R \cos \varphi$, $m = R \sin \varphi$, so ist

$$|n + m\,\tau_1| + |m\,\tau_2| = R\,(|\cos\varphi + \tau_1 \sin\varphi| + |\tau_2 \sin\varphi|) \geqq R\,\delta,$$

wo δ das Minimum des letzten Klammerausdrucks für alle φ ist. Ersichtlich ist $\delta > 0$. Also ist nur mehr die Konvergenz von

$$\Sigma' \; \frac{1}{(n^2 + m^2)^{3/2}}$$

zu zeigen. Bei festem $|n| + |m| = N$ gibt es $8\,N$ Paare ganzer Zahlen n, m, für welche stets $n^2 + m^2 = n^2 + (N - |n|)^2 \geqq \tfrac{1}{2} N^2$ gilt. Also ist

$$\Sigma' \; \frac{1}{(n^2 + m^2)^{3/2}} \leqq \sum_{N=1}^{\infty} \frac{8\,N}{N^3} \; \sqrt{8} \; \text{konvergent.}$$

Wir bilden nun die Funktion

$$f(u) = \Sigma \; \frac{1}{(u + n\,\omega_1 + m\,\omega_2)^3},$$

die Summe nun über alle Paare n, m ganzer Zahlen einschließlich 0, 0 erstreckt. Zunächst untersuchen wir die Konvergenz. Sei N eine natürliche Zahl. Wir spalten die Summe in die endlichvielen Glieder mit $|m| + |n| < N$, deren Summe eine rationale Funktion ist, und die restliche unendliche Reihe. Ist $R = \text{Min} \; |n\,\omega_1 + m\,\omega_2|$ für alle $|n| + |m| \geqq N$, so ist $R > 0$ und für $|u| \leqq \dfrac{R}{2}$ und $|n| + |m| \geqq N$

$$\frac{1}{u + n\,\omega_1 + m\,\omega_2} = \frac{1}{n\,\omega_1 + m\,\omega_2} \cdot \frac{1}{1 + \dfrac{u}{n\,\omega_1 + m\,\omega_2}},$$

wo der zweite Faktor absolut zwischen $\frac{2}{3}$ und 2 liegt; die unendliche Reihe aller Glieder mit $|n| + |m| \geqq N$ konvergiert daher absolut und gleichmäßig für $|u| \leqq \dfrac{R}{2}$. Daraus folgt sofort, daß $f(u)$ eine überall reguläre Funktion ist mit Ausnahme der Stellen $n\,\omega_1 + m\,\omega_2$, wo $f(u)$ dreifache Pole hat. Ferner ist $f(u)$, wie sich aus der Definition sofort ergibt, doppelperiodisch mit den Perioden ω_1, ω_2 und zwar von der Ordnung 3. Ersetzt man nämlich u etwa durch $u + \omega_1$, so bleibt bis auf die Anordnung die Reihe ungeändert.

Aus dieser Funktion können wir nun weiter eine Funktion der Ordnung 2 ableiten: wir spalten von $f(u)$ das Glied $\dfrac{1}{u^3}$ ab und integrieren die restliche Summe von 0 bis u längs eines die Punkte $n\,\omega_1 + m\,\omega_2$ vermeidenden Weges. Dann ist nach gliedweiser Integration:

$$\int\limits_0^u \left[f(v) - \frac{1}{v^3}\right] dv = -\tfrac{1}{2}\, \Sigma' \left[\frac{1}{(u + n\,\omega_1 + m\,\omega_2)^2} - \frac{1}{(n\,\omega_1 + m\,\omega_2)^2}\right],$$

wo die Summe dieser Integrale wieder absolut und gleichmäßig in jedem beschränkten Gebiet konvergiert und eine für alle $u \neq n\,\omega_1 + m\,\omega_2$ reguläre Funktion darstellt.

Man setzt nun nach Weierstraß

$$\wp(u) = \frac{1}{u^2} + \Sigma' \left[\frac{1}{(u + n\,\omega_1 + m\,\omega_2)^2} - \frac{1}{(n\,\omega_1 + m\,\omega_2)^2}\right]$$

und deren Ableitung daher

$$\wp'(u) = -2\,\Sigma\, \frac{1}{(u + n\,\omega_1 + m\,\omega_2)^3}$$

$\wp(u)$ *ist eine gerade Funktion:* ersetzt man n und m durch $-n$ und $-m$, so bleibt $\wp(u)$ ungeändert, da höchstens die Gliederanordnung sich ändert; setzt man gleichzeitig $-u$ statt u, so bleibt $\wp(u) = \wp(-u)$. *Natürlich ist weiter* $\wp'(u) = -\wp'(-u)$ *eine ungerade Funktion.*

$\wp(u)$ *ist doppelperiodisch* wie $\wp'(u)$: denn $\wp(u + \omega_1) - \wp(u)$ ist konstant $= c$, da die Ableitung $\wp'(u + \omega_1) - \wp'(u) = 0$. Also ist

$\wp(\omega_1) - \wp(-\omega_1) = \wp(\omega_1) - \wp(0) + \wp(0) - \wp(-\omega_1) = 2c$ und wegen, $\wp(\omega_1) = \wp(-\omega_1)$ ist $c = 0$ und $\wp(u)$ doppelperiodisch.

Die Ordnung von $\wp(u)$ ist ersichtlich 2.

Die Funktionen $\wp(u)$ und $\wp'(u)$ hängen durch eine algebraische Gleichung zusammen.

Entwickeln wir nämlich diese Funktionen für $u = 0$, so ist:

$$\wp(u) = \frac{1}{u^2} + \sum_{n=0}^{\infty} a_{2n}\, u^{2n},$$

weil $\wp(u)$ eine gerade Funktion ist und daher nur gerade Exponenten aufweist. Dabei ist $a_0 = 0$, da $\wp(u) - \dfrac{1}{u^2}$ für $u = 0$ verschwindet. Ferner ist

$$\wp'(u) = -\frac{2}{u^3} + \sum_{n=1}^{\infty} a_{2n}\, 2\,n\, u^{2n-1}; \text{ also ist}$$

$$[\wp'(u)]^2 = \frac{4}{u^6} - \frac{8\,a_2}{u^2} - 16\,a_4 + \ldots$$

$$[\wp(u)]^3 = \frac{1}{u^6} + \frac{3\,a_2}{u^2} + 3\,a_4 + \ldots . \text{ Daher ist}$$

$$[\wp'(u)]^2 - 4\,[\wp(u)]^3 + 20\,a_2\,\wp(u)$$

für $u = 0$ regulär und da diese Funktion wieder doppelperiodisch ist und höchstens für $u = n\,\omega_1 + m\,\omega_2$ Pole haben kann, ist sie überall regulär. Also ist sie konstant und *es ist mit den von Weierstraß eingeführten Konstanten:*

$$[\wp'(u)]^2 = 4\,[\wp(u)]^3 - g_2\,\wp(u) - g_3.$$

Dabei ist durch Koeffizientenvergleich und gliedweise Differentiation der auftretenden Reihe

$$g_2 = 20\,a_2 = 10\,\frac{d^2}{d\,u^2}\left[\wp(u) - \frac{1}{u^2}\right]_{u=0} = 10\,\frac{d}{d\,u}\left[\wp'(u) + \frac{2}{u^3}\right]_{u=0}$$

$$= 60\,\Sigma'\,\frac{1}{(n\,\omega_1 + m\,\omega_2)^4}.$$

Durch analoge Rechnung erhält man

$$g_3 = 28\,a_4 = 140\,\Sigma'\,\frac{1}{(n\,\omega_1 + m\,\omega_2)^6}.$$

Wir betrachten nun Periodenhalbe $\dfrac{\omega}{2}$, d. s. Hälften einer Perioden, die aber nicht selbst Perioden sind, und welche in der ganzen Theorie

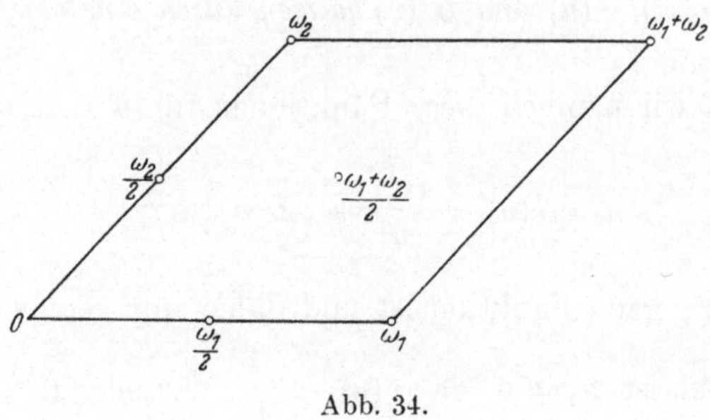

Abb. 34.

eine sehr wichtige Rolle spielen. Ersichtlich hat $\dfrac{\omega}{2}$ bis auf Perioden eine der drei Formen (Abb. 34).

$$\frac{\omega}{2} = \frac{\omega_1}{2}, \frac{\omega_2}{2}, \frac{\omega_1 + \omega_2}{2}.$$

Dann ist, weil $\wp'(u)$ ungerade ist, $\wp'\left(\dfrac{\omega}{2}\right) = -\wp'\left(-\dfrac{\omega}{2}\right)$ und wegen der Periodizität $\wp'\left(\dfrac{\omega}{2}\right) = \wp'\left(-\dfrac{\omega}{2}\right)$, so daß gilt

$$\wp'\left(\frac{\omega}{2}\right) = 0.$$

Das sind auch die einzigen Nullstellen von $\wp'(u)$, da $\wp'$ die Ordnung 3 hat. Setzt man

$$\wp\left(\frac{\omega_1}{2}\right) = \alpha_1, \quad \wp\left(\frac{\omega_2}{2}\right) = \alpha_2, \quad \wp\left(\frac{\omega_1 + \omega_2}{2}\right) = \alpha_3,$$

so genügen wegen der Relation zwischen $\wp$ und $\wp'$ die α_i der Gleichung

$$4\,\alpha^3 - g_2\,\alpha - g_3 = 0.$$

Nun ist $\alpha_i \neq \alpha_k$ für $i \neq k$; denn $\wp(u)$ hat die Ordnung 2; wegen $\wp'\left(\dfrac{\omega}{2}\right) = 0$ nimmt $\wp(u)$ an den Stellen $\dfrac{\omega_1}{2}, \dfrac{\omega_2}{2}, \dfrac{\omega_1 + \omega_2}{2}$ die Werte $\alpha_1, \alpha_2, \alpha_3$ je zweimal an. Also müssen die α_i voneinander verschieden sein, da sonst $\wp(u)$ einen Wert α viermal annehmen müßte.

Aus unserer Gleichung folgt für die α_i:

$$\alpha_1 + \alpha_2 + \alpha_3 = 0, \ \alpha_1 \alpha_2 + \alpha_2 \alpha_3 + \alpha_3 \alpha_1 = -\frac{g_2}{4}, \ \alpha_1 \alpha_2 \alpha_3 = \frac{g_3}{4}.$$

und die Diskriminante

$$16 \, (\alpha_1 - \alpha_2)^2 \, (\alpha_2 - \alpha_3)^2 \, (\alpha_3 - \alpha_1)^2 = g_2{}^3 - 27 \, g_3{}^2$$

stets $\neq 0$; der Quotient $\dfrac{g^3{}_2}{27 \, g^2{}_3} \neq 1$ hängt übrigens nach unserer

Darstellung von g_2 und g_3 nur vom Periodenverhältnis $\dfrac{\omega_2}{\omega_1} = \tau$ ab.

Nun können wir den Kreis unserer Betrachtungen schließen: wir

betrachten die *Umkehrfunktion* $u = u \, (\wp)$; für diese ist $\dfrac{d \, u}{d \, \wp} = \dfrac{1}{\wp' \, (u)}$

und nach unserer Gleichung

$$\frac{d \, u}{d \, \wp} = \frac{1}{\sqrt{4 \, \wp^3 - g_2 \, \wp - g_3}}$$

und *es ist u ein Integral erster Gattung*

$$u = \int \frac{d \, \wp}{\sqrt{4 \, \wp^3 - g_2 \, \wp - g_3}}$$

auf der Riemannschen Fläche $\mathfrak{F}_\wp$ *dieser Quadratwurzel*. $\mathfrak{F}_\wp$ wird durch $\wp \, (u)$ erhalten, wenn u eine Fundamentalmenge durchläuft: entsprechend der Ordnung 2 von $\wp \, (u)$ hat $\mathfrak{F}_\wp$ zwei Blätter. Im Punkt $u = 0$ hat $\wp \, (u)$ einen Doppelpol, also ist der unendlichferne Punkt von $\mathfrak{F}_\wp$ ein Verzweigungspunkt; ferner nimmt an den Stellen $\dfrac{\omega}{2}$ die Funktion $\wp \, (u)$ die Werte $\alpha_1, \alpha_2, \alpha_3$ je zweifach an (dort und nur dort ist ja $\wp' \, (\dfrac{\omega}{2}) = 0$), also haben wir auf $\mathfrak{F}_\wp$ genau 4 Verzweigungspunkte, nämlich $\infty, \alpha_1, \alpha_2, \alpha_3$.

Es gehört also nicht nur zu jeder elliptischen *Riemann*schen Fläche, bzw. jedem elliptischen Gebilde ein parallelogrammatisches Gitter der u-Ebene, so daß die *Riemann*sche Fläche durch das Integral erster Gattung auf ein Parallelogramm dieses Gitters abgebildet wird, sondern auch umgekehrt zu jedem solchen Gitter eine elliptische *Riemann*sche Fläche, auf welche durch eine doppelperiodische Funktion das Parallelogramm abgebildet wird. Diese letztere Aufgabe bezeichnet man auch direkt als *Umkehrproblem*.

Es bleibt noch die Frage, inwieweit diese Beziehung zwischen elliptischem Gebilde und Periodengitter eindeutig ist. Zu einem elliptischen Gebilde gehört bis auf einen konstanten Faktor nur ein Differential erster Gattung: das haben wir auf einer speziellen *Riemann*schen Fläche des Gebildes ja gezeigt. Ersichtlich sind dann für das Integral erster Gattung zwar nicht die Perioden selbst, sondern nur die Periodenverhältnisse eindeutig festgelegt. Denkt man sich die Perioden ω_1, ω_2 eines Gitters stets in bestimmter Weise ausgewählt, so ist deren Verhältnis $\tau = \dfrac{\omega_2}{\omega_1}$ durch das elliptische Gebilde eindeutig bestimmt. Auf die nähere Ausführung dieser Abhängigkeit müssen wir hier verzichten. Umgekehrt liefert jedes Periodengitter ein und nur ein elliptisches Gebilde.

Jede doppelperiodische Funktion läßt sich rational durch $\wp(u)$ und $\wp'(u)$ darstellen.

Denn jede solche Funktion ist auf $\mathfrak{F}_\wp$ eine eindeutige und bis auf endlichviele Pole reguläre Funktion, also rational durch $\wp$ und $\wp' = \sqrt{4\,\wp^3 - g_2\,\wp - g_3}$ darstellbar. Es gehören also alle doppelperiodischen Funktionen eines Periodengitters als algebraische Funktionen auf $\mathfrak{F}_\wp$ zu einem und demselben Gebilde.

§ 6. Der weitere Ausbau der Theorie.

Integriert man $\wp(u) - \dfrac{1}{u^2}$ längs eines die Punkte $n\,\omega_1 + m\,\omega_2$ vermeidenden Weges von 0 bis u, so liefert die gliedweise Integration der Reihe für $\wp(u)$

$$\int_0^u \left[\wp(v) - \frac{1}{v^2}\right] dv = \Sigma' \left[- \frac{1}{u + n\,\omega_1 + m\,\omega_2} + \frac{1}{n\,\omega_1 + m\,\omega_2} - \frac{u}{(n\,\omega_1 + m\,\omega_2)^2}\right];$$

die angeschriebene Reihe konvergiert (s. S. 201) wieder, abgesehen von endlichvielen Gliedern gleichmäßig für jedes beschränkte Gebiet und stellt eine für alle $u \neq n\,\omega_1 + m\,\omega_2$ reguläre Funktion dar. *Wir setzen*

$$\zeta(u) = \frac{1}{u} + \Sigma' \left[\frac{1}{u + n\,\omega_1 + m\,\omega_2} - \frac{1}{n\,\omega_1 + m\,\omega_2} + \frac{u}{(n\,\omega_1 + m\,\omega_2)^2}\right].$$

Es ist also $\zeta'(u) = -\wp(u)$. Da $\zeta(u)$ in einer Fundamentalmenge nur einen einfachen Pol hat, kann es nicht doppelperiodisch sein; da aber $\zeta'(u)$ doppelperiodisch ist, sind

$$\zeta(u + \omega_1) - \zeta(u) = \eta_1 \text{ und}$$
$$\zeta(u + \omega_2) - \zeta(u) = \eta_2$$

konstant. Ferner ist $\zeta(u)$ eine ungerade Funktion: ersetzt man in der Reihe n und m durch $-n$ und $-m$ (was den Wert der Reihe natürlich nicht ändert) und weiter u durch $-u$, so geht $\zeta(u)$ in $-\zeta(u)$ über, also ist $\zeta(-u) = -\zeta(u)$.

Setzt man für u eine Halbperiode, $u = \dfrac{\omega_i}{2}$ $(i = 1, 2)$, so wird

$$\zeta\left(\frac{\omega_i}{2}\right) - \zeta\left(-\frac{\omega_i}{2}\right) = 2\,\zeta\left(\frac{\omega_i}{2}\right) = \eta_i \ (i = 1, 2) \text{ und ebenso}$$

$$\zeta\left(\frac{\omega_1 + \omega_2}{2}\right) - \zeta\left(-\frac{\omega_1 + \omega_2}{2}\right) = \zeta\left(\frac{\omega_1 + \omega_2}{2}\right) - \zeta\left(\frac{\omega_1 - \omega_2}{2}\right) +$$

$$+ \zeta\left(\frac{\omega_1 - \omega_2}{2}\right) - \zeta\left(-\frac{\omega_1 + \omega_2}{2}\right) = \eta_1 + \eta_2 = 2\,\zeta\left(\frac{\omega_1 + \omega_2}{2}\right).$$

Zwischen den ω_i und η_i besteht weiter die wichtige *Relation*:

$$\eta_1\,\omega_2 - \eta_2\,\omega_1 = 2\,\pi\,i.$$

Enthält nämlich das Periodenparallelogramm $\pi(u_0)$ den Punkt $u = 0$ im Innern, so liefert das Integral über den Rand R

$$(R) \int \zeta(u)\,du = 2\,\pi\,i.$$

Andererseits ist das Integral über zwei gegenüberliegende Seiten von $\pi(u_0)$

$$\int_{u_0 + \omega_1}^{u_0 + \omega_1 + \omega_2} \zeta(u)\,du + \int_{u_0 + \omega_2}^{u_0} \zeta(u)\,du = \int_{u_0}^{u_0 + \omega_2} [\zeta(u + \omega_1) - \zeta(u)]\,du = \eta_1\,\omega_2$$

$$\int_{u_0}^{u_0 + \omega_1} \zeta(u)\,du + \int_{u_0 + \omega_1 + \omega_2}^{u_0 + \omega_2} \zeta(u)\,du = \int_{u_0}^{u_0 + \omega_1} [\zeta(u) - \zeta(u + \omega_2)]\,du = -\eta_2\,\omega_1,$$

woraus die angegebene Relation sofort folgt.

Schließlich führen wir noch eine ganze Funktion $\sigma(u)$ ein, die an allen Stellen $n\,\omega_1 + m\,\omega_2$ einfache Nullstellen hat, indem wir das *Weierstraß*sche Produkt bilden:

$$\sigma(u) = u\ \Pi'\left(1 - \frac{u}{n\,\omega_1 + m\,\omega_2}\right) e^{\frac{u}{n\,\omega_1 + m\,\omega_2} + \frac{u^2}{2(n\,\omega_1 + m\,\omega_2)^2}}$$

$\sigma(u)$ ist eine ungerade Funktion: ersetzt man n und m durch $-n$ und

$-m$, so bleibt das Produkt ungeändert; vertauscht man gleichzeitig u mit $-u$, so wird $\sigma(-u) = -\sigma(u)$. Ferner ist sofort ersichtlich

$$\frac{d\log\sigma(u)}{du} = \frac{1}{u} + \Sigma'\left[\frac{1}{u - n\omega_1 - m\omega_2} + \frac{1}{n\omega_1 + m\omega_2} + \frac{u}{(n\omega_1 + m\omega_2)^2}\right] = \zeta(u).$$

Wir logarithmieren die Produktdarstellung und entwickeln für $u = 0$:

$$\log\sigma(u) = \log u - \frac{u^3}{3}\,\Sigma'\,\frac{1}{(n\omega_1 + m\omega_2)^3} - \frac{u^4}{4}\,\Sigma'\,\frac{1}{(n\omega_1 + m\omega_2)^4} + \cdots$$

In dieser Reihenentwicklung entfallen ersichtlich alle ungeraden Potenzen, weil ja mit jedem n, m auch $-n$, $-m$ vorkommt und diese Glieder sich aufheben. Also ist

$$\sigma(u) = u\,e^{-\frac{u^4}{4}\,\Sigma'\,\frac{1}{(n\omega_1 + m\omega_2)^4} - \frac{u^6}{6}\,\Sigma'\,\frac{1}{(n\omega_1 + m\omega_2)^6} - \cdots}$$

$$= u\left[1 - \frac{u^4}{4}\,\Sigma'\,\frac{1}{(n\omega_1 + m\omega_2)^4} - \frac{u^6}{6}\,\Sigma'\,\frac{1}{(n\omega_1 + m\omega_2)^6} - \cdots\right]$$

und

$$\zeta(u) = \frac{d\log\sigma(u)}{du} = \frac{1}{u} - u^3\,\Sigma'\,\frac{1}{(n\omega_1 + m\omega_2)^4} - u^5\,\Sigma'\,\frac{1}{(n\omega_1 + m\omega_2)^6} - \cdots$$

$$\wp(u) = -\frac{d\zeta(u)}{du} = \frac{1}{u^2} + 3\,u^2\,\Sigma'\,\frac{1}{(n\omega_1 + m\omega_2)^4} + 5\,u^4\,\Sigma'\,\frac{1}{(n\omega_1 + m\omega_2)^6}$$
$$+ \cdots \quad \text{(vgl. S. 203)}$$

Bei einer Periodenvermehrung gilt also:

$$\frac{d\log\dfrac{\sigma(u + \omega_j)}{\sigma(u)}}{du} = \zeta(u + \omega_j) - \zeta(u) = \eta_i \quad (j = 1, 2)$$

und

$$\log\sigma(u + \omega_j) - \log\sigma(u) = \eta_j u + c_j$$

mit konstanten c_j, oder $\sigma(u + \omega_j) = \sigma(u)\,e^{\eta_j u + c_j}$. Setzt man $u = -\dfrac{\omega_j}{2}$, so ist

$$-1 = e^{-\eta_j\,\frac{\omega_j}{2} + c_j}$$

Es ist also

$$\sigma\,(u+\omega_j) = -\,\sigma\,(u)\,e^{\eta_j\,\left(u\,+\,\frac{\omega_j}{2}\right)}$$

Es liegt nun nahe, *aus den σ-Funktionen doppelperiodische Funktionen zu gewinnen*, indem man setzt

$$f\,(u) = \frac{\prod\limits_{\nu=1}^{n} \sigma\,(u - v_\nu)}{\prod\limits_{\nu=1}^{n} \sigma\,(u - w_\nu)}\;e^{au}$$

wo die v_ν die Nullstellen, die w_ν die Pole der zu bildenden Funktion sein sollen; selbstverständlich sind mit den v_ν und w_ν auch alle aequivalenten Punkte Nullstellen und Pole von $f\,(u)$. Es ist nun

$$f\,(u + \omega_j) = f\,(u)\,.\,e^{-\,\eta_j\,(\Sigma\,v_\nu - \Sigma\,w_\nu)}\,.\,e^{a\,\omega_j}$$

also $f\,(u)$ dann und nur dann doppelperiodisch, wenn

$$-\,\eta_1\,(\Sigma\,v_\nu - \Sigma\,w_\nu) + a\,\omega_1 = 2\,\pi\,i\,n_1$$
$$-\,\eta_2\,(\Sigma\,v_\nu - \Sigma\,w_\nu) + a\,\omega_2 = 2\,\pi\,i\,n_2.$$

Unter Beachtung der Relation $\eta_1\,\omega_2 - \eta_2\,\omega_1 = 2\,\pi\,i$ folgt daraus

$$\Sigma\,v_\nu - \Sigma\,w_\nu = n_2\,\omega_1 - n_1\,\omega_2$$

und

$$a = n_2\,\eta_1 - n_1\,\eta_2.$$

Diese beiden Gleichungen stellen genau die Bedingung dafür dar, daß die oben angesetzte Funktion $f\,(u)$ eine doppelperiodische mit den Nullstellen v_ν und den Polen w_ν ist.

Die erste dieser Gleichungen gibt nun eine Beziehung zwischen den Nullstellen und Polen von $f\,(u)$ und es entsteht die Frage, ob diese Beziehung für jede doppelperiodische Funktion erfüllt ist: das ist auch tatsächlich der Fall.

Sei $\varphi\,(u)$ doppelperiodisch, $v_1 \ldots v_k$ die Nullstellen, $w_1 \ldots w_k$ die Pole von $\varphi\,(u)$ (eventuell so oft gezählt, als ihrer Vielfachheit entspricht) innerhalb eines Periodenparallelogramms $\pi\,(u_0)$. Dann ist das über den Rand R von $\pi\,(u_0)$ erstreckte Integral

$$(R)\;\int u\,\frac{\varphi'\,(u)}{\varphi\,(u)}\,d\,u = 2\,\pi\,i\,(\sum_{\nu=1}^{k} v_\nu - \sum_{\nu=1}^{k} w_\nu),$$

da ja $\dfrac{\varphi'\,(u)}{\varphi\,(u)}$ an den Nullstellen, bzw. Polen von $\varphi\,(u)$ einfache Pole mit den Residuen $+1$, bzw. -1 hat. Andererseits aber ist das Integral über zwei gegenüberliegende Seiten von $\pi(u_0)$:

$$\int\limits_{u_0+\omega_1}^{u_0+\omega_1+\omega_2} u\,\frac{\varphi'(u)}{\varphi(u)}\,d u + \int\limits_{u_0+\omega_2}^{u_0} u\,\frac{\varphi'(u)}{\varphi(u)}\,d u = \int\limits_{u_0}^{u_0+\omega_2} \omega_1\,\frac{\varphi'(u)}{\varphi(u)}\,d u$$

$$\int\limits_{u_0}^{u_0+\omega_1} u\,\frac{\varphi'(u)}{\varphi(u)}\,d u + \int\limits_{u_0+\omega_1+\omega_2}^{u_0+\omega_2} u\,\frac{\varphi'(u)}{\varphi(u)}\,d u = - \int\limits_{u_0}^{u_0+\omega_1} \omega_2\,\frac{\varphi'(u)}{\varphi(u)}\,d u.$$

Nun ist $\varphi(u_0) = \varphi(u_0 + \omega_2)$, also unterscheiden sich die Logarithmen nur um Vielfache von $2\pi i$ und es ist

$$\int\limits_{u_0}^{u_0+\omega_2} \frac{\varphi'(u)}{\varphi(u)}\,d u = 2\pi i\,n;$$

analoges gilt für das zweite Integral. Zusammengefaßt ergibt sich daher:

$$\sum_{\nu=1}^{k} v_\nu - \sum_{\nu=1}^{k} w_\nu = n\,\omega_1 + m\,\omega_2.$$

Damit die k Punkte $v_1 \ldots v_k$ und die k Punkte $w_1 \ldots w_k$ die Nullstellen und Pole einer doppelperiodischen Funktion mit den Perioden ω_1, ω_2 sind, ist notwendig und hinreichend, daß die Differenz $\sum\limits_{\nu=1}^{k} v_\nu - \sum\limits_{\nu=1}^{k} w_\nu = n\,\omega_1 + + m\,\omega_2$, also eine Periode ist.

Diese Aussage bezeichnet man auch als das *Abelsche Theorem*.

Der zweite Teil des Satzes hat sich dadurch ergeben, daß wir mit Hilfe der σ-Funktionen eine doppelperiodische Funktion mit diesen Nullstellen und Polen wirklich herstellen konnten, sobald die erwähnte Bedingung erfüllt war.

Von den σ-Funktionen aus können wir auch leicht die *Additionstheoreme* der $\wp$- und $\wp'$-Funktion ableiten, also eine Darstellung von $\wp(u+v)$ und $\wp'(u+v)$ durch die $\wp(u)$, $\wp'(u)$, $\wp(v)$, $\wp'(v)$. Es ist nämlich für beliebige u und v:

$$\wp(u) - \wp(v) = - \frac{\sigma(u+v)\,\sigma(u-v)}{[\sigma(u)]^2\,[\sigma(v)]^2};$$

denn rechts steht, wie aus dem vorangehenden ersichtlich, bei festem $v \neq n\,w_1 + m\,w_2$ eine doppelperiodische Funktion von u; diese ist eine gerade Funktion, hat für $u = 0$ wegen $\sigma'(0) = 1$ die Entwicklung $\frac{1}{u^2}$ + reguläre Funktion, unterscheidet sich also von $\wp(u)$ nur um eine überall reguläre, doppelperiodische Funktion, also um eine Konstante; für $u = v$ ist die Funktion $= 0$, also ist sie überall $= \wp(u) - \wp(v)$.

Bilden wir von dieser Gleichung die logarithmische Ableitung nach u und nach v, so ist

$$\frac{\wp'(u)}{\wp(u) - \wp(v)} = \zeta(u+v) + \zeta(u-v) - 2\,\zeta(u)$$

und

$$-\frac{\wp'(v)}{\wp(u) - \wp(v)} = \zeta(u+v) - \zeta(u-v) - 2\,\zeta(v)$$

und daher

$$\zeta(u+v) = \zeta(u) + \zeta(v) + \tfrac{1}{2}\,\frac{\wp'(u) - \wp'(v)}{\wp(u) - \wp(v)},$$

oder wenn man alles durch ζ-Funktionen darstellt:

$$\zeta(u+v) = \zeta(u) + \zeta(v) + \tfrac{1}{2}\,\frac{\zeta''(u) - \zeta''(v)}{\zeta'(u) - \zeta'(v)}.$$

Differenziert man die erste Gleichung nach u, bzw. nach v, so sind:

$$\wp(u+v) = \wp(u) - \tfrac{1}{2}\,\frac{\partial}{\partial u}\,\frac{\wp'(u) - \wp'(v)}{\wp(u) - \wp(v)}$$

$$= \wp(v) - \tfrac{1}{2}\,\frac{\partial}{\partial v}\,\frac{\wp'(u) - \wp'(v)}{\wp(u) - \wp(v)}$$

Die in diesen Darstellungen auftretenden zweiten Ableitungen $\wp''$ lassen sich durch Differentiation von $\wp'^2 = 4\,\wp^3 - g_2\,\wp - g_3$ mit Hilfe von $\wp$ ausdrücken; es wird

$$\wp'' = 6\,\wp^2 - \tfrac{1}{2}\,g_2.$$

Führt man dies in die obigen Formeln ein und addiert die beiden Darstellungen von $\wp(u+v)$, so wird nach leichter Rechnung *das Additionstheorem für die $\wp$-Funktion*

$$\wp(u+v) = -\,\wp(u) - \wp(v) + \tfrac{1}{4}\left[\frac{\wp'(u) - \wp'(v)}{\wp(u) - \wp(v)}\right]^2.$$

Durch Differenzieren erhält man das *Additionstheorem für $\wp'$*:

$$\wp'(u+v) = -\,\wp'(u) + \tfrac{1}{2}\,\frac{\wp'(u) - \wp'(v)}{\wp(u) - \wp(v)}\,\frac{\partial}{\partial u}\left[\frac{\wp'(u) - \wp'(v)}{\wp(u) - \wp(v)}\right],$$

wo wieder die Ableitung $\wp''(u)$ wie oben durch $\wp(u)$ auszudrücken ist.

Lassen wir in diesen Formeln $v \to u$ streben, so ergibt sich

$$\zeta(2u) = 2\,\zeta(u) + \tfrac{1}{2}\,\frac{\wp''(u)}{\wp'(u)}$$

$$\wp\,(2\,u) = -\,2\,\wp\,(u) + {}^1\!/_4 \left[\frac{\wp''\,(u)}{\wp'\,(u)}\right]^2$$

und aus

$$\frac{\wp\,(u) - \wp\,(v)}{\sigma\,(u - v)} = -\,\frac{\sigma\,(u + v)}{[\sigma\,(u)]^2\,[\sigma\,(v)]^2}$$

schließlich wegen $\sigma'\,(0) = 1$

$$\wp'\,(u) = -\,\frac{\sigma\,(2\,u)}{[\sigma\,(u)]^4}.$$

Alle hier auf der u-Ebene definierten Funktionen lassen sich nun auch auf die *Riemann*sche Fläche $\mathfrak{F}_\wp$ übertragen und dort untersuchen: die doppelperiodischen Funktionen werden algebraische Funktionen auf $\mathfrak{F}_\wp$. Die ζ-Funktion wird (bis auf additive Konstante)

$$\zeta\,(u) = -\,\int \wp\,(u)\,d\,u = -\,\int \frac{\wp\,d\,\wp}{\sqrt{4\,\wp^3 - g_2\,\wp - g^3}} = -\,\int \frac{\wp\,d\,\wp}{w}$$

ein elliptisches Integral, das für $\wp = \infty$ (entsprechend $u = 0$) einen Pol erster Ordnung hat und sonst überall regulär ist, wie man auch direkt aus dem Integral abliest; es ist also ein *Integral zweiter Gattung* auf $\mathfrak{F}_\wp$. Allgemein lassen sich Integrale zweiter Gattung mit einem einzigen Pol erster Ordnung an einer beliebigen Stelle $\wp_0$ mit Hilfe der Additionstheoreme aufstellen. Es ist

$$\zeta\,(u - v) = \zeta\,(u) - \zeta\,(v) + {}^1\!/_2\,\frac{\wp'\,(u) + \wp'\,(v)}{\wp\,(u) - \wp\,(v)} =$$

$$= -\,\int \frac{\wp\,d\,\wp}{w} - \zeta\,(v) + {}^1\!/_2\,\frac{w + w_0}{\wp - \wp_0}.$$

ein Integral auf $\mathfrak{F}_\wp$, das für $\wp = \wp_0$, $\wp' = w = w_0$ einen einfachen Pol mit dem Residuum 1 hat und sonst überall regulär ist.

Endlich schreiben wir noch ein *Integral dritter Gattung* an; es ist das Integral

$$ {}^1\!/_2 \int \frac{\wp'\,(u) - \wp'\,(v)}{\wp\,(u) - \wp\,(v)}\,d\,u = {}^1\!/_2 \int \frac{w + w_0}{\wp - \wp_0}\,\frac{d\,\gamma}{w}$$

für $\wp = \wp_0$ gleich $\log\,(\wp - \wp_0) + $ reguläre Funktion und für $\wp = \infty$ wie $-\log t + $ reguläre Funktion $\left(t = \dfrac{1}{\sqrt{\wp}}\right)$ und ist sonst überall regulär.

Wir schließen diese Bemerkungen mit einigen allgemeinen Sätzen.

Zwischen zwei doppelperiodischen Funktionen mit denselben Perioden besteht stets eine algebraische Gleichung mit konstanten Koeffizienten: denn diese sind ja dann algebraische Funktionen auf einer und derselben elliptischen *Riemann*schen Fläche $\mathfrak{F}_\wp$, hängen also durch eine algebraische Gleichung zusammen.

Nun ist $\wp\,(u+v)$ eine rationale Funktion von $\wp\,(u)$, $\wp'\,(u)$, $\wp\,(v)$, $\wp'\,(v)$; da $\wp\,(u)$ mit $\wp'\,(u)$ und $\wp\,(v)$ mit $\wp'\,(v)$ durch die bekannte Gleichung $\wp'^2 = 4\,\wp^3 - g_2\,\wp - g^3$ zusammenhängen, so besteht auch zwischen $\wp\,(u+v)$, $\wp\,(u)$, $\wp\,(v)$ eine algebraische Gleichung:

$$G\,(\wp\,(u+v),\ \wp\,(u),\ \wp\,(v)) = 0.$$

Für eine beliebige doppelperiodische Funktion $f\,(u)$ besteht nun eine algebraische Gleichung zwischen $f\,(u)$ und $\wp\,(u)$; es gelten daher drei Gleichungen der Art:

$$F\,(f\,(u+v),\ \wp\,(u+v)) = 0$$
$$F\,(f\,(u),\qquad \wp\,(u)) \qquad = 0$$
$$F\,(f\,(v),\qquad \wp\,(v)) \qquad = 0$$

Eliminiert man aus den angeschriebenen vier Gleichungen die $\wp\,(u+v)$, $\wp\,(u)$ und $\wp\,(v)$, so ergibt sich:

Zwischen den Funktionen $f\,(u+v)$, $f\,(u)$ und $f\,(v)$ besteht eine algebraische Gleichung, d. h. die doppelperiodische Funktion $f\,(u)$ hat ein algebraisches Additionstheorem.

Übungsbeispiele.

1. Sei durch $w = \sqrt{(z-\alpha_1)\ldots(z-\alpha_k)}$ eine hyperelliptische *Riemann*sche Fläche vom Geschlecht p gegeben ($k = 2\,p + 1$ oder $= 2\,p + 2$). Man zeige, daß die überall regulären Integrale dieser Fläche die Gestalt haben

$$u = \int \frac{c_0 + c_1\,z + \ldots + c_{p-1}\,z^{p-1}}{w}\,d\,z$$

mit beliebigen Konstanten $c_0 \ldots c_{p-1}$. Es gibt also deren genau p linear unabhängige.

2. Welche Singularitäten weisen die Integrale $\int \dfrac{z^{p+n}}{w}\,d\,z$ für $n = 0$, $1, 2, \ldots$ auf?

3. Sei für die Halbperioden $\wp\,(\dfrac{w_1}{2}) = \alpha_1$, $\wp\,(\dfrac{w_2}{2}) = \alpha_2$, $\wp\,(\dfrac{w_1+w_2}{2}) =$ $= \alpha_3$; dann hat $\wp\,(u) - \alpha_j$ je einen Doppelpol mit dem Hauptteil

$\dfrac{1}{u^2}$ und eine Nullstelle zweiter Ordnung (da ja $\wp'$ an den Halbperioden verschwindet), also hat die *Riemann*sche Fläche von $\sqrt{\wp(u) - \alpha_j}$ keine Verzweigungen, zerfällt also in zwei getrennte Blätter und es ist mit einmal gewähltem Vorzeichen

$$\sqrt{\wp(u) - \alpha_j} = \wp_j(u) \quad (j = 1, 2, 3)$$

eine eindeutige Funktion mit einem einfachen Pol $\pm\,\dfrac{1}{u}$, freilich aber nicht doppelperiodisch, da bei Vermehrung des Arguments um Perioden Zeichenwechsel eintreten kann. Diese Funktionen, sowie die analog definierten $\sigma_j(u)\,\wp_j(u) \cdot \sigma(u)$ spielen in der Theorie der elliptischen Funktionen eine große Rolle. Man stelle die $\wp_j(u)$ durch σ-Funktionen dar und bestimme das Verhalten der $\wp_j(u)$ und $\sigma_j(u)$ bei Vermehrung der u um Perioden.

4. Man zeige, daß die Funktion $\dfrac{1}{2}\,\dfrac{\wp'(u) - \wp'(v)}{\wp(u) - \wp(v)}$ als Funktion von u zwei einfache Pole an den Stellen $u = 0$ und $u = -v$ mit den Residuen -1 und $+1$ hat. Man überlege weiter, wie man mit Hilfe solcher Funktionen und ihrer Ableitungen beliebige doppelperiodische Funktionen dastellen kann (Partialbruchzerlegung der doppelperiodischen Funktionen).